普通高等院校应用型人才培养系列教材

电路与模拟电子技术基础

栾　迪　杨秀爽　肖元秀　林新华◎主　编
谢　玲　王广文　周广证　胡佳美◎副主编
楚天鹏◎主　审

中国铁道出版社有限公司
CHINA RAILWAY PUBLISHING HOUSE CO., LTD.

内 容 简 介

本书包含电路基础和模拟电子技术基础两部分内容。电路基础部分主要介绍基本的电路元器件、电路基本定律以及电路结构和分析方法,以直流电路为主,以正弦交流电路为辅介绍了电路的原理和求解方法。模拟电子技术基础部分涵盖了半导体器件原理、基本放大电路、反馈放大电路、功率放大电路以及集成运算放大器等内容。

本书为工程实践应用而设计,将理论知识应用于解决实际问题,增加了学习的趣味性和实用性。

本书适合作为应用型本科院校电子信息、通信、电气、自动化、计算机等专业的教材,也可供相关专业工程技术人员参考。

图书在版编目(CIP)数据

电路与模拟电子技术基础 / 栾迪等主编. -- 北京 : 中国铁道出版社有限公司, 2025. 2. -- (普通高等院校应用型人才培养系列教材). -- ISBN 978-7-113-31831-4

Ⅰ. TN7

中国国家版本馆 CIP 数据核字第 2025D2X320 号

书　　名: 电路与模拟电子技术基础
作　　者: 栾　迪　杨秀爽　肖元秀　林新华

策　　划: 张围伟　汪　敏　　　**编辑部电话:** (010)51873135
责任编辑: 汪　敏　绳　超
封面设计: 刘　莎
责任校对: 安海燕
责任印制: 赵星辰

出版发行: 中国铁道出版社有限公司(100054,北京市西城区右安门西街 8 号)
网　　址: https://www.tdpress.com/51eds
印　　刷: 北京联兴盛业印刷股份有限公司
版　　次: 2025 年 2 月第 1 版　2025 年 2 月第 1 次印刷
开　　本: 787 mm × 1 092 mm　1/16　**印张:** 11.5　**字数:** 277 千
书　　号: ISBN 978-7-113-31831-4
定　　价: 39.80 元

前言

在日新月异的科技时代，电子技术作为推动社会进步的重要力量，其核心——电路与模拟电子电路的设计与应用，显得尤为重要。从家用电器到航空航天，从通信设备到医疗仪器，无一不彰显着这一领域知识的广泛应用与深远影响。本书旨在为相关领域的学生与爱好者提供一个全面、系统且易于理解的学习平台，培养读者解决实际问题的能力，同时激发其对电子技术深入探索的兴趣。

由于现阶段高等教育培养计划的改革，电路等专业基础课程的课时普遍被压缩，学习任务重，学习时间紧张。尤其对于应用型本科院校而言，现有教材内容过于深奥且知识点繁多。为了适应电子信息、通信、电气、自动化、计算机等专业人才培养的新需求，我们编写了本书。本书以较短篇幅，将电路及模拟电子电路知识的核心内容呈现出来，力求用简单、易懂的语言和实例，清楚明了地阐释知识点。全书内容前后连贯、衔接自然、系统性强。

全书共分8章，其中第1~4章为电路基础部分，第5~8章为模拟电子技术基础部分。电路基础部分主要介绍基本的电路元器件、电路基本定律以及电路结构和分析方法，以直流电路为主，以正弦交流电路为辅介绍了电路的原理和求解方法。模拟电子技术基础部分涵盖了半导体器件原理、基本放大电路、反馈放大电路、功率放大电路以及集成运算放大器等内容。本书内容不仅包括详细的基本概念、原理和公式，而且通过丰富的实例分析、图表展示，帮助读者深入理解相关内容。

本书由栾迪、杨秀爽、肖元秀、林新华任主编，谢玲、王广文、周广证、胡佳美任副主编。其中，第1~3章由肖元秀编写，第5~6章由栾迪编写，第4、7、8章由杨秀爽编写。全书的规划和统稿由栾迪、林新华负责，主审工作由楚天鹏负责。林新华、谢玲负责前四章的辅助编写，王广文、周广证、胡佳美负责后四章的辅助编写。其中，林新华为南京优奈特信息科技有限公司董事长，其余编者均来自南京理工大学紫金学院。

由于编者水平有限，书中难免有疏漏之处，恳请广大读者批评并提出宝贵意见，以便及时修改。意见可发送邮件至邮箱 luandi736@ njust. edu. cn。

编　者

2024年10月

目　录

第一部分　电路基础

第二部分 模拟电子技术基础

第5章 半导体基础知识

第6章 放大电路基础

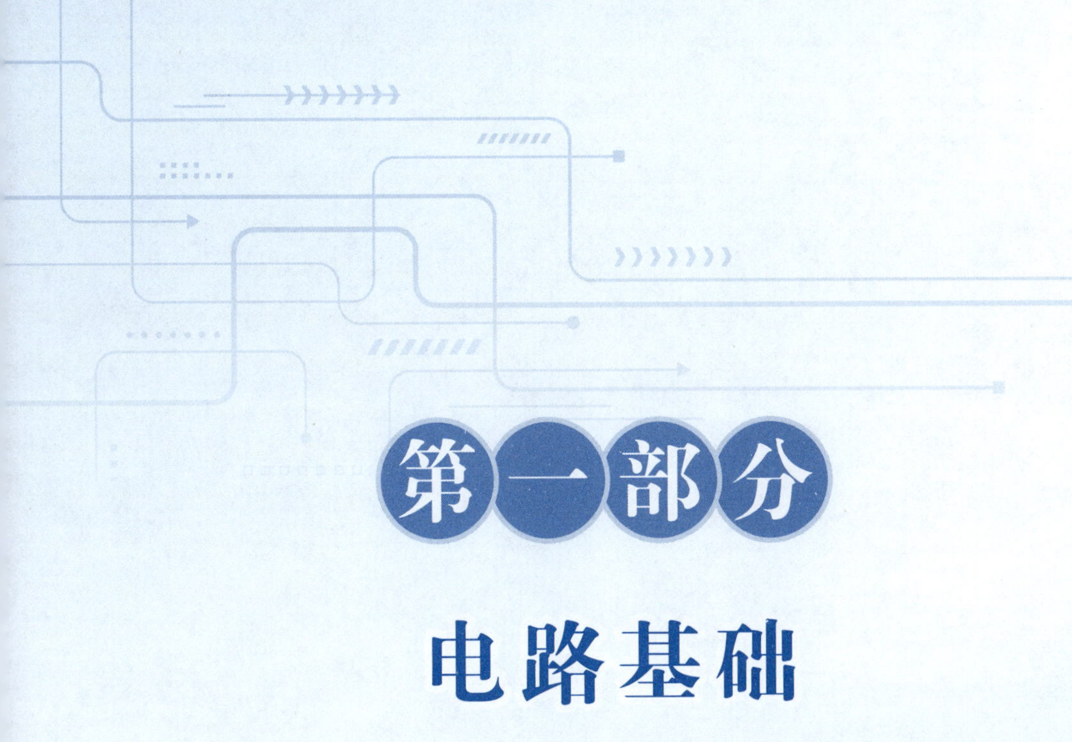

第一部分

电路基础

第1章 电路基本概念和基本定律

引言

在当今时代,人们的生活中已经离不开手机、照明等,工作中离不开计算机、控制设备、识别系统等,尽管它们形状各异、性能不同,但都建立在一个共同的理论基础上——电路理论。电路的应用非常广泛,电路理论已经成为一门基础学科,电力系统、通信、控制等学科都是以电路理论为基础的。电路理论是一门融合理论与工程应用为一体的学科,是现代电子信息技术的重要基础,包含电路中的基本概念、基本理论规律、基本分析方法等,为后续模拟电子技术、数字电子技术、自动控制原理等学习奠定了坚实的基础。

电路理论以电流、电压和功率为基本物理量,确立这些物理量在电路中的关系并计算出它们的数值是电路分析的基本内容。电路是电工与电子技术的主要研究对象,内容丰富、理论性强。本章内容是电路理论的基础,主要介绍电路与电路模型的概念;电路变量中电压、电流及其参考方向;电路中吸收或发出功率的表达式和计算;电阻元件、独立源和受控源等电路元件。此外,还将重点介绍电路分析中的基本规律——基尔霍夫定律。

学习目标

读者通过对本章内容的学习,应该能够做到:

了解:电路和电路模型的概念,电路的组成及其功能;电位的基本概念,电路的基本物理量;电功率 $P>0$ 和 $P<0$ 的意义。

理解:实际电路和电路模型的概念及其区别;电路中电流和电压的参考方向、关联参考方向及其在分析电路中的作用;电路元件(如电阻、电感、电容、电压源和电流源等)的伏安特性;基尔霍夫定律的内容。

应用:明确元件在电压和电流关联方向下建立的支路电流、电压约束方程(伏安关系式),并熟练应用基尔霍夫定律求解复杂电路。

分析:掌握用电位计算和分析电路的方法及其应用特点;掌握含受控源电源电路的分析方法,并能初步运用基尔霍夫电流定律和基尔霍夫电压定律分析和计算电路中的实际问题。

1.1 电路和电路模型

1.1.1 实际电路

现如今，随着社会和科学技术的不断进步和发展，人们在工作和日常生活中会经常遇到或接触到各种各样的实际电路或电气元件。实际电路是将若干个电气元件或设备按照一定方式组合起来而构成的电流通路装置，它主要用于传输电信号或电能、对电信号进行处理、控制电路的运行状态以及将电能转化为其他形式的能量或实现特定的工作任务（如驱动电机运转、利用扬声器播放声音等）。常见的电气元件或设备有各种电源、电阻器、电感器、电容器、变压器、晶体管等，实际电路也遍布在生活中的各个领域。有些实际电路非常庞大、复杂，例如由发电机、变压器、输电线及各种用电负载组成的电力系统，可以延伸到数百米甚至是上千千米之外，以完成电能的产生、输送和分配；而有些实际电路则非常微小、简单，例如由成千上万个晶体管相互连接成的集成电路，尽管它们的尺寸非常微小，但其内部结构却比较复杂，常用的手电筒电路就是一个简单的电路。

无论实际电路的尺寸与复杂程度如何，电路一般是由电源（一些供电的装置或电信号发生器）、负载（一些用电设备）以及中间环节（连接导线或控制开关等）三个基本部分组成。电源是将非电能转换成电能或电信号的装置，例如，电池把化学能转变成电能，发电机把机械能转变成电能。负载是在电路中使用电能设备的统称，可将电能转换成其他形式的能量，例如，电炉把电能转变为热能，电动机把电能转变为机械能。中间环节是连接电源和负载的部分，例如，导线、各种控制开关和测量仪表等用于实现对电路的传输、控制和测量等作用的都称为中间环节。

由于电路中的电压、电流是在电源的作用下产生的，因此电源又称激励，推动电路正常工作。而由激励作用在电路中产生的电压和电流称为响应。有时根据激励和响应之间的因果关系，又把激励称为输入，响应称为输出。在已知电路的结构、元件、参数的情况下分析电路的特点和功能，即由已知激励求给定电路的响应，称为电路分析。电路分析是电路理论最基本的部分。

实际电路的结构形式和完成的任务是多种多样的，电路的功能概括起来主要分为两大类：

（1）实现电能的传输、分配与转换。例如电力系统中，在发电厂内将水能、热能或核能先通过发电机转化成电能，然后通过变压器、输电线将电能进行输送和分配，最后将电能转换成用户所需要的机械能、光能和热能等。

（2）实现信号的传递与处理。例如利用手机、扩音器等电路设备，先由传声器把语言或音乐转换为相应的电压和电流（它们就是电信号），然后通过电路传递到扬声器，把电信号还原为语言或音乐，通过对给定信号放大、滤波、调制和解调，以获得所需的信号（输出）。

1.1.2 电路模型

实际电路由一些按需要起不同作用的实际电路元件或器件组成，它们的电磁性质较为复杂。对电路研究的主要任务是研究电路中发生的电磁现象，计算电路中各元件的电流和电压等物理量，一般不考虑元件内部发生的物理过程。因此，为了便于对实际电路进行分析和用数学描述，可以根据各元件主要物理量间的约束关系对电路中的实际元件进行理想化处理，抽象成理想元件模型,即在一定条件下突出其主要的电磁性质,忽略其次要性质,把它近似地看作理想电路元件。例如,用理想电阻元件表示只消耗电能的元件;用理想电感元件表示只产生磁场、储存磁场能的元件;用理想电容元件表示只产生电场、储存电场能的元件;用电源元件表示将其他形式的能量转换成电能的元件。再根据电路的实际连接情况将这些理想元件适当地连接起来,便可构成实际电路的模型。

通常将由理想元件或其组合所构成的电路称为实际电路的电路模型,简称电路模型。电路模型的建立可以简化对电路的分析和计算。在电路图中,各种电路元件用规定的图形符号表示。图 1.1(a)所示为常用手电筒的实物图,图 1.1(b)所示为实际电路,由干电池、开关、灯泡、导线连接起来形成闭合通路,使灯泡发光,用来照明。图 1.1(c)所示为电路模型,实际电路中的干电池是电源元件,电池理想化为电压源 U_S 和内阻 R_S 串联的组合模型,灯泡作为消耗能量的电路负载,理想化为电阻 R_L,开关和导线用理想开关、导线(其电阻为零,忽略不计)来表示。本书讨论的电路均指由理想电路元件构成的电路模型。

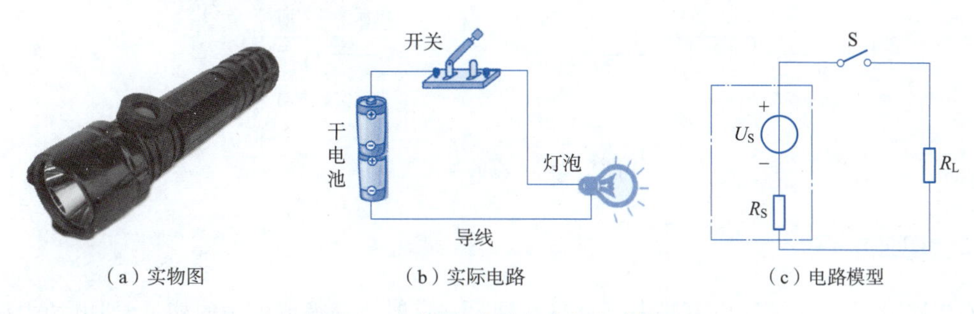

图 1.1　实物图、实际电路与电路模型

1.2　电路的基本物理量

电路中常用的物理量主要有电流、电压、电功率和能量等。在电路分析中,描述电路性能最常用的基本物理量是电流、电压和功率,通常用 I、U、P 表示。电路分析的任务就是求解这些变量。

1.2.1　电流

导体中的自由电荷在电场力的作用下做有规则的定向运动就形成了电流。电流是单位时间内通过导体横截面的电荷量,用符号 I 表示,其数学表达式为

$$I = \frac{\mathrm{d}q}{\mathrm{d}t} \tag{1.1}$$

在国际单位制(SI)中,电流单位为安培,简称安(A),常用的单位还有千安(kA)、毫安(mA)、微安(μA)。

电流的大小和方向都不随时间变化的电流称为恒定电流或直流电流,一般用大写字母 I 表示。电流的大小和方向都随时间变化的电流称为时变电流,一般用小写字母 i 表示。电流的大小和方向随时间做周期性变化且平均值为零的时变电流,称为交流电流。

习惯上把正电荷运动的方向定义为电流的实际方向。电流的大小可以用电流表测量。电流既可以代表一物理量，也可代表其物理量的大小。在实际电路中，往往很难事先判断电流的实际方向，而且也可能随时间变化，很难在电路中标定出电流的实际方向。因此为了方便电路分析，引入了参考方向的概念。在指定的参考方向下，电流可以看成代数量。当电流的数值大于零时，表明参考方向与实际方向一致；而当数值小于零时，表明参考方向与实际方向相反。

如图1.2表示某个电路的一部分，其中矩形框表示一个二端元件，假设流过这个元件的电流为I，其实际方向可以是由A点到B点，也或者是由B点到A点。图1.2中实线箭头为电流参考方向，它不一定就是电流实际方向。若电流实际方向与参考方向相同，则电流取正值；若电流实际方向与之相反，则电流取负值。由此，电流可看成代数值，在指定的电流参考方向下，电流值的正和负就可以反映出电流的实际方向。电流的参考方向有两种表示方式，一般用箭头表示，箭头指向为电流的参考方向；也可以用双下标表示，例如电流I_{AB}表示电流的参考方向由A点指向B点。

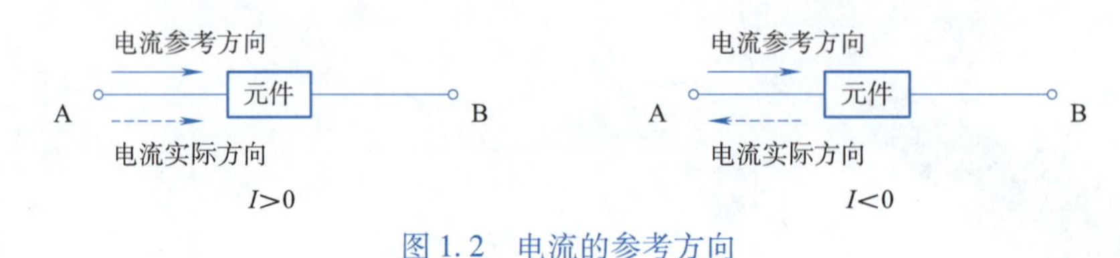

图1.2　电流的参考方向

1.2.2　电压

在电路分析中，电荷q由电路中一点移动到另一点时所获得或失去的能量，即电场力做功（W）的大小，称为这两点之间的电压，用符号U表示，其数学表达式为

$$U=\frac{\mathrm{d}W}{\mathrm{d}q} \tag{1.2}$$

式中，dq为从一点移动到另一个点的电荷量；dW为电荷移动过程中所获得或失去的能量。

在国际单位制（SI）中，电压单位为伏特，简称伏（V）。常用单位还有千伏（kV）、毫伏（mV）、微伏（μV）。电压的大小可以用电压表测量。

如果在电路中选定一点作为参考点，那么单位正电荷q从电路中任一点移动到参考点时电场力做功的大小称为该点的电位。参考点是计算电位的起始点，即零电位点，参考点的电位恒为零。电路中各点的电位值与参考点的选择有关，参考点不同，该点的电位值也就不同。电路中两点间的电压等于两点间的电位差，即$U_{AB}=V_A-V_B$，两点之间的电压大小与参考点的选择无关。如图1.3所示，某元件两端A、B两点，正电荷由A点移动至B点失去了部分能量，则电位降低，A点为高电位，B点为低电位；反之，电荷获得能量，则电位升高，A点为低电位，B点为高电位。A、B两点间的电压可根据式（1.2）求得，也等于A、B两点间的电位差。

例1.1　电路如图1.4所示，若以d点为参考点，已知a点的电位$V_a=30$ V，b点的电位$V_b=20$ V，c点的电位$V_c=15$ V，求电阻R_1上的电压U_{ab}以及电阻R_2上的电压U_{bc}。

解　若以d点为参考点，$V_d=0$ V，则

$$U_{ab}=V_a-V_b=(30-20)\ \text{V}=10\ \text{V} \qquad U_{bc}=V_b-V_c=(20-15)\ \text{V}=5\ \text{V}$$

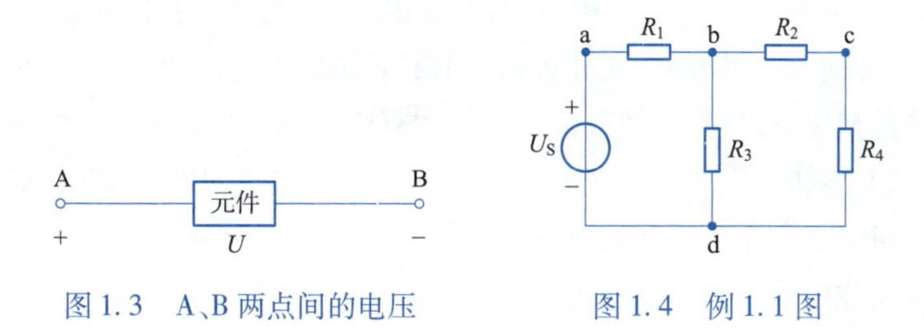

图 1.3　A、B 两点间的电压　　　　图 1.4　例 1.1 图

一般来说，电路中电位参考点可任意选择，参考点一经选定，电路中各点的电位值就是唯一的。当选择不同的电位参考点时，电路中各点电位值将发生改变，但任意两点间电压保持不变。

和电流一样，电压的大小和方向都不随时间变化的称为直流电压，用大写字母 U 表示。电压的大小和方向都随时间变化称为时变电压，一般用小写字母 u 表示。当电压的大小和方向随时间做周期性变化且平均值为零时，称为交流电压。

如果正电荷由 A 点移到 B 点获得电能，则 A 点电位比 B 点低，由 A 点到 B 点为电压升的方向；如果正电荷由 A 点移到 B 点失去电能，则 A 点电位比 B 点高，由 A 点到 B 点为电压降的方向。习惯上，将电压降的方向定义为电压的实际方向，电压的实际方向为电位真正降低的方向，高电位点为电压正极，低电位点为电压负极。在实际复杂电路中，两点的电位高低很难事先判断。

在对电路分析之前，电路中电压的实际方向可能是未知的，也可能是随时间变动的，因此同样也要预先假定一个参考方向。在指定的参考方向下，电压可以看成代数量。当电压的数值大于零时，表明参考方向与实际方向一致，而当电压的数值小于零时，表明参考方向与实际方向相反。

电压参考方向为任意假定的高电位指向低电位的方向，如图 1.5(a)所示，此时电压值为一个代数值，通过电压的正负值以及参考方向可判断电压的实际方向。电压的参考方向一般有三种表示形式，可用正(+)、负(-)极性表示，如图 1.5(b)所示，正极指向负极为参考方向，也就是假定 A 点的电位比 B 点的电位高；有时为了图示方便也可以用箭头表示，如图 1.5(c)所示，箭头指向为假设的电位降低方向；还可以用双下标表示，如图 1.5(d)所示，U_{AB}表示电压参考方向由 A 点指向 B 点。

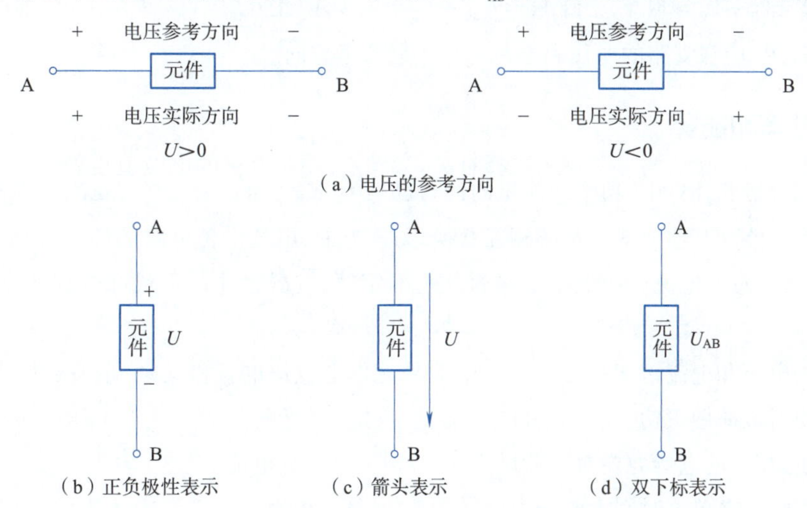

图 1.5　电压的参考方向及表示形式

需要注意的是,参考方向是为了分析方便而人为假设的方向,并不是实际方向。一般情况下,电路图中所标的方向为参考方向,在分析电路前必须选定元件的电压和电流的参考方向。只有在指定参考方向的情况下,计算出的数值正负号才有确切的含义。参考方向不同时,其表达式相差一负号,但电流和电压的实际方向不变。参考方向一经选定,必须在图中相应位置标注(包括方向和符号),在计算过程中不得任意改变。

一个元件的电流或电压参考方向的选取是任意指定的,二者之间独立无关,没有任何依赖和相互约束关系。如果指定流过某一个元件的电流参考方向是从电压参考极性中标有"+"号的一端流入,而从标有"-"号的一端流出时,即把这种电流参考方向和电压参考方向一致的情况,称为关联参考方向,如图1.6(a)所示;反之,则称为非关联参考方向,如图1.6(b)所示。

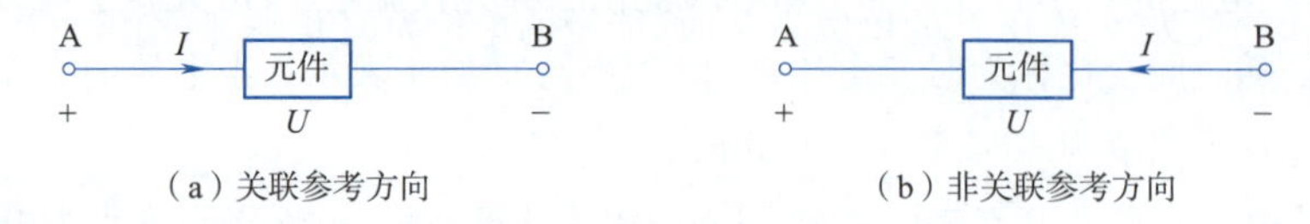

图1.6　关联参考方向和非关联参考方向

为了方便,除非特别指定,电路分析中一般采用关联参考方向,在关联参考方向的情况下,电路图上只需要标出电压参考方向或者电流参考方向的其中一个,另一个也取相同方向,无须特别标定。

例1.2　电路如图1.7所示,已知A点的电位为$V_A=80$ V,$U_{BC}=30$ V,$U_{CD}=20$ V。求D点和E点的电位以及AB间的电压值。若R_1所在支路通过的电流为I_{BA},该支路电压和电流为关联参考方向吗?

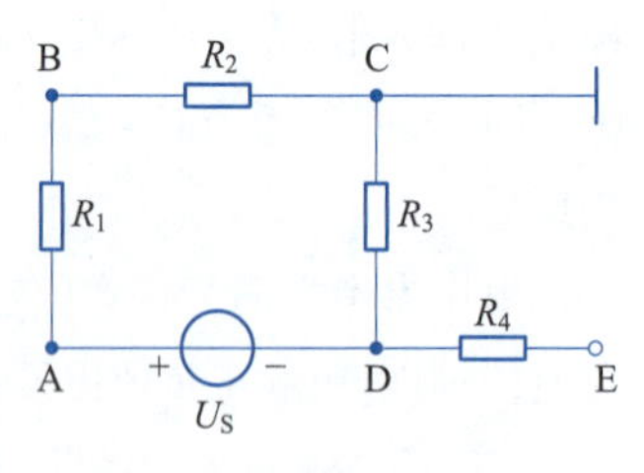

图1.7　例1.2图

解　由图1.7可知C点为参考点,C点的电位$V_C=0$ V,且$U_{CD}=V_C-V_D=20$ V,则$V_D=-20$ V。而E点处断开,R_4上无电流通过,所以D点和E点的电位相同,即$V_E=V_D=-20$ V。

又由$U_{BC}=V_B-V_C=30$ V,得到$V_B=U_{BC}+V_C=30$ V,因此$U_{AB}=V_A-V_B=(80-30)$ V$=50$ V。由此可知,R_1所在支路的电压和电流为非关联参考方向。

1.2.3　电功率和能量

在电路的分析和计算中,功率和能量的计算也是十分重要的。一方面,是因为电路在工作状况下总伴随有电能与其他形式能量的相互交换;另一方面,电气设备电路部件本身都有功率的限制,在使用时要注意其电流值或电压值是否超过额定值,过载会使设备或部件损坏,或是不能正常工作。

电功率与电压和电流密切相关。当正电荷从元件上电压的正极运动到负极时,与此电压相应的电场力要对电荷做正功,此时元件吸收能量;反之,当正电荷从元件上电压的负极运动到正极时,与此电压相应的电场力要对电荷做负功,此时元件释放电能。

功率是指物体在单位时间内电场力所做的功,表征了电路中电能转换速率的物理量,用P表示。如果在$\mathrm{d}t$时间内,有$\mathrm{d}q$电荷从元件上电压的正极运动到电压的负极,根据电压的定义可知电场力所做的功,也即元件吸收的能量为 $\mathrm{d}W = U\mathrm{d}q$,如果假设在元件上的电流与电压取关联参考方向,则由电流的定义 $I = \mathrm{d}q/\mathrm{d}t$,有 $\mathrm{d}W = UI\mathrm{d}t$。功率是能量的导数,故元件的功率表示为

$$P = \frac{\mathrm{d}W}{\mathrm{d}t} \tag{1.3}$$

电压、电流方向为关联参考方向,将式(1.1)、式(1.2)代入式(1.3),有

$$P = \frac{\mathrm{d}W}{\mathrm{d}t} = \frac{\mathrm{d}W}{\mathrm{d}q}\frac{\mathrm{d}q}{\mathrm{d}t} = UI \tag{1.4}$$

某二端网络从时间 t_0 到 t 的时间内,元件吸收的能量为

$$W(t_0, t) = \int_{t_0}^{t} \mathrm{d}W = \int_{q(t_0)}^{q(t)} U\mathrm{d}q = \int_{t_0}^{t} U(\xi)I(\xi)\,\mathrm{d}\xi \tag{1.5}$$

当电流 I 的单位为 A,电压 U 的单位为 V 时,能量的单位为 J(焦耳,简称焦),当时间 t 的单位为 s 时,功率的单位为 W(瓦特,简称瓦)。做功的大小不仅与电压、电流的大小有关,还取决于用电时间的长短。1 J 表示功率为 1 W 的用电设备在 1 s 时间内所消耗的电能。日常生活中用电能表测量电能。

功率与电压、电流相关,在引入了电压和电流的参考方向后,电压和电流都是代数量,用电压和电流计算功率时,功率也成为代数量。当电压、电流方向为关联参考方向,P 表示元件吸收的功率,若 $P>0$ 表示该元件确实吸收功率,若 $P<0$ 则表示元件吸收负功率,实际为发出功率。若电压、电流方向为非关联参考方向,P 表示元件发出的功率,若 $P>0$ 则表示元件确实发出功率,若 $P<0$ 表示元件发出负功率,实为吸收功率。例如,一个元件若吸收功率 100 W,也可以认为它发出功率 −100 W,同理,一个元件若发出功率 100 W,也可以认为它吸收功率 −100 W,这两种说法是一致的。

根据电压和电流的定义,可以得到电路中元件功率的计算式。在电路中,有的元件是电源,它向电路中输出功率;有的元件是负载,它从电路中吸收功率,即在电流和电压取关联参考方向的条件下,计算元件的功率计算式应为 $P = UI$,若 $P>0$ 表示元件吸收功率,$P<0$ 表示元件发出功率;在电流和电压取非关联参考方向的条件下,计算元件的功率计算式应为 $P = -UI$,若 $P>0$ 表示元件吸收功率,$P<0$ 表示元件发出功率。

例 1.3 如图 1.8 所示电路,矩形框用来泛指元件,求图中所示元件的功率并判断该功率是吸收还是发出,确定该元件在电路中是电源还是负载。

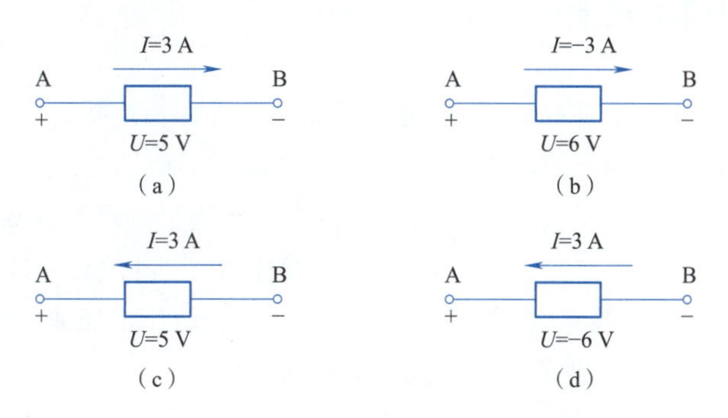

图 1.8　例 1.3 图

解　图 1.8(a)所示元件的电压、电流是关联参考方向,故该元件的功率为 $P_a = UI = 5 \times 3\ \mathrm{W} =$

15 W >0,该元件是吸收功率,元件是负载。

图 1.8(b)所示元件的电压、电流是关联参考方向,故该元件的功率为 $P_b = UI = 6\times(-3)$ W = -18 W <0,该元件是发出功率,元件是电源。

图 1.8(c)所示元件的电压、电流是非关联参考方向,故该元件的功率为 $P_c = -UI = -5\times3$ W = -15 W <0,该元件是发出功率,元件是电源。

图 1.8(d)所示元件的电压、电流是非关联参考方向,故该元件的功率为 $P_d = -UI = -(-6)\times3$ W = 18 W >0,该元件是吸收功率,元件是负载。

例 1.4 图 1.9 所示电路中矩形框用来泛指元件,已知图中各方框元件的电压和电流值分别为 $U_1 = 20$ V, $U_2 = 40$ V, $U_3 = 60$ V, $U_4 = 60$ V, $U_5 = 20$ V, $U_6 = 40$ V, $I_1 = 5$ A, $I_2 = 1$ A, $I_3 = 2$ A, $I_4 = 2$ A。求各元件功率,并求电源发出的总功率。

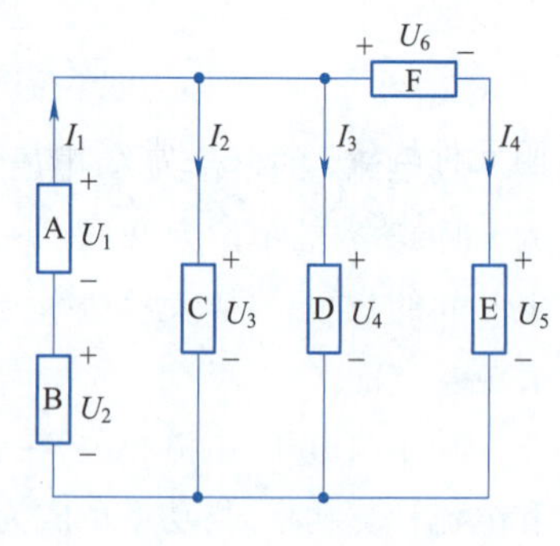

图 1.9 例 1.4 图

解 由题意可知元件 A 和 B 电压和电流的参考方向不一致(非关联参考方向),故元件 A 和 B 的功率计算为

$P_A = -U_1I_1 = -20\times5$ W $= -100$ W <0 (实际发出功率)

$P_B = -U_2I_1 = -40\times5$ W $= -200$ W <0 (实际发出功率)

元件 C、D、E、F 的电压和电流的参考方向一致(关联参考方向),故有

$$P_C = U_3I_2 = 60\times1 \text{ W} = 60 \text{ W} > 0 \quad (\text{实际吸收功率})$$

$$P_D = U_4I_3 = 60\times2 \text{ W} = 120 \text{ W} > 0 \quad (\text{实际吸收功率})$$

$$P_E = U_5I_4 = 20\times2 \text{ W} = 40 \text{ W} > 0 \quad (\text{实际吸收功率})$$

$$P_F = U_6I_4 = 40\times2 \text{ W} = 80 \text{ W} > 0 \quad (\text{实际吸收功率})$$

因此电源发出的总功率为

$$P_{\text{发出}} = P_A + P_B = (100+200) \text{ W} = 300 \text{ W}$$

吸收的总功率为

$$P_{\text{吸收}} = P_C + P_D + P_E + P_F = (60+120+40+80) \text{ W} = 300 \text{ W}$$

显然整个电路发出的功率等于吸收的功率,满足功率平衡。

1.3 电阻元件

电路元件是组成电路的最基本单元,它通过其端子与外部相连接。每一种元件通过与端子有关的电路物理量反映某种确定的电磁性质,元件两个端子的电路物理量之间的代数函数关系称为元件的端子特性(亦称元件特性)。电路元件按与外部连接的端子数目可分为二端、三端或四端元件等,另外,还可以分为有源元件和无源元件、线性元件和非线性元件等。

电路分析中,二端元件主要有电阻元件、电感元件、电容元件、电压源和电流源等。本节主要介绍二端线性电阻元件,其他元件将在后续的章节中陆续介绍。

1.3.1 电阻及其伏安特性

电阻器、白炽灯等实际电路中的许多元件在一定条件下可以用二端电阻元件作为其模型。

实际电阻器的理想化模型用电阻表示，反映电阻器对电流呈现的阻力特性。如果表征电阻特性的代数函数关系是线性关系，则为线性电阻元件；否则，如果表征电阻特性的代数函数关系是非线性关系，则为非线性电阻元件，本书重点讨论的是线性电阻元件。

电阻的元件特性是电压与电流的代数关系，其端口电压和通过的电流有明确的关系，由于电压和电流的单位是伏和安，因此电阻的元件特性称为伏安关系，简称 VCR，不同元件其 VCR 不同。若电阻两端的电压和电流取关联参考方向，则伏安关系图可用 u-i 平面一条过原点的直线 $f(u,i)=0$ 来描述，如图 1.10 所示，伏安关系图是过原点的在第一、三象限斜率固定的直线，这种电阻元件称为线性电阻元件。线性电阻元件的伏安关系即电压和电流的正比例关系不随时间的变化而变化，是一个定值，则称为线性定常电阻元件。本书重点讨论线性定常电阻元件，如无特殊说明，电阻元件均特指线性定常电阻元件，简称电阻。

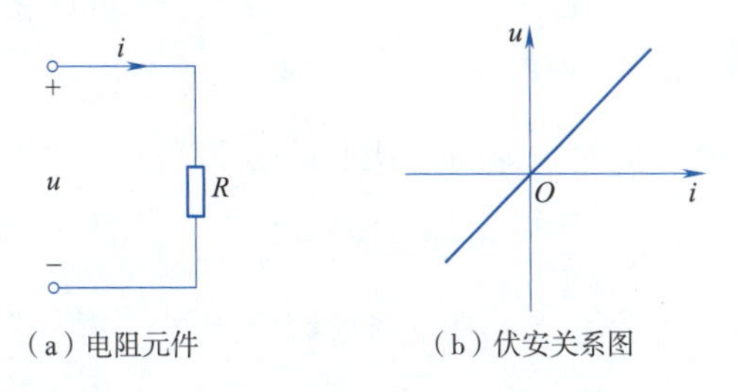

（a）电阻元件　　（b）伏安关系图

图 1.10　线性电阻元件及其伏安关系图

线性定常电阻元件在任何时刻其两端的电压和电流都成正比例关系，其伏安关系服从欧姆定律，若其两端的电压和电流取关联参考方向时

$$u = Ri \tag{1.6}$$

若其两端的电压和电流为非关联参考方向时

$$u = -Ri \tag{1.7}$$

电阻元件的图形符号如图 1.11 所示。式(1.6)、式(1.7)中 R 为电阻元件的参数，称为电阻，是一个正实常数，当电压单位为 V，电流单位为 A 时，电阻的单位为 Ω(欧姆)，简称欧。

若令 $G=\frac{1}{R}$，式(1.6)变成

$$i = Gu \tag{1.8}$$

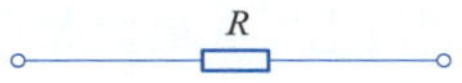

式(1.8)中 G 称为电阻元件的电导，电导的单位是西门子(S)，简称西。R 和 G 都是电阻元件的参数。在使用电阻元件的 VCR 时，一定注意公式和参考方向必须配套使用，如电阻上的电压与通过它的电流为非关联参考方向，公式中应冠以负号。

R

图 1.11　电阻元件的图形符号

由式(1.6)以及伏安关系图可知，任何时刻电阻元件的电压(或电流)由当前时刻的电流(或电压)所决定，与该时刻之前的电流(或电压)无关，因此电阻元件是一种无记忆元件。

1.3.2　电阻元件的开路和短路

若当一个线性电阻元件其两端的电压无论为何值时，流过它的电流恒为零，则称为“开路”，开路时电阻元件的伏安关系在 u-i 平面上是过原点与电压轴重合的直线，相当于该元件的电阻值为无穷大，如图 1.12 所示。

若当一个线性电阻元件流过它的电流无论为何值时，它两端的电压恒为零，则称为“短路”，短路时的伏安关系在 u-i 平面上是过原点与电流轴重合的直线，该元件的电阻值为 0，如图 1.13 所示。

图 1.12　开路的伏安关系图　　　图 1.13　短路的伏安关系图

1.3.3　电阻元件的功率

当电压、电流为关联参考方向时，电阻元件吸收的功率为

$$p = ui = Ri^2 = \frac{u^2}{R} \tag{1.9}$$

当电压、电流为非关联参考方向时，电阻元件吸收的功率为

$$p = -ui = -Ri^2 = -\frac{u^2}{R} \tag{1.10}$$

由式(1.9)、式(1.10)可知，不管参考方向如何，电阻元件的功率与电压的二次方或者电流的二次方成正比例关系，对于线性定常电阻，R 为一个正实常数，电阻元件始终都是吸收能量，消耗功率，因此电阻元件是耗能元件、无源元件，电阻元件一般是把吸收的电能转换成热能或其他能量。

例 1.5　如图 1.14 所示线性电阻元件，已知 $R=2\ \Omega$，$I=5\ \text{A}$，试求该电阻的电压 U 和吸收的功率。

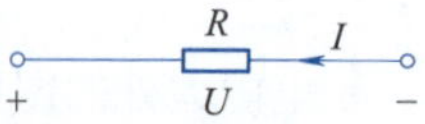

图 1.14　例 1.5 图

解　该电阻元件的电压 U 和电流 I 为非关联参考方向，根据线性电阻元件的电压和电流关系，得 $U=-RI=-2\times5\ \text{V}=-10\ \text{V}$。电阻元件吸收的功率为 $P=-UI=-(-10)\times5\ \text{W}=50\ \text{W}$。

在实际应用时需注意额定功率。必须工作在生产厂家给定工作条件下正常运行的容许值，否则会导致发热甚至烧坏。另外，线性电阻元件的伏安关系一般是在第一、三象限，但存在一种负电阻元件的特殊情况，这种电阻元件的伏安关系是在第二、四象限，此时电阻为负值，从能量角度看这种元件不是消耗电能，而是向外提供电能。

1.4　储能元件

上一节讨论的是电阻元件，电阻是对电流起阻碍作用的元件，将电能转化为其他形式的能量来消耗。而在电路设计和分析中，储能元件也至关重要，它们能够存储和释放能量，从而在电路中实现能量的管理与控制。接下来将介绍两种储能元件：电感元件和电容元件，分别储存磁场能和电场能，也是比较常见的二端元件。

1.4.1　电感元件

电感元件通常是由一根或多根导线绕制的线圈构成的，当电流通过电感元件时会在其周围产生磁场，从而储存能量。若一电感元件（线圈），当通过电流 i 时将产生磁通 Φ，若线圈有 N 匝，则磁通链 $\Psi = N\Phi$。当电感元件中磁通 Φ 或电流 i 随时间发生变化时，在电感元件中就会产生感应电压。若感应电压 u 的参考方向与磁通链 Ψ 成右手螺旋关系，则根据电磁感应定律有

$$u(t) = \frac{\mathrm{d}\Psi}{\mathrm{d}t} \tag{1.11}$$

电感元件是实际线圈的一种理想化模型，反映了电流产生磁通和磁场能存储的物理现象，其元件特性是磁通链 Ψ 与电流 i 的代数关系。在国际单位制（SI）中，磁通和磁通链的单位是 Wb（韦伯，简称韦），电流的单位是 A。因此，在 t 时刻线性电感元件的韦安特性可用 Ψ-i 平面上一条过原点的直线 $f(\Psi, i) = 0$ 来描述，如图 1.15 所示。

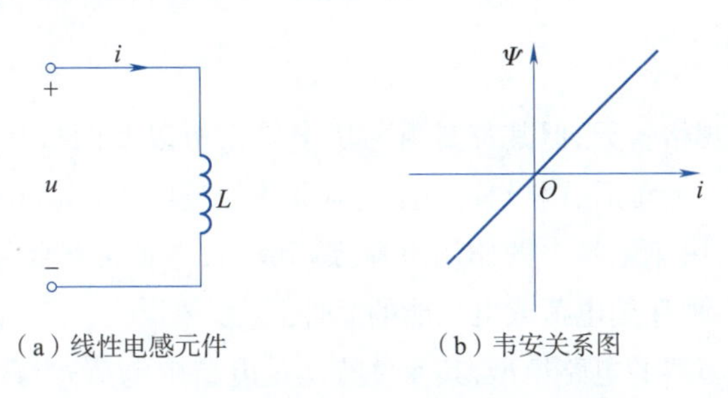

（a）线性电感元件　　（b）韦安关系图

图 1.15　线性电感元件及其韦安关系图

线性电感元件的韦安关系即磁通链 Ψ 与电流 i 的正比例关系不随时间的变化而变化，是一个定值，称为线性定常电感元件。本书重点讨论的是线性定常电感元件，如无特殊说明，本书中电感元件均指线性定常电感元件，简称电感。

对于线性电感元件，其元件特性为

$$\Psi(t) = Li(t) \tag{1.12}$$

式中，L 为电感元件的参数，称为自感系数或电感，是一个正实常数，表征了电感元件存储磁场能的能力。

电感的国际单位是 H（亨利，简称亨），常用单位有毫亨（mH）、微亨（μH），其换算关系为 $1\ \mathrm{H} = 10^3\ \mathrm{mH} = 10^6\ \mu\mathrm{H}$。

电感元件的图形符号如图 1.16 所示。

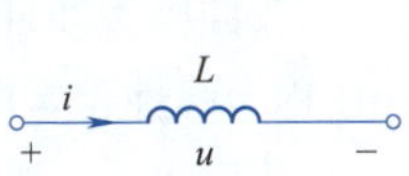

将式（1.12）代入式（1.11）中，且当电压、电流取关联参考方向时，得到电感元件的伏安关系（VCR）为

$$u(t) = \frac{\mathrm{d}\Psi}{\mathrm{d}t} = L\frac{\mathrm{d}i}{\mathrm{d}t} \tag{1.13}$$

图 1.16　电感元件的图形符号

式（1.13）表明，电感元件上电压 u 的大小与其通过电流 i 的变化率有关，与电流 i 本身的大小无关。当电感元件中通过恒定的电流时，其上的电压 u 为零，故电感元件可视为短路。

将式（1.13）两边同乘以 i，得到电感元件的功率为

$$p = ui = L\frac{\mathrm{d}i}{\mathrm{d}t} \cdot i \tag{1.14}$$

再将上式积分,可得

$$W = \int_0^t ui\mathrm{d}t = \int_0^{i(t)} Li\mathrm{d}i = \frac{1}{2}Li^2(t) \tag{1.15}$$

这就是电感元件在任何时刻的磁场能表达式。如果时间从 t_1 到 t_2 内,则电感元件吸收的磁场能为

$$W = \int_{t_1}^{t_2} ui\mathrm{d}t = \int_{i(t_1)}^{i(t_2)} Li\mathrm{d}i = \frac{1}{2}Li^2(t_2) - \frac{1}{2}Li^2(t_1) \tag{1.16}$$

式(1.14)表明,当电感元件中的电流增大时,电流的变化率大于零,则电感上的电压大于零,功率也大于零,此时电感吸收功率,磁场能增大,在此过程中电能转换为磁场能,即电感元件从电源取用能量;反之,当电流减小时,电流的变化率小于零,则电感上的电压小于零,功率也小于零,此时电感发出功率,磁场能减小,在此过程中磁场能转换为电能,即电感元件向电源释放能量。因此,电感元件不消耗能量,是储能元件。

1.4.2 电容元件

电容元件的种类和规格各异,但其都是由两块金属极板以及两极板之间不同的绝缘介质组成的。当在两极板上加上电源后,两极板上会分别聚集等量的正、负异种电荷,并在介质中建立电场。而将电源撤去后,由于电场力的作用电荷互相吸引,电荷可继续聚集在极板上,电场仍然存在。因此,电容器是一种存储电荷或电场能的元件。

电容元件是实际电容器的电路模型,其元件特性是电路中电荷 q 与电压 u 之间的代数关系。因此在 t 时刻线性电容元件的库伏特性可用 u-q 平面上一条过原点的直线 $f(u,q)=0$ 来描述,如图 1.17 所示。

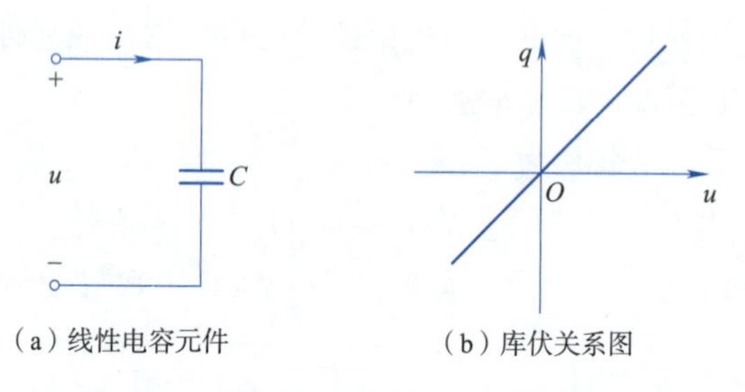

图 1.17　线性电容元件及其库伏关系图

线性电容元件的库伏关系即电荷 q 与电压 u 的正比例关系不随时间的变化而变化,是一个定值,称为线性定常电容元件。本书重点讨论的是线性定常电容元件,如无特殊说明,本书电容元件均特指线性定常电容元件,简称电容。

对于线性电容元件,其元件特性为

$$q(t) = Cu(t) \tag{1.17}$$

式中,C 为电容元件的参数,称为电容,是一个正实常数,表征了电容元件存储电荷的能力。

电容的国际单位是 F(法拉,简称法),常用单位有微法(μF)、皮法(pF),其换算关系为 1 F = 10^6 μF = 10^{12} pF。

电容元件的图形符号如图 1.18 所示。

将式(1.17)代入式(1.1)中,且当电压、电流取关联参考方向时,得到电容元件的伏安关系(VCR)为

$$i=\frac{\mathrm{d}q}{\mathrm{d}t}=C\frac{\mathrm{d}u}{\mathrm{d}t} \tag{1.18}$$

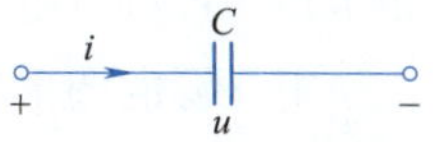

图 1.18　电容元件的图形符号

式(1.18)表明,流过电容元件电流 i 的大小与其两端电压 u 的变化率有关,与电压 u 本身的大小无关。当电容元件两端加恒定电压时,其通过的电流 i 为零,故电容元件可视为开路。

将式(1.18)两边同乘以 u,得到电容元件的功率为

$$p=ui=u\cdot C\frac{\mathrm{d}u}{\mathrm{d}t} \tag{1.19}$$

将上式积分,可得

$$W=\int_0^t ui\mathrm{d}t=\int_0^{u(t)}Cu\mathrm{d}u=\frac{1}{2}Cu^2(t) \tag{1.20}$$

这就是电容元件在任何时刻吸收的电场能表达式。电容元件吸收的能量以电场能的形式存储在电场中。如果时间从 t_1 到 t_2 内,则电容元件存储的电场能为

$$W=\int_{t_1}^{t_2}ui\mathrm{d}t=\int_{u(t_1)}^{u(t_2)}Cu\mathrm{d}u=\frac{1}{2}Cu^2(t_2)-\frac{1}{2}Cu^2(t_1) \tag{1.21}$$

式(1.21)表明,当电容元件充电时,两端电压 u 增高且大于零,电压的变化率大于零,则通过电容的电流大于零,功率也大于零,此时电容吸收功率,电场能增大,在此过程中电容元件从电源取用能量;反之,当电容元件放电时,两端电压 u 降低,且电压 u 方向保持不变且大于零,但电压的变化率小于零,则通过电容的电流小于零,功率也小于零,此时电容发出功率,电场能减小,在此过程中电容元件向电源释放能量。因此,电容元件不消耗能量,是储能元件。

1.5　电源元件

前面介绍了电阻元件、电感元件和电容元件等电路的三种基本元件,它们都是无源元件。接下来介绍有源元件:电源元件。一般的电路中都有电源,电源可以在电路中引起电流,为电路提供电能。电源是将非电能转换成电能(或者电信号)的装置。实际的电源种类和形式有很多,如发电机、蓄电池、信号发生器等。在电路理论中,根据电源元件的不同特性可以将电源分为独立电源(简称“独立源”)和受控电源(简称“受控源”),独立源分为电压源和电流源两种电路模型。

1.5.1　独立源

理想电源元件是实际电源的理想化模型,是从实际电源抽象出来的理想元件。这里讨论的电源元件为独立源,不受所连接的外电路的影响,能独立地向电路提供能量和信号,并产生相应的响应。独立电源为二端有源元件,能够独立地向外电路供电,分为独立电压源和独立电流源两种。

1. 独立电压源

如果一个二端元件无论通过它的电流为何值,其两端的电压总能保持定值 U_S 或为时间变化函数 $U_S(t)$,则此二端元件称为理想电压源,简称电压源。当 $U_S(t)$ 为恒值时,这种电压源称为恒

定电压源或直流电压源,用 U_S 表示。

电压源的图形符号如图 1.19(a)所示,图中“+”、“-”号表示电压源电压的参考极性。通常电压源的端口电压和流过它的电流的参考方向采用非关联参考方向,为发出功率。若流过电压源的电流实际方向与参考方向不同,则电压源亦可从外电路接收能量,充当电路中负载的角色。有时用图 1.19(b)所示的图形符号表示直流电压源,其中长线表示电源的正极,短线表示电源的负极。

图 1.19　电压源的图形符号

电压源不接外电路时,电流 I 总为零值,这种情况下电压源处于开路。如果电压源的电压 $U_S=0$,则此电压源处于短路,一般把电压源短路是没有意义的。如图 1.20(a)所示,电压源的电压和通过电压源电流的参考方向取非关联参考方向,此时电压源发出功率。电压源两端电压由电压源本身决定,与外电路无关,与流经它的电流大小和方向无关。对于直流电压源而言,其电压和电流的关系为一条平行于电流轴的直线,如图 1.20(b)所示。

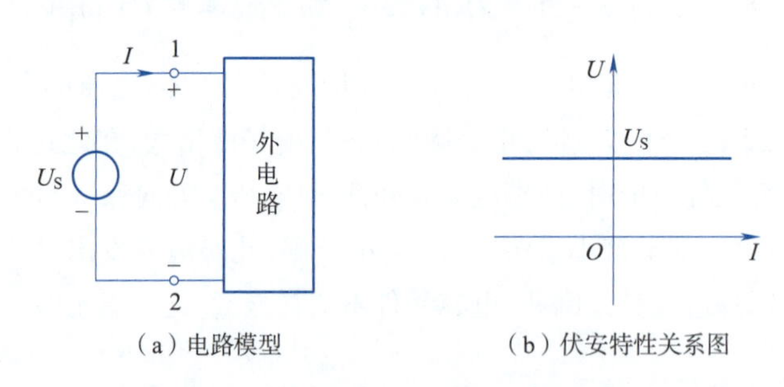

图 1.20　电压源及其伏安特性关系图

例 1.6　如图 1.21 所示,已知一电压源的电压输出为稳定值 U_S,如果外电路接一阻值为 R 的电阻,则电路中的电流为何值? 若电阻的阻值为 0 时,电流又为何值? 若电阻的阻值为∞时,电流又为何值? 若电压 $U_S=5$ V,电阻 $R=5$ Ω,求电路中的电流 I 和电压源输出的功率。

解　当外电路接阻值为 R 的电阻时,根据 KVL 可得电阻 R 两端的电压也为 U_S。根据电阻元件的电压和电流关系可得电路中的电流 $I=\dfrac{U_S}{R}$。若电阻的阻值为 0,即外电路短路,$I=\infty$;若电阻的阻值为无穷大,即外电路开路,$I=0$。

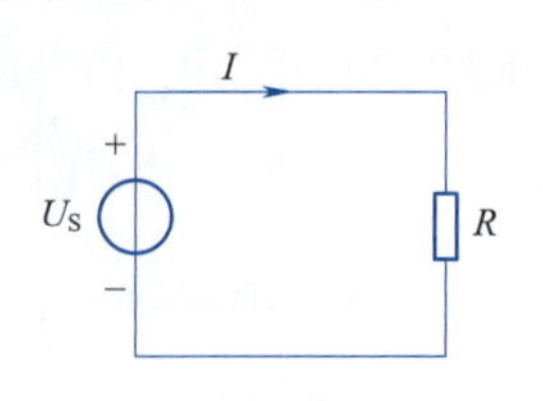

图 1.21　例 1.6 图

当电压 $U_S=5$ V,电阻 $R=5$ Ω 时,$I=\dfrac{U_S}{R}=\dfrac{5}{5}$ A $=1$ A。对电压源而言,电压 U_S和电流 I 是非关联方向,则电压源的功率为 $P=-UI=-5\times1$ W $=-5$ W。

通过上述例题发现,通过电压源的电流大小是由电源及外电路共同决定的。当外电路短路时,流过电压源的电流为无穷大,会造成电压源损坏;若电流太大,则会使导线的温度升高,严重时有可能会造成火灾。因此电压源不能短路。

2. 独立电流源

如果一个二端元件无论其端口电压为何值，其输出的电流总能保持定值 I_S 或为时间变化函数 $I_S(t)$，则此二端元件称为理想电流源，简称为电流源。当 $I_S(t)$ 为恒值时，这种电流源称为恒定电流源或直流电流源，用 I_S 表示。

电流源的图形符号如图 1.22 所示。通常电流源的端口电压和输出电流的参考方向取非关联参考方向，为发出功率。若电流源的端口电压实际方向与参考方向不同，则电流源可从外电路接收能量，充当电路中负载的角色。

图 1.22　电流源的图形符号

图 1.23 所示为电流源接外电路的情况及其伏安特性关系图。电流源的电流和它两端电压的参考方向取非关联参考方向，此时电流源发出功率。电流源输出电流由电源本身决定，与外电路无关，与端口电压方向和大小无关。对于直流电流源（I_S 为一个定值）而言，其电压和电流关系为一条平行于电压轴的直线，而且它不随时间改变。

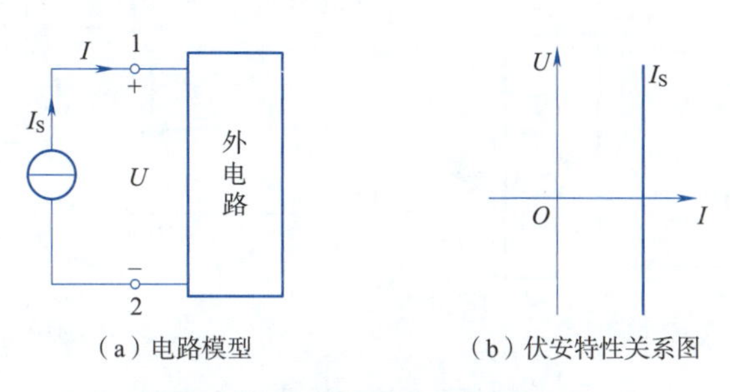

图 1.23　电流源及其伏安特性关系图

如果一个电流源两端短路时，其两端的电压为 0；如果电流源的电流为 0，则此种情况相当于电流源开路，电流源开路是没有意义的。电流源的两端电压大小，由电流源输出电流及外电路共同决定。另外，当外电路开路时，电流源的两端电压为无穷大，会造成电源损坏，因此电流源不能开路。

例 1.7　计算图 1.24 所示电路中的电压源和电流源的功率。

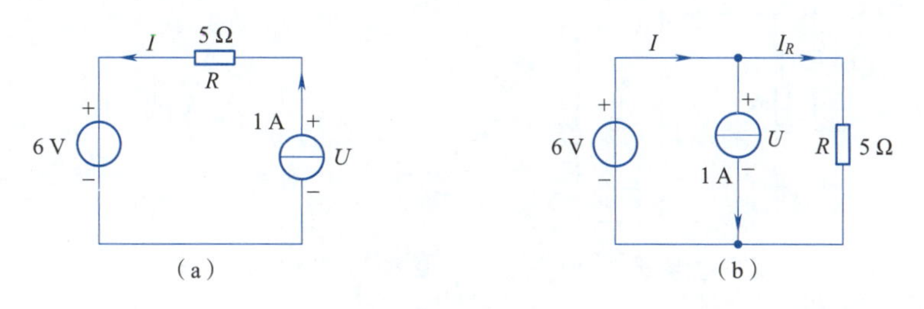

图 1.24　例 1.7 图

解　对于图 1.24(a)只有一个回路，所以可得出 $I=1$ A，将电压源两端的电压设为 $U_1=6$ V，则 5 Ω 电阻两端的电压为 $U_R=5I=5$ V，因此 $U=U_R+U_1=11$ V。电压源两端的电压和电流取关联参考方向，所以电压源的功率为 $P_1=U_1I=6\times1$ W $=6$ W。电流源两端的电压和电流取非关联参考方向，所以电流源的功率为 $P=-UI=-11\times1$ W $=-11$ W。由此可见，电压源吸收功率，电流源发出功率。

对于图1.24(b),电流源所在支路的电流为$I_1=1$ A,因为5 Ω电阻和电流源并联,因此两端电压相同,设为$U_1=6$ V,则5 Ω电阻的电流为$I_R=\frac{U_1}{R}=\frac{6}{5}$ A=1.2 A,电流$I=(1+1.2)$ A=2.2 A。电压源两端的电压和电流取非关联参考方向,电压源的功率为$P_1=-U_1I=-6\times2.2$ W$=-13.2$ W。电流源两端的电压和电流取关联参考方向,所以电流源的功率为$P=UI_1=6\times1$ W=6 W。由此可见,电压源发出功率,电流源吸收功率。

3. 实际电源

常见的实际电源的工作原理比较接近理想电源,不过实际电源电路模型要考虑内阻。实际电压源的电路模型为理想电压源与内阻串联的组合,如图1.25(a)所示,其伏安特性关系图如图1.25(b)所示,由式(1.22)可知,实际电压源的内阻越小,其端口输出电压U越接近理想电压源的电压。

$$U=U_S-IR_S \tag{1.22}$$

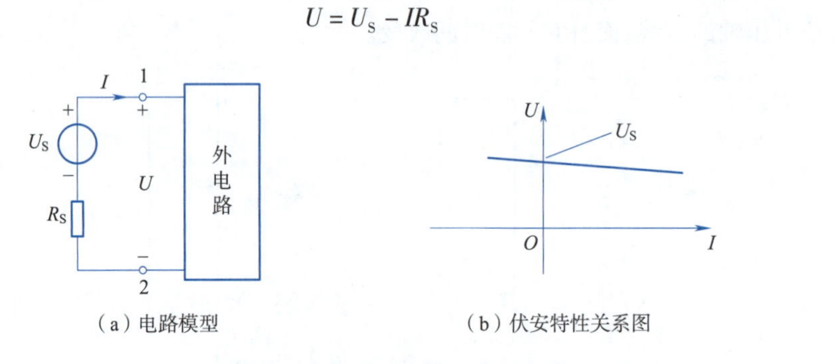

(a) 电路模型　　(b) 伏安特性关系图

图1.25　实际电压源的电路模型及伏安特性关系图

实际电流源的电路模型为理想电流源与内阻并联的组合,如图1.26(a)所示,其伏安特性关系图如图1.26(b)所示,由式(1.23)可知,实际电流源的内阻越大,其端口输出电流I越接近理想电流源的电流。

$$I=I_S-\frac{U}{R_S} \tag{1.23}$$

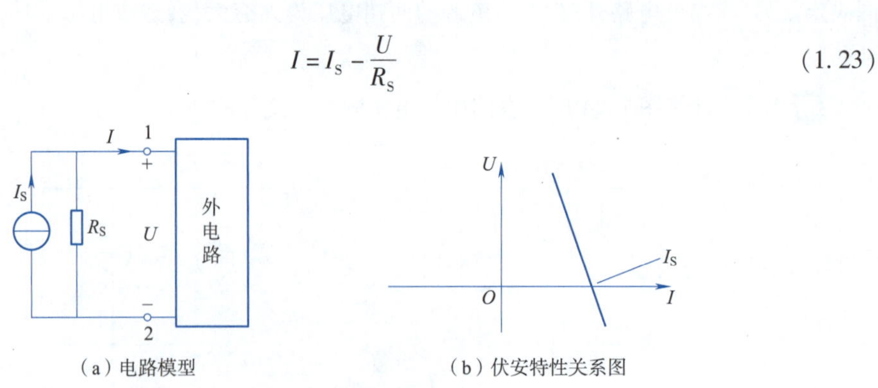

(a) 电路模型　　(b) 伏安特性关系图

图1.26　实际电流源的电路模型及伏安特性关系图

1.5.2　受控源

在电子电路中使用的晶体管、场效应管等电子器件均有输入端变量能控制输出端变量的特性。为了模拟实际器件的这种特性,在电路理论中引入了受控源。受控电源又称为非独立源。受控源的源电压或源电流与独立源的电压或电流有所不同,独立源的电压或电流是独立量,受控源的电压或电流受电路中某部分电压或电流控制。当被控制量是电压时，用受控电压源表示；当被控制量是电流时，用受控电流源表示。其图形符号如图 1.27 所示。

（a）受控电压源　（b）受控电流源

图 1.27　受控源的图形符号

受控电压源或受控电流源因控制量是电压或电流可分为四种类型：电压控制电压源（voltage controlled voltage source，VCVS）、电压控制电流源（voltage controlled current source，VCCS）、电流控制电压源（current controlled voltage source，CCVS）和电流控制电流源（current controlled current source，CCCS）。这四种受控源的图形符号如图 1.28 所示，为了与独立电源相区别，用菱形符号表示其电源部分。受控源可以看作一种四端元件，左边端口为控制部分，当控制量是电压时，控制回路是开路，如图 1.28（a）、（b）所示的 VCVS 和 VCCS；当控制量是电流时，控制回路是短路，如图 1.28（c）、（d）所示的 CCVS 和 CCCS。右边为输出，输出量为电压或者电流，受控制回路的电压或者电流的控制。

图 1.28 中 U_1 和 I_1 分别表示控制电压和控制电流，g 为转移电导，μ 为转移电压比，β 为转移电流比，γ 为转移电阻，均为受控源有关的控制系数。当这些控制系数为常数时，被控制量和控制量成正比，这种受控源称为线性受控源，本书只讨论线性受控源，一般略去“线性”二字。含有受控源的电路中，受控源的控制端一般情况下不需要画，只需要在受控源的菱形符号旁边注明受控关系。

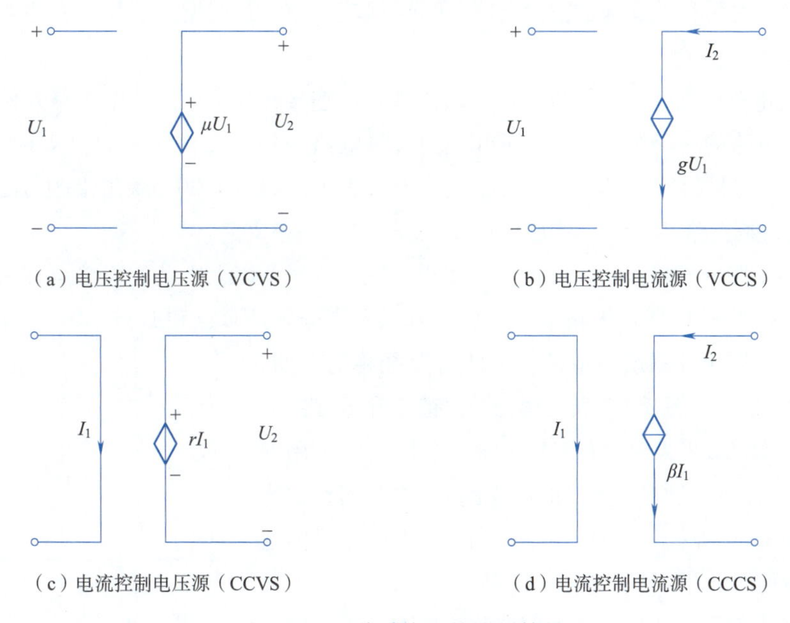

（a）电压控制电压源（VCVS）　（b）电压控制电流源（VCCS）

（c）电流控制电压源（CCVS）　（d）电流控制电流源（CCCS）

图 1.28　四种受控源的图形符号

例 1.8　如图 1.29 所示，求电路中受控电压源的端电压和电压 U。

解　由题意可得 $I=12/6\ \text{A}=2\ \text{A}$，所以受控电压源两端的电压为 $5I=10\ \text{V}$。进而可得电压 $U=-5I+12=(-10+12)\ \text{V}=2\ \text{V}$。

需要注意，受控源不是独立电源，独立源的输出电压（或电流）由电源本身决定，与电路中其他电压、电流无关，受控源则不同，其输出电压（或电流）由控制量决定。独立源是电路中的“输入”，表示外界对电路的作用，电路中的电压或电流是由于独立电源起的“激励”作用而产生的，而受控源是用来反映电路中某处的电压或电流能控制另一处的电压或电流的现象，或表示一处的电路变量与另一处电路变量之间的耦合关系，在电路中不能作为“激励”。在求解具有受控源的电路时，可以把受控源作为电源处理，但必须注意其激励电压或电流是取决于控制量的。

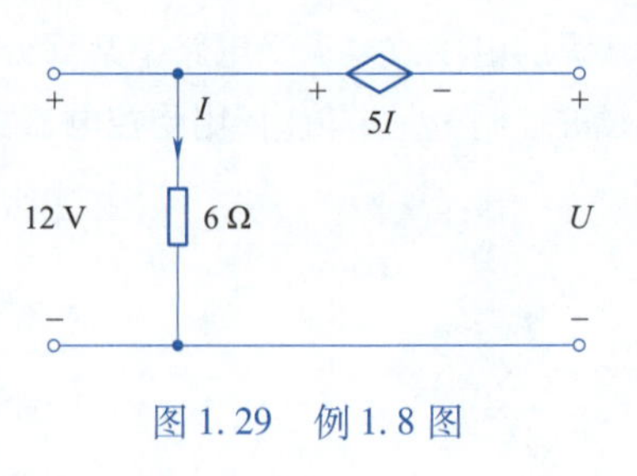

图 1.29　例 1.8 图

1.6　基尔霍夫定律

电路是由若干的电路元件通过导线按照一定方式组合连接而成的电流通路。电路中各个元件的端口电压和流过的电流受其元件特性的约束，不同元件特性不同，其伏安关系也不相同。而且元件与元件之间相互连接也使得电路中与其相关的电压或电流具有一定的约束关系。基尔霍夫定律就是反映电路中所有支路电压和电流必须遵循约束关系的基本规律，它包括基尔霍夫电流定律（KCL）和基尔霍夫电压定律（KVL），是分析和计算复杂电路的基本定律和依据。

1.6.1　基本概念

为了更好地说明和理解基尔霍夫定律，在介绍该定律之前，首先介绍几个表述电路结构的基本名词。

（1）支路：电路中两个或两个以上的二端元件依次连接称为串联。单个电路元件或若干电路元件串联构成电路的一个分支。为了简化说明，将电路中串联元件所在的分支称为一条支路。在同一支路中，流过元件的电流相等，支路数用 b 来表示。如图 1.30 所示电路中有三条支路，即 R_1 和 U_1 构成一条支路，R_2 和 U_2 构成一条支路，R_3 是另一条支路。

（2）节点：支路的连接点称为节点。一般也把三条或三条以上支路的连接点称为节点。节点数用 n 来表示。图 1.30 所示电路中节点数 n 为 2，节点分别是 C 点和 D 点。

（3）回路：由若干支路所组成的任一闭合路径称为回路。回路数用 l 来表示。图 1.30 所示电路中有三个回路，即 ABDCA 回路、CDFEC 回路和 ABFEA 回路。在每次所选用的回路中，至少包含一个没有选用过的新支路时，这些回路称为独立回路。图 1.30 所示电路的三个回路中，独立回路只能选择其中的任意两个。

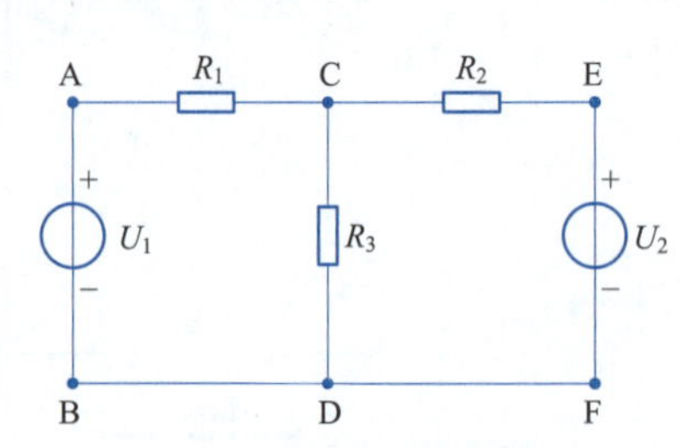

图 1.30　名词说明电路图

（4）网孔：内部不含任何支路的回路称为网孔。因此网孔是回路，但回路不一定是网孔。图 1.30 所示电路中，ABDCA 回路和 CDFEC 回路是网孔，ABFEA 回路不是网孔。电路中的网孔数等于独立回路数。

1.6.2 基尔霍夫电流定律

基尔霍夫电流定律又称基尔霍夫第一定律，简称为 KCL，反映了电路中任一节点处各支路电流之间相互制约的关系，具体描述为：在电路中任一时刻，对任一节点，所有涉及该节点的支路电流的代数和恒等于零。这里电流的“代数和”是根据电流是流出节点还是流入节点判断的。若假设流入节点的电流前面取“＋”号，则流出节点的电流前面取“－”号。电流是流出节点还是流入节点，均根据电流的参考方向判断。所以对任一节点有

$$\sum_{k=1}^{m} I_k(t) = 0 \tag{1.24}$$

式中，k 为与节点相连的支路数；$I_k(t)$ 为与该节点相连的第 k 条支路的电流。

图 1.31 所示电路中，与节点 C 相连的有三条支路，各支路电流的参考方向已标定，则该节点的 KCL 方程为

$$I_1 - I_2 - I_3 = 0 \tag{1.25}$$

也可以写成

$$I_1 = I_2 + I_3 \tag{1.26}$$

式(1.26)表明，流出节点的支路电流等于流入该节点的支路电流。因此 KCL 也可理解为：任一时刻，流出任一节点的支路电流等于流入该节点的支路电流。

例 1.9　图 1.32 所示电路中，已知 $I_1 = 1\ \text{A}$，$I_2 = -2\ \text{A}$，$I_3 = -4\ \text{A}$，试求 I_4 的值。

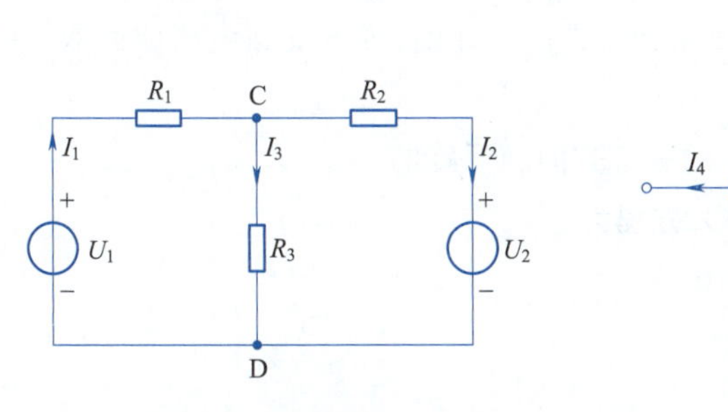

图 1.31　KCL 例图

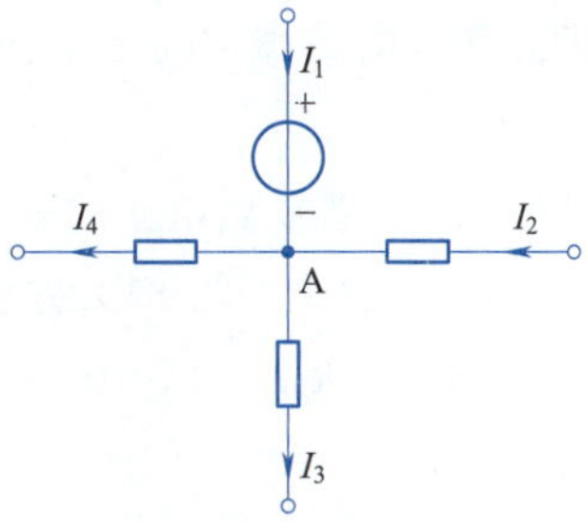

图 1.32　例 1.9 图

解　由支路电流参考方向，根据 KCL 列写节点电流方程可得

$$I_1 + I_2 - I_3 - I_4 = 0$$

整理可得 $I_4 = I_1 + I_2 - I_3$。将已知电流值代入，可得 $I_4 = [1 + (-2) - (-4)]\ \text{A} = 3\ \text{A}$。

由该例题可知，应用 KCL 时有两套符号：一套是运算符号，即基尔霍夫电流定律表达式中的符号，它是根据应用 KCL 而规定的；另一套是数值符号，它是题目中的已知条件给定的。

KCL 通常用于节点，但也可推广应用于任意假定的闭合面（广义节点），如图 1.33 所示。三个节点构成一个闭合回路，通过广义节点的各支路电流代数和恒等于零。分别列写 KCL 为

$$I_1 - I_4 - I_6 = 0 \tag{1.27}$$

$$I_2 + I_4 - I_5 = 0 \tag{1.28}$$

$$-I_3 + I_5 + I_6 = 0 \tag{1.29}$$

三式相加得

$$I_1+I_2-I_3=0 \tag{1.30}$$

I_1、I_2、I_3 为闭合回路的连接支路，满足 KCL 约束，因此，在任一时刻通过任一闭合面的支路电流的代数和总是等于零；或者说流出闭合面的电流等于流入同一闭合面的电流，这称为电流的连续性。

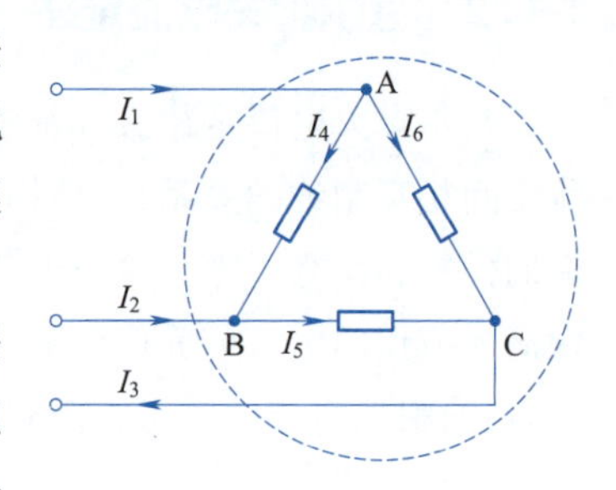

图 1.33　广义节点

基尔霍夫电流定律是电荷守恒和电流连续性原理在电路中任一节点处的反映，所以有多少电荷流入节点，也必有多少电荷流出。需要注意的是，KCL 是对支路电流加的约束，与支路上接的是什么元件无关，与电路是线性还是非线性无关；KCL 方程是按电流参考方向列写的，与电流实际方向无关。

1.6.3　基尔霍夫电压定律

基尔霍夫电压定律又称基尔霍夫第二定律，简称为 KVL，反映了电路中任一回路内各支路电压之间的约束关系，具体描述为：在电路中任一时刻，沿任一回路所有支路电压的代数和恒等于零。所以对任一回路有

$$\sum_{k=1}^{m} U_k(t) = 0 \tag{1.31}$$

式中，k 为回路内的支路数；$U_k(t)$ 为回路内第 k 条支路的电压。

列写 KVL 方程时，需要标定各支路电压参考方向，选定回路绕行方向，即顺时针或逆时针。如果支路电压的参考方向和指定的回路绕行方向一致的，则该支路电压前面取“ + ”号，否则取“ – ”号。

如图 1.34 所示电路，各支路电压的参考方向和回路的绕行方向已选定，对于回路 1 列写 KVL 方程为

$$R_1I_1+R_3I_3-U_1=0 \tag{1.32}$$

也可以写成

$$R_1I_1+R_3I_3=U_1 \tag{1.33}$$

对于回路 2 列写 KVL 方程为

$$R_2I_2+U_2-R_3I_3=0 \tag{1.34}$$

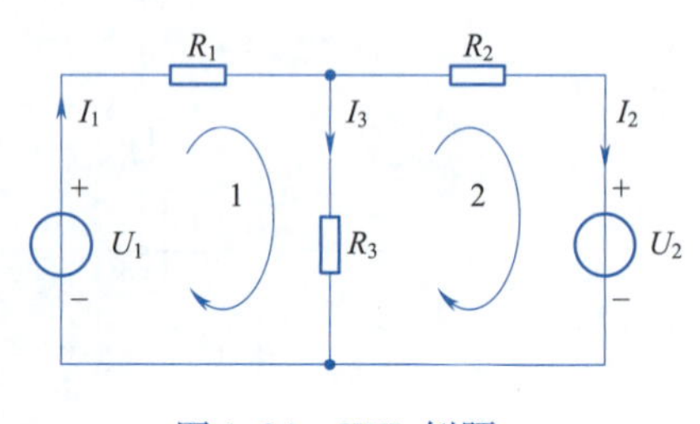

图 1.34　KVL 例题

也可以写成

$$R_2I_2+U_2=R_3I_3 \tag{1.35}$$

基尔霍夫电压定律的实质反映了电路遵从能量守恒定律。需要注意的是，KVL 是对回路电压加的约束关系，与回路各支路上接的是什么元件无关，与电路是线性还是非线性无关；KVL 方程是按电压参考方向列写的，与电压实际方向无关。

例 1.10　如图 1.35 所示电路中，已知 $I_1=1$ A，$R_1=2$ Ω，$I_2=-2$ A，$R_2=1$ Ω，$I_3=1$ A，$R_3=3$ Ω，$U_{S1}=3$ V，$U_{S2}=4$ V，$U_{S3}=5$ V，试求 R_4 两端的电压以及 U_{AC} 的值。

解　根据各支路电压的参考方向以及回路的绕行方向，列写 KVL 方程得

$$-R_1I_1+U_{S1}+R_2I_2+U_{S2}+R_3I_3-U_{S3}-R_4I_4=0$$

所以，R_4 两端的电压为

$$U_4 = R_4 I_4 = -R_1 I_1 + U_{S1} + R_2 I_2 + U_{S2} + R_3 I_3 - U_{S3}$$
$$= (-2\times1+3-2\times1+4+3\times1-5)\ V = 1\ V$$
$$U_{AC} = -R_1 I_1 + U_{S1} + R_2 I_2 = (-2+3-2)\ V = -1\ V$$

例 1.11　如图 1.36 所示电路中含有受控源,已知 $I=1\ A$,$R_1=4\ \Omega$,$R_2=2\ \Omega$,$U_D=2U$,试求电流源、电阻和受控源的功率。

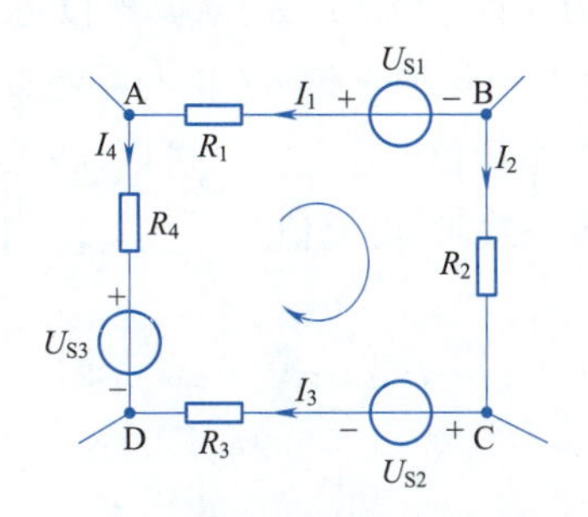

图 1.35　例 1.10 图

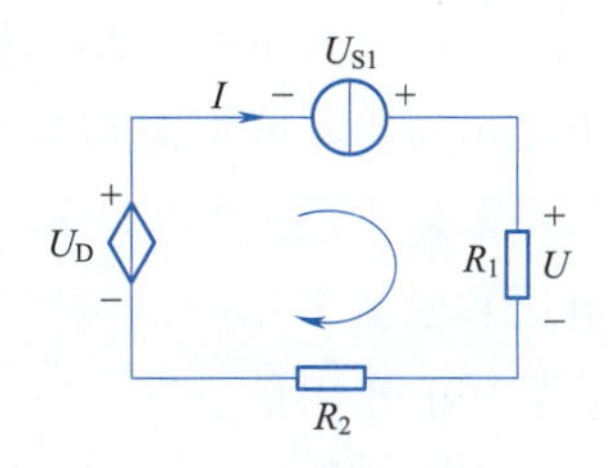

图 1.36　例 1.11 图

解　根据各支路电压的参考方向以及回路的绕行方向,列写 KVL 方程得

$$-U_{S1} + U + R_2 I - U_D = 0$$

将上式整理并代入数值后有

$$U_{S1} = (4\times1+2\times1-2\times4)\ V = -2\ V$$

由题意可知,受控源和电流源的电压、电流取非关联参考方向,故它们的功率为

$$P_{S1} = -U_{S1} I = -(-2)\times1\ W = 2\ W > 0\quad(\text{实际吸收功率})$$
$$P_D = -U_D I = -2\times4\times1\ W = -8\ W < 0\quad(\text{实际发出功率})$$

两个电阻 R_1 和 R_2 的电压、电流取关联参考方向,故它们的功率为

$$P_1 = UI = I^2 R_1 = 1^2\times4\ W = 4\ W > 0\quad(\text{实际吸收功率})$$
$$P_2 = I^2 R_2 = 1^2\times2\ W = 2\ W > 0\quad(\text{实际吸收功率})$$

因此电路中消耗的总功率为 $P_{吸收} = P_1 + P_2 + P_{S1} = (4+2+2)\ W = 8\ W$。

发出的总功率为 $P_{发出} = P_D = -8\ W$。

显然整个电路发出的功率等于消耗的功率,满足功率平衡。

KVL 也适用于电路中任一假想的回路。如图 1.37 所示,回路 1 为一个假想的回路,在该回路内根据绕行方向以及参考方向列写 KVL 方程为

$$R_2 I_2 + U_2 = U_0 \tag{1.36}$$

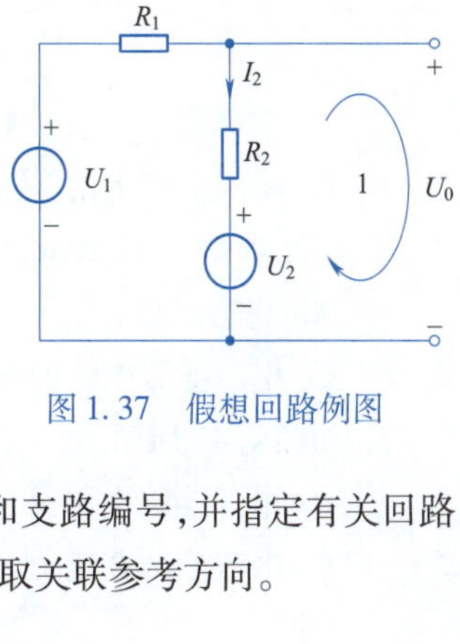

由此,KVL 也可推广为求任意两点间的电压,即电路中任意两点间的电压等于从假定高电位节点经任一路径到另一节点路径中各元件的电压降之和。

图 1.37　假想回路例图

无论元件是线性的还是非线性的,时变的还是时不变的,KCL 和 KVL 总是成立的。对一个电路应用 KCL 和 KVL 时,应对各节点和支路编号,并指定有关回路的绕行方向,同时指定各支路电流和支路电压的参考方向,一般两者取关联参考方向。

习　题

一、填空题

1. 在电路分析中,通常在电路中选择一个点作为参考点,电位定义为单位正电荷从电路中某一点移到参考点时电场力做功的大小。参考点作为计算电位的起始点,其电位是________。

2. 可以任意选定一个方向作为电压的参考方向,当电压的实际方向与参考方向一致时,电压值________;当电压的实际方向与参考方向相反时,电压值________。可以任意选定一个方向作为电流的参考方向,当电流的实际方向与参考方向一致时,电流值________;当电流的实际方向与参考方向相反时,电流值________。

3. 某元件的电压和电流采用的是关联参考方向,当 $U=10$ V,$I=4$ A 时,该元件的功率为________,元件在电路中的作用是________。

4. 电路如图 1.38 所示,则 $V_A=$________,$V_B=$________,$U_{AB}=$________。

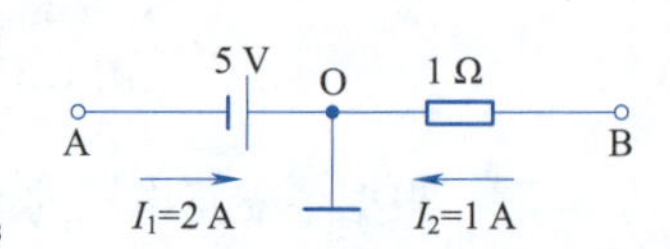

图 1.38　题 4 图

5. 若电压 $U_{AB}=12$ V,A 点电位 V_A 为 5 V,则 B 点电位 V_B 为________。

6. 受控源分为四类:________、________、________和电压控制电压源。

二、选择题

1. 当参考点改变时,下列物理量也相应变化的是(　　)。

A. 电压　　B. 电位　　C. 电动势　　D. 以上三项都不是

2. 关于 U_{ab} 与 U_{ba} 下列叙述正确的是(　　)。

A. 两者大小相同,方向一致　　B. 两者大小不同,方向一致

C. 两者大小相同,方向相反　　D. 两者大小不同,方向相反

3. 如图 1.39 所示,已知 $U_a>U_b$,则以下说法正确的是(　　)。

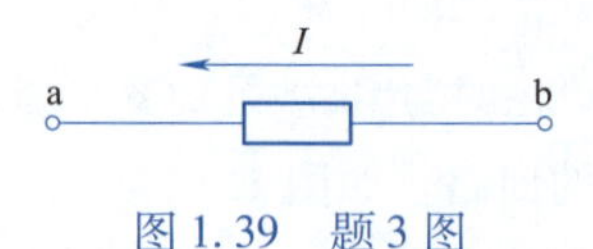

图 1.39　题 3 图

A. 实际电压为由 a 指向 b,$I>0$　　B. 实际电压为由 b 指向 a,$I<0$

C. 实际电压为由 b 指向 a,$I>0$　　D. 实际电压为由 a 指向 b,$I<0$

4. 电路如图 1.40 所示,U_S 为独立电流源,若外电路不变,仅电阻变化时,将会引起(　　)。

A. 端电压的变化　　B. 输出电流的变化

C. 电阻支路电流的变化　　D. 三者同时变化

5. 如图 1.41 所示,表示的受控电流源是(　　)。

A. 电压控制电压源　　B. 电压控制电流源

C. 电流控制电流源　　D. 电流控制电压源

6. 如图 1.42 所示，若元件 A 产生功率为 4 W，则电流 I 为(　　)。

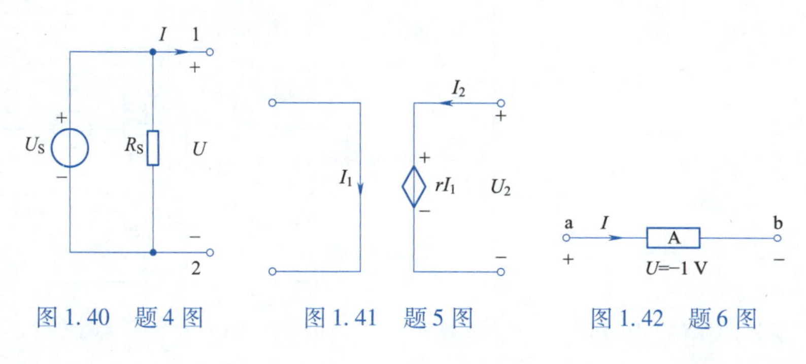

图 1.40　题 4 图　　图 1.41　题 5 图　　图 1.42　题 6 图

A. 4 A　　B. −4 A　　C. 2 A　　D. −2 A

7. 沿任一闭合电路，各支路电压的代数和为 0。有关此定义说法不正确的是(　　)。

A. 此为基尔霍夫电压定律　　B. 此定义不适合交流

C. 此定义适合直流　　D. 各元器件电压要注意方向

8. 下列说法不正确的是(　　)。

A. 沿顺时针和逆时针列写 KVL 方程，其结果是相同的

B. 基尔霍夫电压定律是指沿任意回路绕行一周，各段电压的代数和一定等于零

C. 基尔霍夫定律解得某电流为负值，则说明实际电流方向与规定的方向相反

D. 基尔霍夫定律仅适用于线性电路

三、分析计算题

1. 判断图 1.43 中各元件电压和电流的参考方向是否关联？并判断元件是吸收功率还是发出功率。

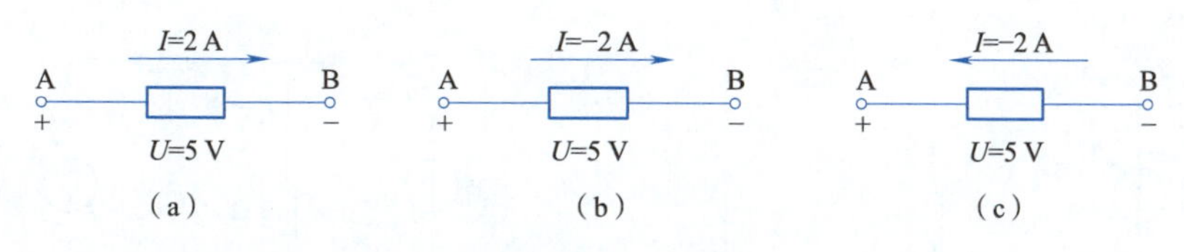

图 1.43　题 1 图

2. 计算图 1.44 所示电路中 A、B、C 各点的电位。

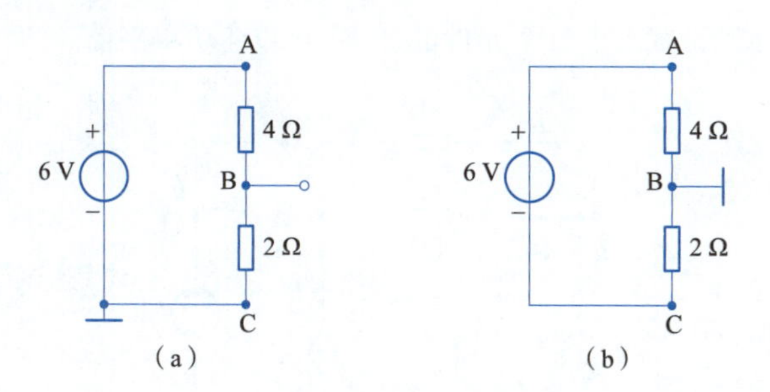

图 1.44　题 2 图

3. 电路如图 1.45 所示，说明电路中的节点数、支路数和回路数。

4. 电路如图 1.46 所示，已知 $U_1=12$ V，$U_2=3$ V，$R_1=3$ Ω，$R_2=9$ Ω，$R_3=10$ Ω，求 U_{ab}。

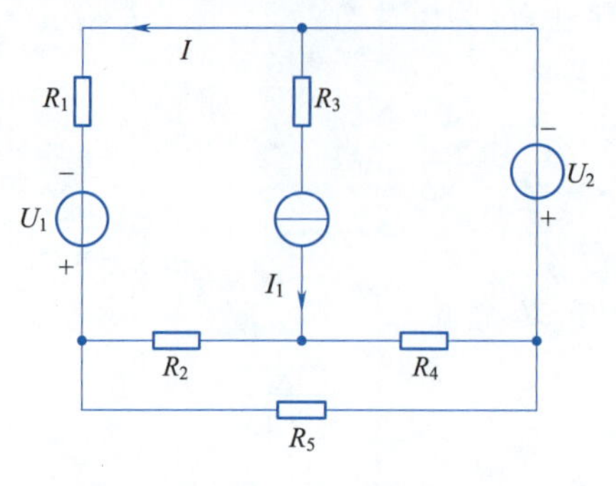

图 1.45　题 3 图

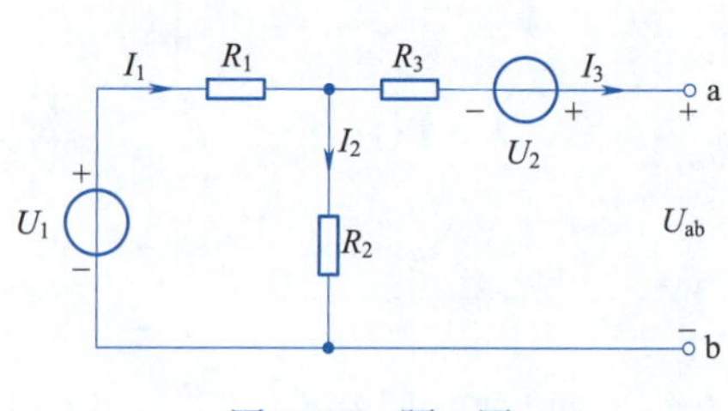

图 1.46　题 4 图

5. 求图 1.47 所示各电路中的未知量。

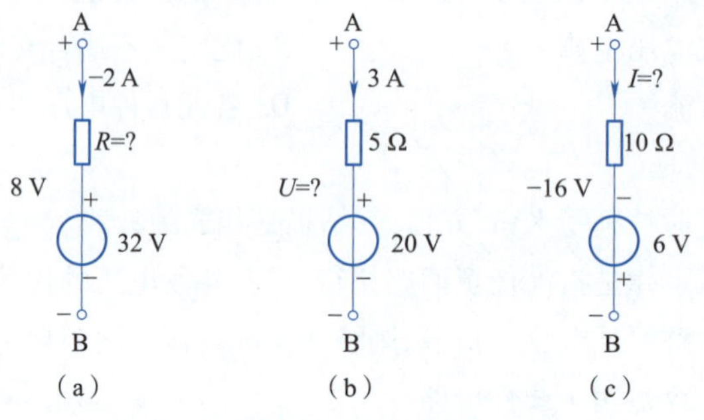

图 1.47　题 5 图

6. 电路如图 1.48 所示，已知 $U_S=10\ \text{V}$，$R_1=4.5\ \Omega$，$R_2=1\ \Omega$，$I_1=2\ \text{A}$，求 I_2。

7. 电路如图 1.49 所示，试求每个元件发出或吸收的功率。

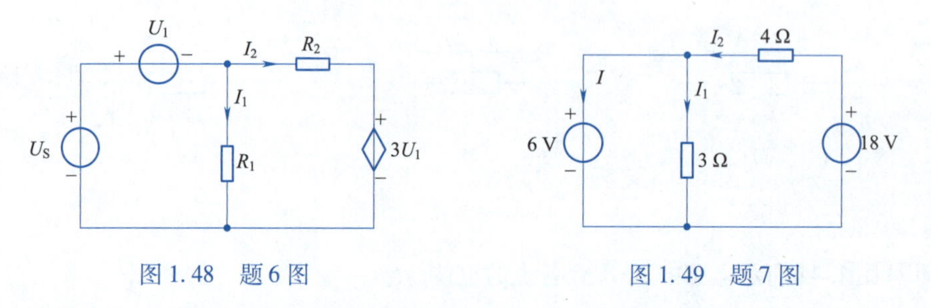

图 1.48　题 6 图　　图 1.49　题 7 图

8. 电路如图 1.50 所示，试求出每个元件的功率，并验证功率平衡。

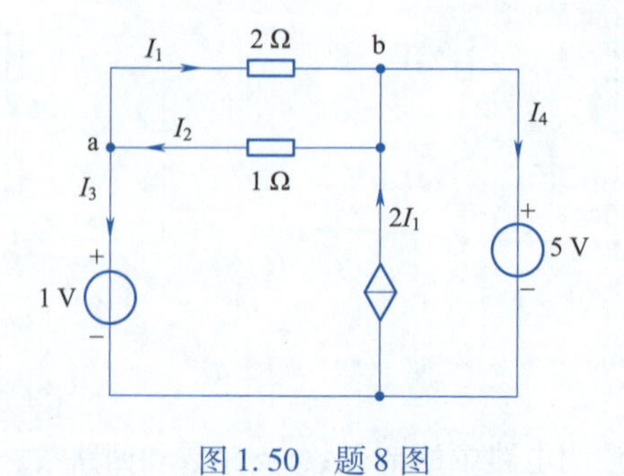

图 1.50　题 8 图

电阻电路的等效变换

引　言

由线性无源元件、线性受控源和独立源组成的电路称为线性电路。本书的大部分内容都是对线性电路的分析。如果线性电路中的无源元件均为线性电阻，则称该电路为线性电阻电路，简称电阻电路。本书的第2、3章介绍电阻电路的分析。本章主要以电阻电路为基础，介绍简单电阻电路的分析与计算，着重介绍电阻电路常见的等效变换的概念和方法，包括：电阻的串联、并联与混联，电阻的星形联结与三角形联结的等效变换，理想电源的串联与并联，实际电源的两种模型及其等效变换等。

电路分析的典型问题是对给定电路中的电压和电流进行分析。运用等效变换的方法分析和求解电路，是将电路的某一部分依照等效原则用一个简单电路替代，进而对未被替代的部分进行求解。分析求解电路的依据仍然是基尔霍夫电流定律（KCL、KVL）和电阻元件的欧姆定律。本章所分析的是一些简单的电阻电路，但所得到的结果在分析电路时是会经常用到的，所用的方法与分析电路的一般方法有着密切的联系。

学习目标

学生通过对本章内容的学习，应该能够做到：

了解：电路等效变换的概念；电阻串联、并联和混联的基本概念和特点；等效电阻的基本概念。

理解：二端网络等效电阻的计算；电压源和电流源的特性及其相互转换；串联电阻和并联电阻的计算公式及等效化简的基本方法。

应用：熟练地应用串联电阻的分压公式和并联电阻的分流公式计算复杂电路的电压或电流；初步掌握电阻星形联结与三角形联结的等效变换；熟练掌握等效电阻的计算方法。

分析：熟练运用等效变换的方法对电路进行等效化简和计算；掌握实际电源的两种模型及等效变换分析求解电路。

2.1　电路等效变换的概念

在电路分析中，常常把某一部分的电路作为一个整体看待，如果这个整体只有两个端子与电路的其他部分相连，则称该整体为二端网络或一端口网络。二端网络的整体作用相当于一条支路，二端网络外部端子的电压和电流之间的伏安关系称为外特性。在分析和计算电路的过程中，常常用到等效的概念。如果两个二端网络 N_1 和 N_2 的外部特性完全相同，则称这两个二端网络 N_1 和 N_2 相互等效。在电路分析中，为了使电路得到化简，通常用等效支路来代替结构复杂的二端网络。

电路等效变换是分析电路的一种重要方法。对电路进行分析时，有时可以把电路中的某一部分简化，即用一个较为简单的电路代替该电路。电路等效变换是简化电路、方便计算的一种常用手段，是在满足某种条件下，把给定电路中的某一部分通过改变连接方式以及元件参数，使其成为一个新电路。两个电路之间不管其内部结构、元件参数如何，可以进行等效变换的条件是相互等效的两个电路需要具有相同的伏安特性和端口特性。如图 2.1 所示，N_1 和 N_2 是两个内部结构和参数不同的二端网络，当这两个二端网络接相同的外电路时，其端口电压、电流都相同，则 N_1 和 N_2 可以相互等效代换，即可以用 N_1 代替 N_2 或用 N_2 代替 N_1。

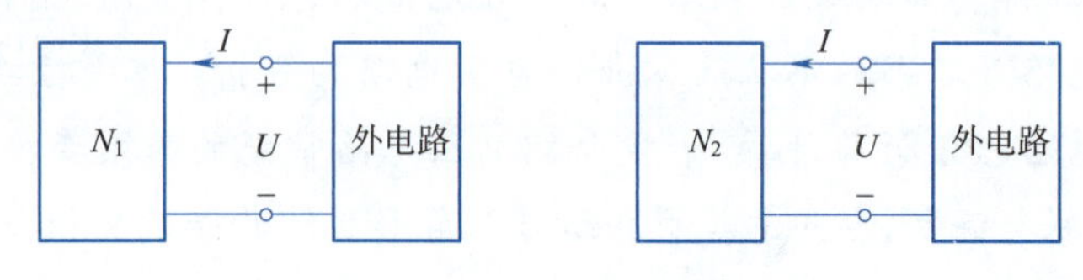

图 2.1　等效电路示意图

当电路中某一部分用其等效电路代替后，未被代替部分的电压和电流应保持不变。也就是说，等效变换只对等效变换以外的电路保证其电压、电流与原电路相同，而相互等效代替的电路连接结构、元件参数并不相同，因此等效变换是“对外等效，对内不等效”。

简单来说，就是复杂电路简单化中将一个连接复杂的电阻或者其他元件的电路连接图等效成一个等效电阻或者等效元件。如图 2.2 所示，左点画线框中由几个电阻构成的电路可以用一个等效电阻代替，使整个电路得以简化。进行代替的条件就是图 2.2 中端子 1-1′以左点画线框中的部分有相同的伏安特性。图中端子 1-1′以左电路被等效电阻代替后，1-1′以右部分电路中的电压和电流都将维持与原电路相同，这就是电路的“等效概念”。用等效电路的方法求解电路时，电压和电流保持不变的部分仅限于等效电路以外，这就是“对外等效”的概念。等效电路是被代替部分的简化或结构的变形，所以说内部不等效。如果要求左图点画线框内的各电阻的电流或电压就需要回到原电路求解。

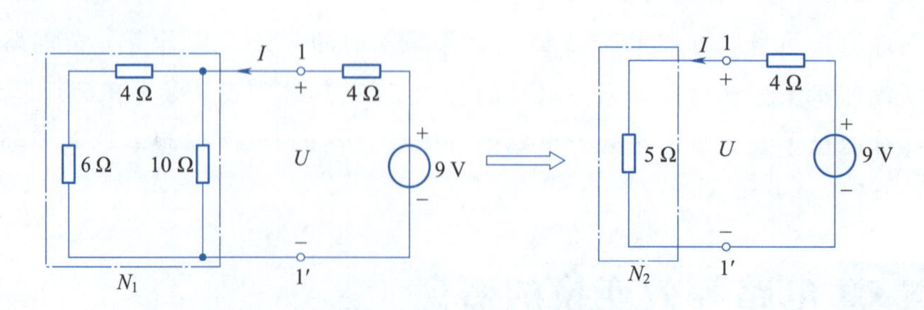

图 2.2　等效电路

2.2 电阻串、并联连接的等效变换

电路中电阻的连接方式最常见的就是电阻的串联和并联。

2.2.1 电阻串联电路

若干个电阻依次首尾相连接，中间没有分支点，在电源的作用下，通过各电阻的电流相同，这种连接方式称为电阻的串联。如图 2.3 所示电路为 n 个电阻 R_1、R_2、…、R_k、…、R_n 的串联组合，其电压和电流的参考方向如图 2.3 标定，其中 U 代表总电压，I 代表总电流。根据 KCL，电阻串联时，各个电阻中的电流均为同一电流。

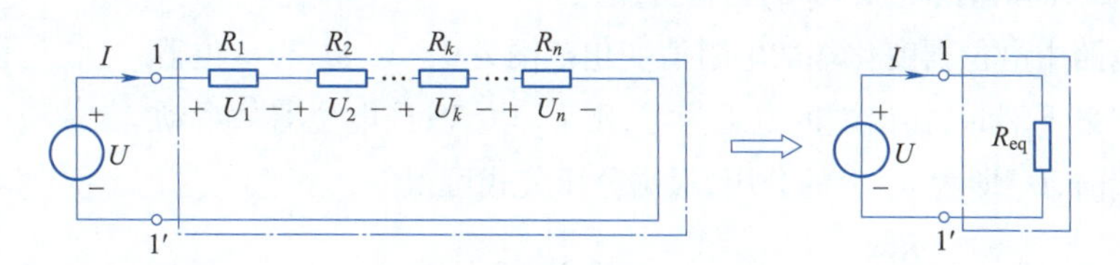

图 2.3　电阻串联电路图

根据 KVL，串联电路的总电压 U 为

$$U = U_1 + U_2 + \cdots + U_k + \cdots + U_n \tag{2.1}$$

由于每个电阻的电流均相同，且根据欧姆定律代入式(2.1)可得

$$\begin{aligned} U &= R_1 I + R_2 I + \cdots + R_k I + \cdots + R_n I \\ &= (R_1 + R_2 + \cdots + R_k + \cdots R_n) I \\ &= R_{eq} I \end{aligned} \tag{2.2}$$

式中，电阻 R_{eq} 是这些串联电阻的总电阻，又称等效电阻。

由式(2.2)可知，串联电路的等效电阻等于各个分电阻之和，且大于任一个被串联的电阻。

$$R_{eq} = \frac{U}{I} = R_1 + R_2 + \cdots + R_k + \cdots + R_n = \sum_{k=1}^{n} R_k > R_k \tag{2.3}$$

电阻串联时，各电阻上的电压为

$$U_k = R_k I = R_k \frac{U}{R_{eq}} = \frac{R_k}{R_{eq}} U < U \tag{2.4}$$

由式(2.4)可知，串联的各个电阻其电压与电阻成正比。或者说，总电压根据各个串联电阻的值进行分配。式(2.4)称为电压分配公式，又称分压公式。

若将式(2.2)两边同时乘以电流 I 可得

$$P = UI = R_1 I^2 + R_2 I^2 + \cdots + R_k I^2 + \cdots + R_n I^2 = R_{eq} I^2 \tag{2.5}$$

式(2.5)表明，n 个串联电阻所消耗的功率和等于它们的等效电阻所消耗的功率。

最常用的是当 $n = 2$ 时，即两个电阻的串联，如图 2.4 所示，等效电阻 $R_{eq} = R_1 + R_2$。两个串联电阻的电压分别为

$$U_1 = \frac{R_1}{R_1 + R_2} U \tag{2.6}$$

$$U_2 = \frac{R_2}{R_1 + R_2}U \tag{2.7}$$

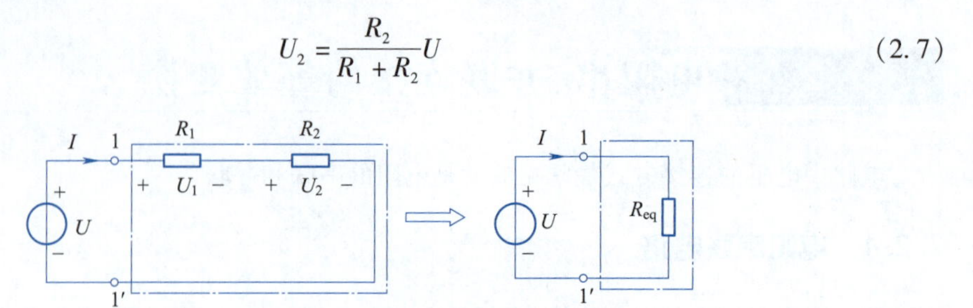

图 2.4　两个电阻串联电路图

例 2.1　如图 2.5 所示电路，已知 $R_1 = 10\ \Omega$，R_2 是一个阻值为 30 Ω 的电位器，当输入电压 $U_1 = 12\ \text{V}$ 时，试计算输出电压 U_2 的变化范围。

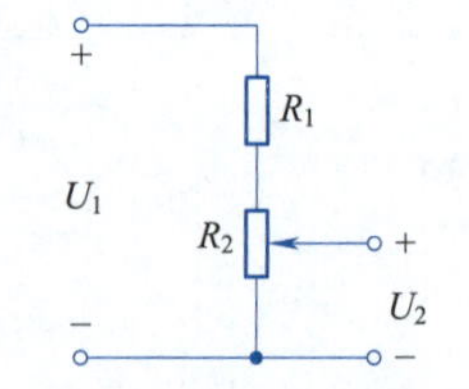

图 2.5　例 2.1 电路图

解　该电路中电位器变化端的电阻值变化范围为 0～30 Ω，当电位器的滑动端移到最下端时，输出端的电阻为零，则 $U_2 = 0\ \text{V}$；当电位器的滑动端移到最上端时，U_2 即为 R_2 上的分压，根据分压公式可得

$$U_2 = \frac{R_2}{R_1 + R_2}U_1 = \frac{30}{10 + 30} \times 12\ \text{V} = 9\ \text{V}$$

可见，通过移动电位器的滑动端，输出端电压 U_2 可在 0～9 V 的范围内变化。

2.2.2　电阻并联电路

若干个电阻首尾两端分别连接在两个公共节点上，在电源的作用下，各个电阻两端的电压相同，这种连接方式称为电阻的并联。如图 2.6 所示电路为 n 个电阻 R_1、R_2、…、R_k、…、R_n 的并联组合。电阻并联时，各电阻两端的电压均为同一电压，其中 U 代表总电压，I 代表总电流。

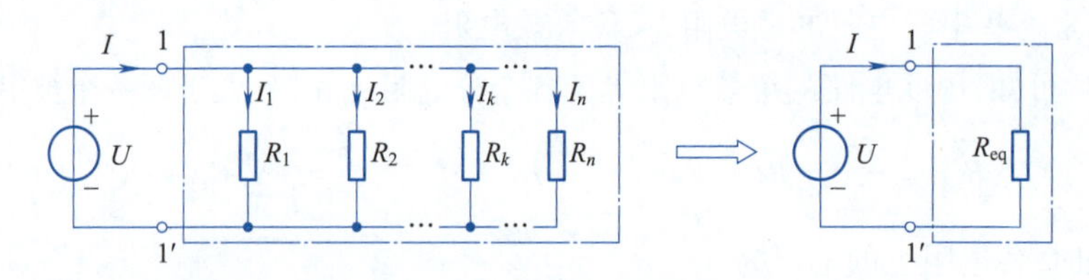

图 2.6　电阻并联电路图

根据 KCL，并联电路的总电流 I 为

$$I = I_1 + I_2 + \cdots + I_k + \cdots + I_n \tag{2.8}$$

由于各个电阻两端的电压相等，由欧姆定律代入式(2.8)可得

$$\begin{aligned} I &= \frac{U}{R_1} + \frac{U}{R_2} + \cdots + \frac{U}{R_k} + \cdots + \frac{U}{R_n} = \frac{U}{R_{eq}} \\ &= G_1 U + G_2 U + \cdots + G_k U + \cdots + G_n U \\ &= G_{eq} U \end{aligned} \tag{2.9}$$

式中，R_{eq} 为 n 个电阻并联后的等效电阻；G_{eq} 为等效电导。

$$G_{eq} = G_1 + G_2 + \cdots + G_n = \sum_{k=1}^{n} G_k > G \tag{2.10}$$

由式(2.10)可知,并联电路的等效电导等于各分电导之和,且大于任一个并联的电导,因而并联电路的等效电阻小于任一个并联的电阻。

电阻并联时,各个电阻中的电流为

$$I_k = \frac{U}{R_k} = UG_k = \frac{G_k}{G_{eq}}I \tag{2.11}$$

由式(2.11)可知,各个并联电阻中的电流与它们各自的电导成正比。式(2.11)称为电流分配公式,又称分流公式。

若将式(2.9)两边同时乘以电流 U 可得

$$P = UI = G_1U^2 + G_2U^2 + \cdots + G_kU^2 + \cdots + G_nU^2 = G_{eq}U^2 \tag{2.12}$$

式(2.12)表明,n 个并联电导所消耗的功率和等于它们的等效电导所消耗的功率。

最常用的是当 $n=2$ 时,即两个电阻的并联,如图 2.7 所示,等效电阻为

$$R_{eq} = \frac{1}{\frac{1}{R_1} + \frac{1}{R_2}} = \frac{R_1R_2}{R_1 + R_2} \tag{2.13}$$

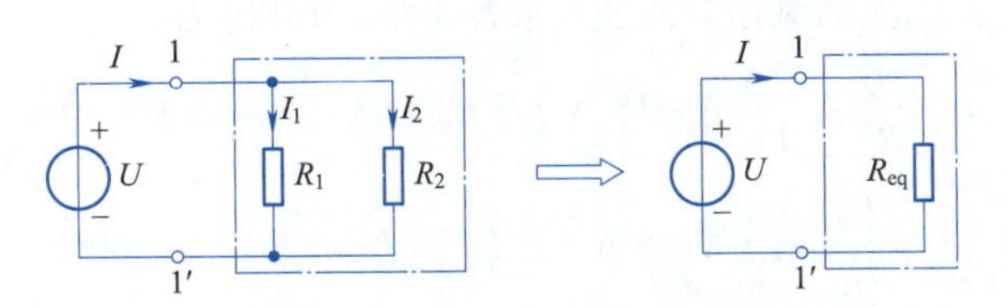

图 2.7　两个电阻并联电路图

两个并联电阻的电流分别为

$$I_1 = \frac{R_2}{R_1 + R_2}I \tag{2.14}$$

$$I_2 = \frac{R_1}{R_1 + R_2}I \tag{2.15}$$

2.2.3　电阻串、并联电路

在电路中,若同时含有电阻的串联和并联,这种连接方式称为电阻的串、并联或混联。在电阻的串、并联电路中,想要求解出各支路电阻的电压或电流,其计算的一般步骤如下:

(1)识别各电阻的串、并联关系,逐步合并单纯串联与并联部分,求出等效电阻;

(2)利用欧姆定律、KCL 以及 KVL 求出总电压或总电流;

(3)利用分压和分流公式求各电阻上的电压和电流。

上述步骤中,关键的是如何求电路的等效电阻。这时就需要厘清电路中各电阻的串、并联连接关系。对于同一电路求不同端口的等效电阻时,电阻的连接关系是不同的。

例 2.2　如图 2.8 所示电路,已知图中各元件的电压和电阻值分别为 $U=165$ V,$R_1=5$ Ω,$R_2=18$ Ω,$R_3=6$ Ω,$R_4=4$ Ω,$R_5=12$ Ω,求各支路的电压和电流。

解　该电路中既有电阻的串联,也有电阻的并联。可以用串联和并联的关系进行分析和计

算。图 2.8 中 R_4 和 R_5 并联后与 R_3 串联，然后再与 R_2 并联后与 R_1 串联。因此对该电路进行简化变换后的电路如图 2.9 所示。

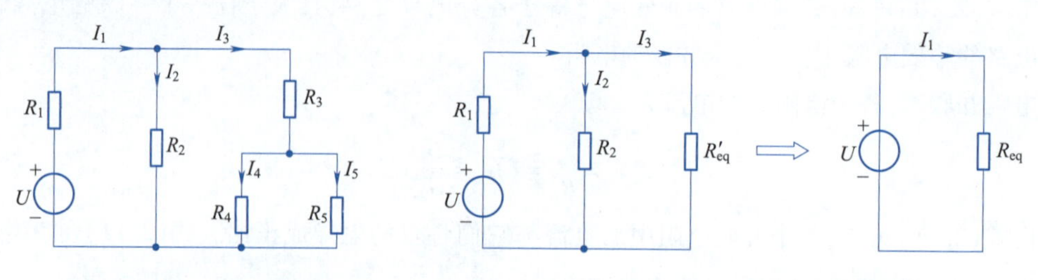

图 2.8 例 2.2 电路图　　图 2.9 例 2.2 简化等效电路图

简化变换后的等效电阻为

$$R'_{eq}=\frac{R_4R_5}{R_4+R_5}+R_3 \qquad R_{eq}=\frac{R_2R'_{eq}}{R_2+R'_{eq}}+R_1$$

将数值代入后得

$$R'_{eq}=\left(\frac{4\times 12}{4+12}+6\right)\ \Omega=9\ \Omega \qquad R_{eq}=\left(\frac{18\times 9}{18+9}+5\right)\ \Omega=11\ \Omega$$

进而可求出总电流 I_1，然后利用分流公式求各支路电流和电压。

$$I_1=\frac{U}{R_{eq}}=\frac{165}{11}\ \text{A}=15\ \text{A} \qquad U_2=6I_1=6\times 15\ \text{V}=90\ \text{V}$$

$$I_2=\frac{U_2}{R_2}=\frac{90}{18}\ \text{A}=5\ \text{A} \qquad U_3=6I_3=6\times 10\ \text{V}=60\ \text{V}$$

$$I_3=(15-5)\ \text{A}=10\ \text{A} \qquad U_4=3I_3=3\times 10\ \text{V}=30\ \text{V}=U_5$$

$$I_4=\frac{U_4}{R_4}=\frac{30}{4}\ \text{A}=7.5\ \text{A} \qquad I_5=I_3-I_4=(10-7.5)\ \text{A}=2.5\ \text{A}$$

例 2.3　如图 2.10 所示电路，已知各电阻值分别为 $R_1=4\ \Omega$，$R_2=4\ \Omega$，$R_3=2\ \Omega$，$R_4=4\ \Omega$，$R_5=2\ \Omega$，$R_6=4\ \Omega$，试求 A、B 两端的等效电阻 R_{AB} 以及 A、D 两端的等效电阻 R_{AD}。

解　先求 A、B 两端的等效电阻 R_{AB}。可以假设 A、B 端接了一个电源，然后分析电路中各电阻的串、并联关系。很显然，电路中的 R_1 和 R_2 接于 A、C 两点之间，它们是并联的关系，然后再与 R_3 串联；上面串联后的等效电阻又与 R_4 接于 A、D 两点之间，因此与 R_4 是并联的关系，然后再与 R_5 串联；最后前面等效后的电阻又与 R_6 接于 A、B 两点之间，它们又是并联的关系。因此 A、B 两端间的等效电阻 R_{AB} 为

$$R_{AB}=\langle\{[(R_1/\!/R_2)+R_3]/\!/R_4\}+R_5\rangle/\!/R_6=2\ \Omega$$

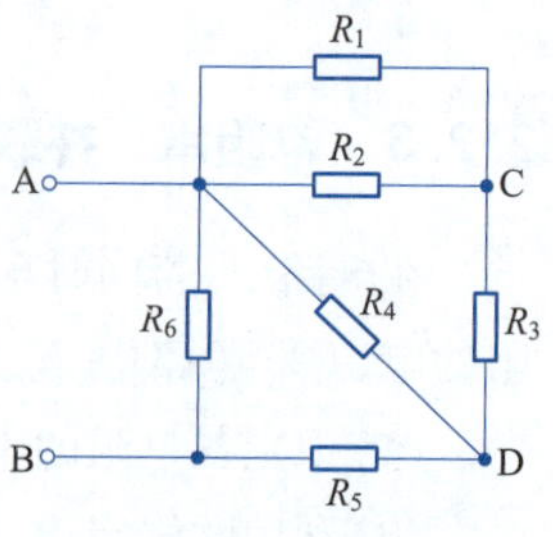

图 2.10 例 2.3 电路图

同理，可以分析 A、D 两端间的等效电阻 R_{AD}。可以假设 A、D 两端接了一个电源，然后分析电路中各电阻的串、并联关系。很显然，电路中的 R_1 和 R_2 并联后再与 R_3 串联；然后再与 R_4 并联，而且 R_5 与 R_6 串联后也与 R_4 并联。因此 A、D 两端间的等效电阻 R_{AD} 为

$$R_{AD}=\{[(R_1/\!/R_2)+R_3]/\!/R_4\}/\!/(R_5+R_6)=1.5\ \Omega$$

上面的例题说明，分析电阻串、并联电路中某一端口的等效电阻时，应该以这个端口为基准，

然后分析电路中各电阻的串、并联连接方式。对于同一电路，求不同端口的等效电阻时，电路中的串、并联关系也会不同。当电路中电阻的串、并联关系不易看出时，可以在不改变电阻连接关系的前提下，将电路中的无阻导线适当缩放，并且尽量避免导线间相互交叉。

2.3　电阻三角形联结和星形联结的等效变换

2.3.1　三角形联结与星形联结

上一节介绍了电阻的串联电路、并联电路以及串并联电路的计算方法，但是电阻的连接方式除了串联、并联以外，在有些电路中的电阻连接是一种特殊的连接形式——桥形连接。桥形连接电路中的电阻既不是串联也不是并联，无法根据电阻的串联或并联关系对电路进行简化和变换。如图 2.11 所示，R_1、R_2、R_3、R_4、R_5 构成的是一种常见的桥形连接电路，其中，R_1、R_3、R_4 构成一个星形联结（R_2、R_3、R_5 也构成星形联结），R_1、R_2、R_3 构成一个三角形联结（R_3、R_4、R_5 也构成三角形联结）。

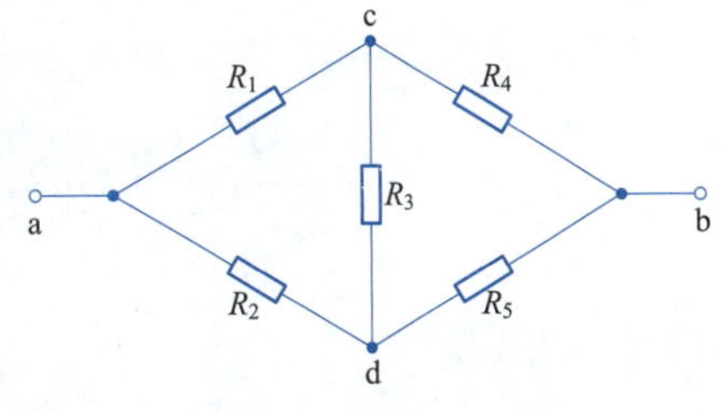

图 2.11　桥形连接电路

星形联结也称 Y 联结，三角形联结也称为△联结。它们都具有三个端子 1、2、3 分别与外部相连。Y 联结形式为三个电阻元件的一端连接在一起，另外一端分别连接电路中的三个节点，如图 2.12(a)所示。△联结形式为三个电阻元件首尾相连构成一个三角形，并向外引伸出三个端子，如图 2.12(b)所示。端子 1、2、3 与电路的其他部分相连，图中没有画出电路的其他部分。

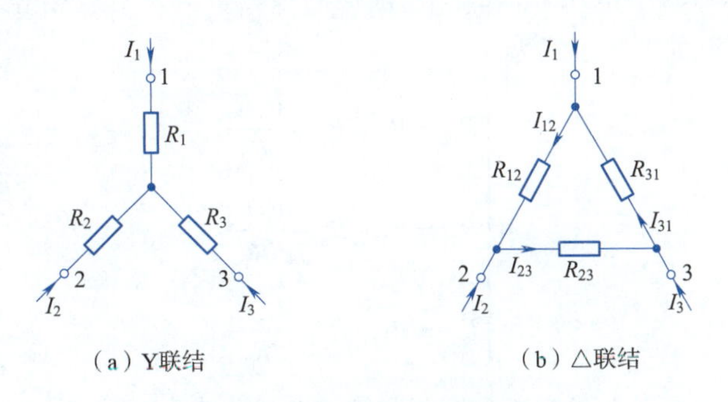

图 2.12　Y 联结与△联结

2.3.2　三角形联结与星形联结之间的等效变换

当△联结和 Y 联结电路中的电阻之间满足一定关系时，它们在端子 1、2、3 上及端子以外的特性如果相同，就认为△联结和 Y 联结电路之间可以进行等效变换。假设 1、2 端口间的端口电压为 U_{12}，2、3 端口间的端口电压为 U_{23}，3、1 端口间的端口电压为 U_{31}，如果△联结和 Y 联结在对应端子之间的端口电压相同，即均为 U_{12}、U_{23}、U_{31}，而流入对应端子上的电流也相同，即均为 I_1、I_2、I_3，在这种条件下△联结和 Y 联结相互等效。

对于△联结电路，根据 KCL 和欧姆定律，列写端子电流方程：

$$\begin{cases} I_1 = \dfrac{U_{12}}{R_{12}} - \dfrac{U_{31}}{R_{31}} \\ I_2 = \dfrac{U_{23}}{R_{23}} - \dfrac{U_{12}}{R_{12}} \\ I_3 = \dfrac{U_{31}}{R_{31}} - \dfrac{U_{23}}{R_{23}} \end{cases} \tag{2.16}$$

对于 Y 联结电路，根据 KCL、KVL 和欧姆定律列写端子电压与电流关系方程：

$$\begin{cases} I_1 + I_2 + I_3 = 0 \\ U_{12} = R_1 I_1 - R_2 I_2 \\ U_{23} = R_2 I_2 - R_3 I_3 \\ U_{31} = R_3 I_3 - R_1 I_1 \end{cases} \tag{2.17}$$

由式(2.17)可以解出端子电流为

$$\begin{cases} I_1 = \dfrac{R_3 U_{12}}{R_1R_2 + R_2R_3 + R_3R_1} - \dfrac{R_2 U_{31}}{R_1R_2 + R_2R_3 + R_3R_1} \\ I_2 = \dfrac{R_1 U_{23}}{R_1R_2 + R_2R_3 + R_3R_1} - \dfrac{R_3 U_{12}}{R_1R_2 + R_2R_3 + R_3R_1} \\ I_3 = \dfrac{R_2 U_{31}}{R_1R_2 + R_2R_3 + R_3R_1} - \dfrac{R_1 U_{23}}{R_1R_2 + R_2R_3 + R_3R_1} \end{cases} \tag{2.18}$$

由△联结和 Y 联结在对应端子之间的端口电压和对应端子上的电流都相同的等效条件，可得到式(2.16)和式(2.18)中电压 U_{12}、U_{23}、U_{31} 前面的系数也应该对应相等。于是可得到由 Y 联结的电阻变换为△联结的电阻公式为

$$\begin{cases} R_{12} = R_1 + R_2 + \dfrac{R_1R_2}{R_3} \\ R_{23} = R_2 + R_3 + \dfrac{R_2R_3}{R_1} \\ R_{31} = R_3 + R_1 + \dfrac{R_3R_1}{R_2} \end{cases} \tag{2.19}$$

由式(2.19)可以推导出△联结变换为 Y 联结的电阻公式为

$$\begin{cases} R_1 = \dfrac{R_{12}R_{31}}{R_{12} + R_{23} + R_{31}} \\ R_2 = \dfrac{R_{23}R_{12}}{R_{12} + R_{23} + R_{31}} \\ R_3 = \dfrac{R_{31}R_{23}}{R_{12} + R_{23} + R_{31}} \end{cases} \tag{2.20}$$

如果 Y 联结中的三个电阻阻值相等，即 $R_1 = R_2 = R_3 = R_Y$，则根据式(2.19)可得等效变换成△联结后的三个电阻也相等，即

$$R_\triangle = R_{12} = R_{23} = R_{31} = 3R_Y \tag{2.21}$$

同理，若是△联结中的三个电阻均相等，即 $R_{12} = R_{23} = R_{31} = R_\triangle$，则根据式(2.20)可得等效变

换成 Y 联结后的三个电阻也相等，即

$$R_Y = R_1 = R_2 = R_3 = \frac{1}{3}R_\triangle \tag{2.22}$$

另外，△联结电路还有其他变形形式，如图 2.13(a)所示的 Π 形电路。Y 联结电路的其他形式是 T 形电路，如图 2.13(b)所示。

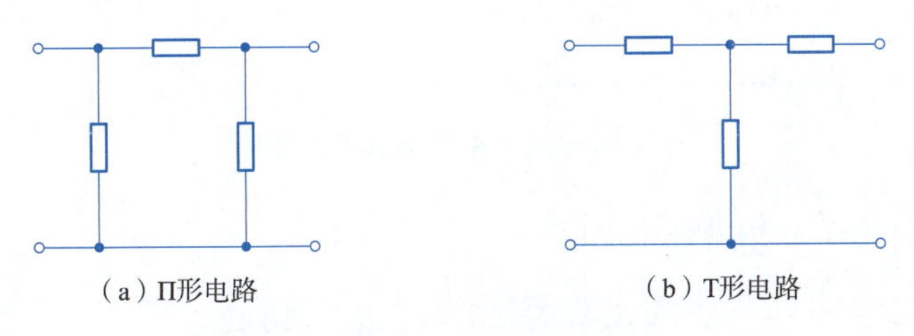

(a) Π形电路　　(b) T形电路

图 2.13　△联结和 Y 联结的其他形式

例 2.4　如图 2.14 所示电路中，已知各电阻值分别为 $R_1 = 5\ \Omega$，$R_2 = 10\ \Omega$，$R_3 = 10\ \Omega$，$R_4 = 2\ \Omega$，$R_5 = 4\ \Omega$，$R_6 = 2\ \Omega$，试求 A、B 两端间的等效电阻 R_{AB}。

解　要求 A、B 两端间的等效电阻 R_{AB}，可以假设 A、B 两端接了一个电源，然后分析电路中各电阻的连接关系。很显然本题可以将 R_4、R_5 和 R_6 所构成的 Y 联结等效变换成△联结的电路，由式(2.19)可得

$$R'_{AB} = R_4 + R_6 + \frac{R_4R_6}{R_5} = \left(2 + 2 + \frac{2\times2}{4}\right)\ \Omega = 5\ \Omega$$

$$R'_{BC} = R_6 + R_5 + \frac{R_5R_6}{R_4} = \left(2 + 4 + \frac{4\times2}{2}\right)\ \Omega = 10\ \Omega$$

$$R'_{CA} = R_5 + R_4 + \frac{R_4R_5}{R_6} = \left(4 + 2 + \frac{2\times4}{2}\right)\ \Omega = 10\ \Omega$$

等效后的电阻 R'_{AB} 与 R_1 并联，R'_{BC} 与 R_3 并联，R'_{CA} 与 R_2 并联，因此 A、B 两端间的等效电阻 R_{AB} 为

$$R_{AB} = (R'_{AB} /\!/ R_1) /\!/ [(R'_{BC} /\!/ R_3) + (R'_{CA} /\!/ R_2)] = 2\ \Omega$$

例 2.5　如图 2.15 所示电路，电路中各元件的电流和电阻值已在图中标注，求负载电阻 R_L 消耗的功率。

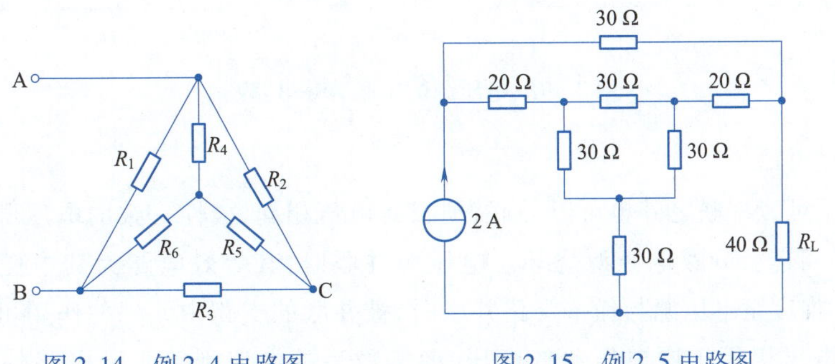

图 2.14　例 2.4 电路图　　图 2.15　例 2.5 电路图

解　首先将该电路中三个 30 Ω 电阻元件组合的△联结结构变换为 Y 联结，然后再根据串、并联等效后再进行一次△联结变换为 Y 联结，因此对原电路进行简化变换后的电路如图 2.16 所示。

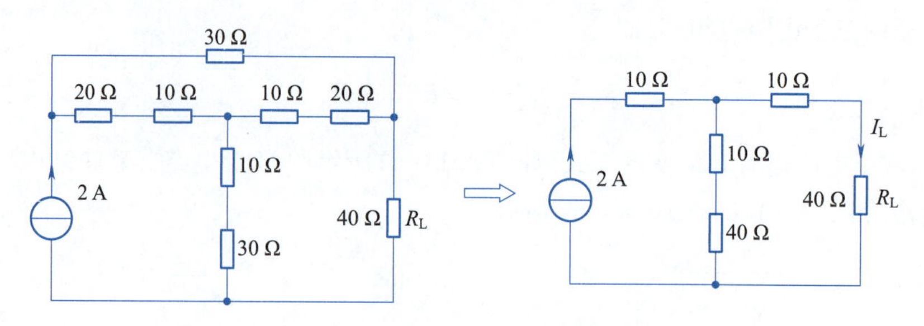

图 2.16　例 2.5 简化等效电路图

根据式(2.22)可得 Y 联结的三个电阻为

$$R_Y = R_1 = R_2 = R_3 = \frac{1}{3}R_{\triangle} = 10\ \Omega$$

然后由串、并联等效方法，以及分流公式可得负载 R_L 所在支路的电流为 1 A，因此负载电阻 R_L 消耗的功率为 $P_L = R_L I_L^2 = 40 \times 1^2\ \text{W} = 40\ \text{W}$。

2.4　电源的等效变换

2.4.1　电压源、电流源的串联和并联

1. 电压源的串联

如图 2.17 所示电路为 n 个电压源 U_{S1}、U_{S2}、…、U_{Sk}、…、U_{Sn} 的串联，其电压的参考方向如图 2.7 标定。根据 KVL，串联电路的总电压 U_S 为各个电压源的电压代数和，即

$$U_S = U_{S1} + U_{S2} + \cdots + U_{Sk} + \cdots + U_{Sn} = \sum_{k=1}^{n} U_{Sk} \tag{2.23}$$

若电压源 U_{Sk} 电压的参考方向和总电压 U_S 的参考方向一致时，式中 U_{Sk} 的前面取"+"号；若二者的参考方向相反时，U_{Sk} 的前面取"−"号。因此 n 个电压源的串联可以用一个电压源来等效替代，等效电压源的电压为串联总电压 U_S，如图 2.17 所示。

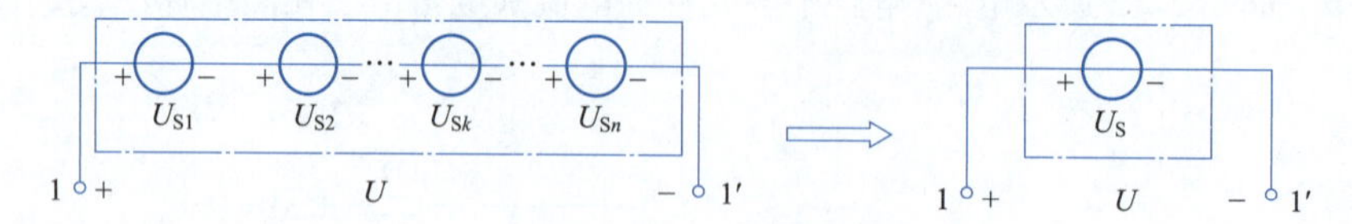

图 2.17　电压源的串联等效电路图

2. 电压源的并联

电压源除了可以串联之外也可以并联，但只有电压相同、极性一致的电压源才能并联，否则违背 KVL，也可能会导致电压源烧坏。电压源并联时，其等效电路为其中任一电压源，如图 2.18 所示。推广至电压源与任一支路并联时，被并联的支路中元件的作用可以忽略，其等效后电压源的电压仍等于原电压源的电压，而等效后的电流则等于原电路外部的电流，如图 2.19 所示。

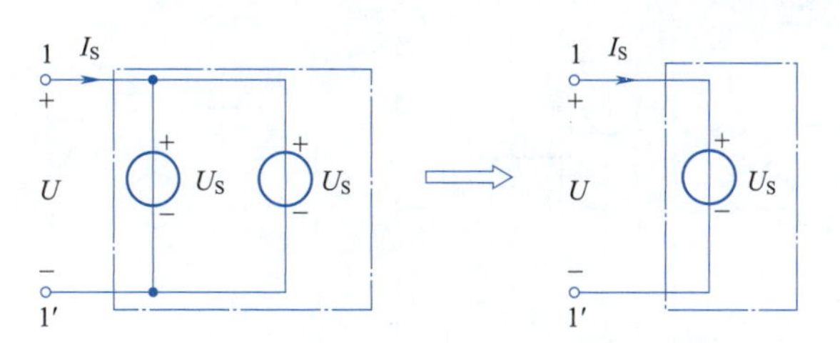

图2.18 电压相等的电压源并联等效电路图

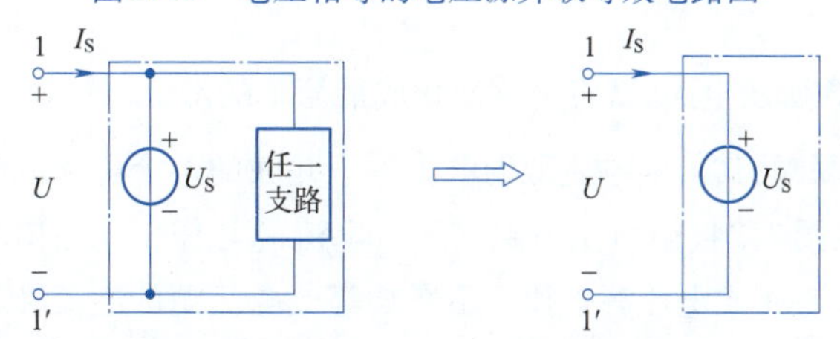

图2.19 电压源与任一支路并联等效电路图

3. 电流源的并联

如图2.20所示电路为 n 个电流源 I_{S1}、I_{S2}、…、I_{Sk}、…、I_{Sn} 的并联，其电流的参考方向如图2.20标定，根据KCL，并联电路的总电流 I_S 为各个电流源的电流代数和，即

$$I_S = I_{S1} + I_{S2} + \cdots + I_{Sk} + \cdots + I_{Sn} = \sum_{k=1}^{n} I_{Sk} \tag{2.24}$$

若电流源 I_{Sk} 的参考方向和总电流 I_S 参考方向在节点处的方向相反时，式中 I_{Sk} 的前面取"+"号；若二者的参考方向在节点处相同时，I_{Sk} 的前面取"−"号。因此 n 个电流源的并联可以用一个电流源来等效替代。等效电流源的电流为并联总电流 I_S，如图2.20所示。

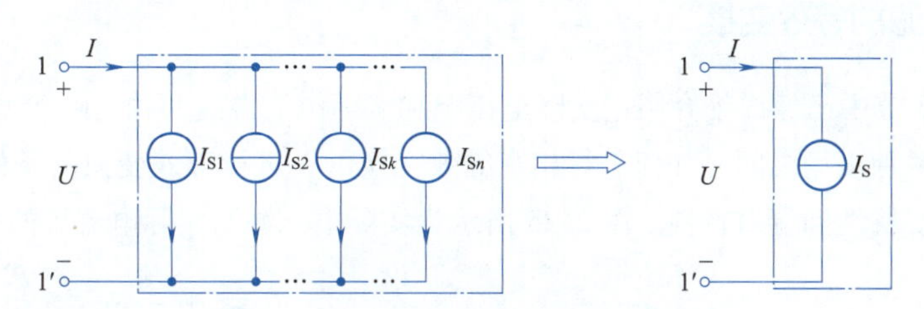

图2.20 电流源的并联等效电路图

4. 电流源的串联

同样，电流源除了并联之外也可以串联，但只有电流相同极性一致的电流源才能串联，否则违背KCL，也可能会导致电流源烧坏。电流源串联时，其等效电路为其中任一电流源，如图2.21所示。推广至电流源与任一支路串联时，被串联支路中元件的作用可以忽略，其等效后电流源的电流仍等于原电流源的电流，而等效后的电压则等于原电路外部的电压，如图2.22所示。

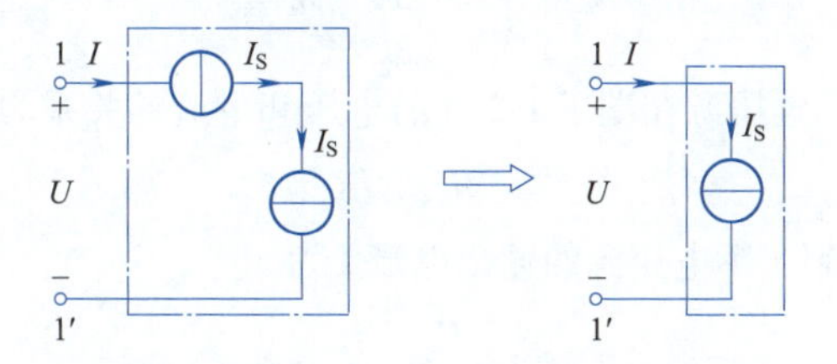

图2.21 电流相等的电流源串联等效电路图

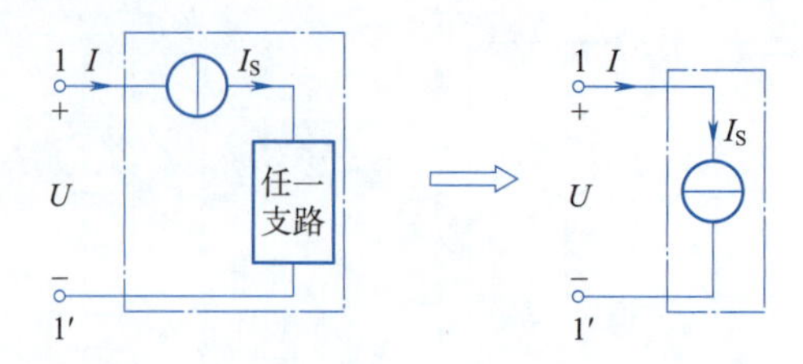

图 2.22 电流源与任一支路串联等效电路图

例 2.6 如图 2.23 所示电路，试将电路简化成最简单的形式。

解 根据电流源并联时，其等效电流源的电流等于并联的各个电流源电流的代数和，因此对图 2.23 进行等效化简成图 2.24(a)所示电路。又由电流源与任一支路串联时，被串联支路中元件的作用可以忽略，因此将 4 V 电压源去掉后不影响等效电流源的电流，因此又可以等效化简成图 2.24(b)所示电路，即为图 2.23 所示电路的最简形式。

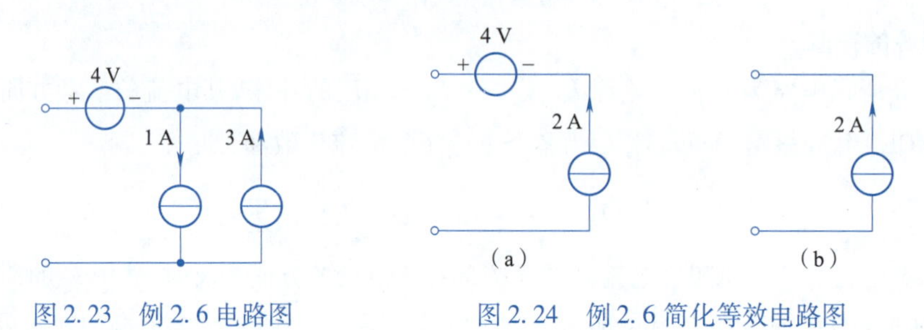

图 2.23 例 2.6 电路图

图 2.24 例 2.6 简化等效电路图

2.4.2 实际电源的等效变换

在本书的 1.5 节中已经详细介绍过实际电压源和实际电流源这两种电路模型及其伏安特性。本节主要介绍这两种模型之间是如何进行相互等效变换的。进行等效变换的条件是两个二端网络具有相同的伏安特性和端口特性。图 2.25 所示为实际电压源与实际电流源的电路模型图。

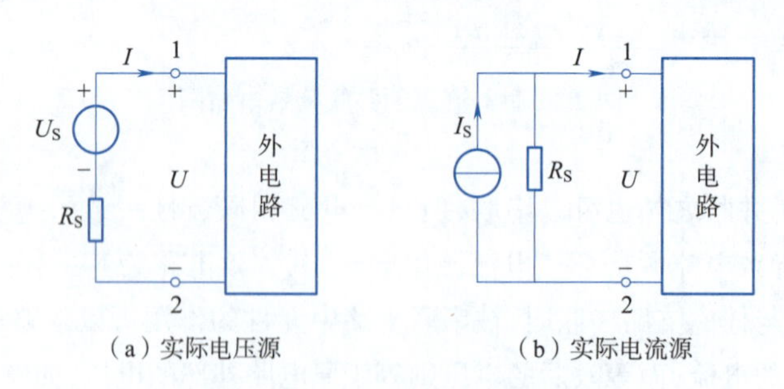

图 2.25 实际电源电路模型图

图 2.25(a)所示的实际电压源在端子 1-2 处的电压和电流的关系为

$$U = U_S - IR_S \tag{2.25}$$

式(2.25)可以变形得到实际电压源的输出电流 I 为

$$I = \frac{U_S}{R_S} - \frac{U}{R_S} \tag{2.26}$$

图 2.25(b)所示的实际电流源在端子 1-2 处的电压和电流的关系为

$$I = I_S - \frac{U}{R_S} \tag{2.27}$$

由实际电压源和实际电流源在对应端子之间的端口电压和电流都相同的等效条件,可得到式(2.26)和式(2.27)中各项及其系数也应该对应相等,即

$$I_S = \frac{U_S}{R_S} \tag{2.28}$$

如图 2.26 所示,可以将实际电压源等效变换为实际电流源模型。变换后的实际电流源的电流 I_S 的参考方向和实际电压源的电压 U_S 的参考方向是相反的,I_S 从 U_S 的负极流向正极。同理,也可将实际电流源等效变换为实际电压源模型,如图 2.27 所示。需要注意的是,理想电压源与理想电流源之间是不能相互等效转换的。

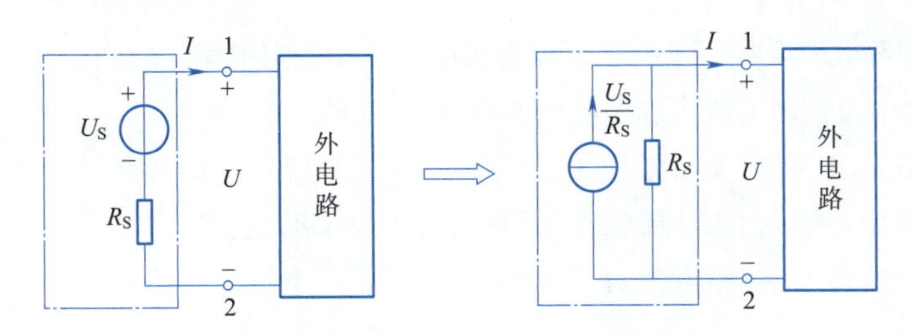

图 2.26　实际电压源等效变换为电流源模型图

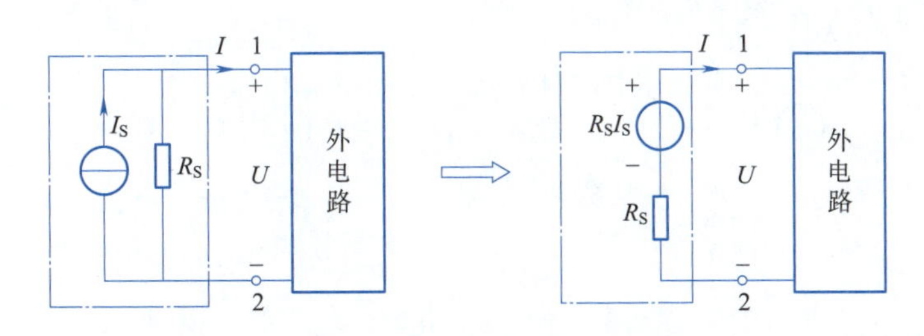

图 2.27　实际电流源等效变换为电压源模型图

例 2.7　如图 2.28 所示电路,电路中各元件的电流和电阻值已在图 2.28 中标注,利用电源等效变换简化电路并求支路电流 I。

解　对图 2.28 电路中左边两个电流源与电阻的并联支路进行等效变换,得到图 2.29 所示等效电路图。

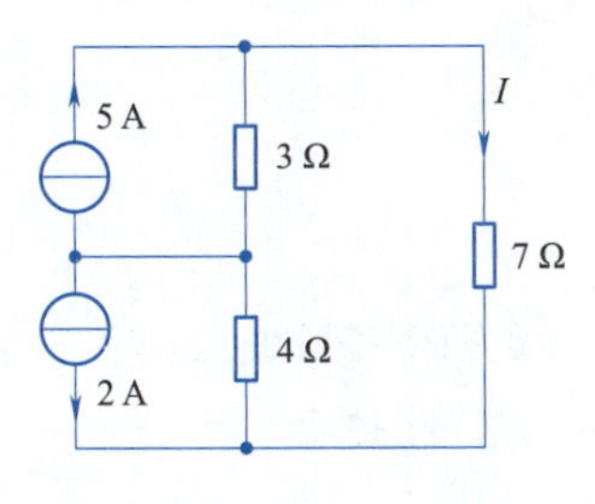

图 2.28　例 2.7 电路图

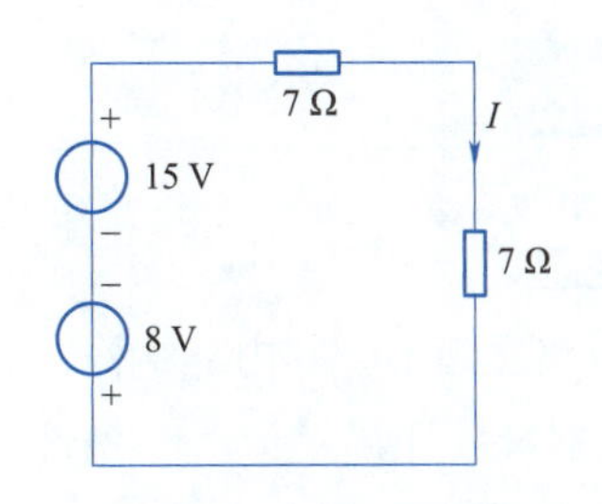

图 2.29　例 2.7 简化等效电路图

其中,注意两个电流源的参考方向相反,因此变换后的电压源的参考方向也相反。最终简化得到一个单回路的电路。在图 2.29 中,可利用 KVL 及欧姆定律求解出电流 I

$$I=\frac{15-8}{14}\ \text{A}=0.5\ \text{A}$$

实际电源之间的等效变换方法也适用于受控电压源与电阻的串联形式和受控电流源与电阻的并联形式之间的等效变换。在变换过程中可将受控源当成独立源处理,但需要注意的是在变换过程中不要丢失控制量,要保持控制量在支路中。

例 2.8 如图 2.30 所示电路,已知 $U_S=12$ V,$R_1=R_3=R_4=2\ \Omega$,$R_2=4\ \Omega$,CCVS 的电压 $U=8I_1$,电路中电压和电流的参考方向已在图 2.30 中标注,利用电源等效变换简化电路并求 A、B 两点间的电压 U_{AB}。

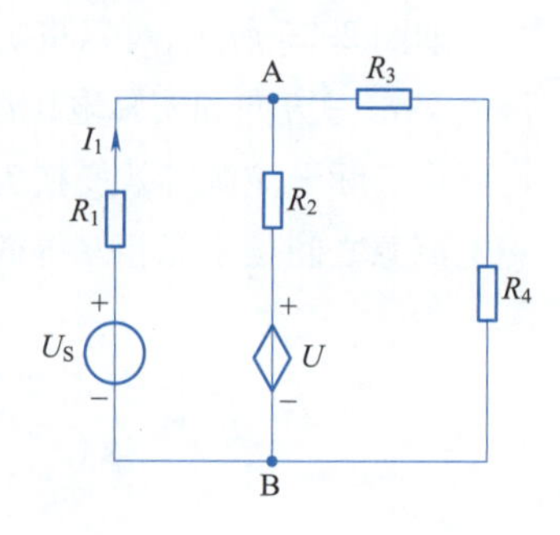

图 2.30 例 2.8 电路图

解 利用电源等效变换将原电路中电流控制电压源和电阻的串联形式等效变换为电流控制电流源和电阻的并联形式,如图 2.31(a)所示。再结合电阻的串、并联关系继续变形,将电流控制电流源和电阻的并联形式等效变换成电流控制电压源和电阻的串联形式,最终简化得到一个单回路电路,如图 2.31(b)所示。

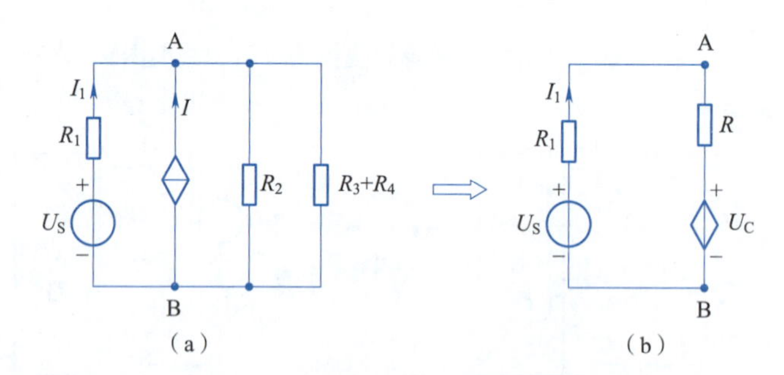

图 2.31 例 2.8 简化等效电路图

其中 $I=\dfrac{8I_1}{R_2}=2I_1$,$R=(R_3+R_4)/\!/R_2=2\ \Omega$,$U_C=RI=4I_1$,又由 KVL 及欧姆定律可得 $R_1I_1+RI_1+U_C=U_S$,推出 $I_1=\dfrac{U_S}{8}=1.5$ A,因此 A、B 两点间的电压为

$$U_{AB}=U_S-R_1I_1=(12-2\times1.5)\ \text{V}=9\ \text{V}$$

习 题

一、填空题

1. 两个电路之间不管其内部结构、元件参数如何,满足两个条件便可相互等效变换,条件一是互换的电路端口数目要________,条件二是两电路的端口特性必须________。

2. 如图 2.32 所示电路中的 $I=$________,总电阻为________。

3. 电阻均为 12 Ω 的三角形电阻网络,若等效为星形网络,各电阻的阻值应为________。

4. 电路如图 2.33 所示，电路中的电流 I 等于________。

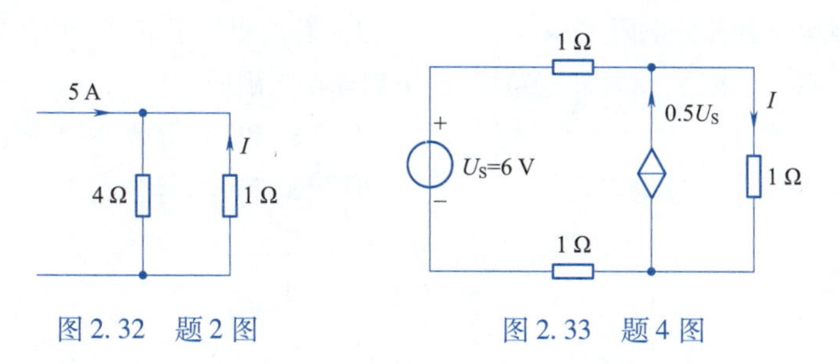

图 2.32　题 2 图　　　图 2.33　题 4 图

5. 当电阻 R_1 和 R_2 串联时，总电阻 R 等于________，当电阻 R_1 和 R_2 并联时，总电阻 R 等于________。

6. 和电压源并联的电阻对外电路________（起作用，不起作用），和电流源串联的电阻对外电路________（起作用，不起作用）。

二、选择题

1. 两个电阻串联，$R_1:R_2=1:2$，总电压为 60 V，则 U_1 的大小为（　　）。

A. 10 V　　B. 20 V　　C. 30 V　　D. 60 V

2. 已知星形联结的三个电阻都是 30 Ω，则等效三角形联结的三个电阻阻值为（　　）。

A. 全是 10 Ω　　B. 两个 30 Ω，一个 90 Ω

C. 全是 90 Ω　　D. 一个 30 Ω，两个 90 Ω

3. 理想电压源和理想电流源间（　　）。

A. 有等效变换关系　　B. 没有等效变换关系

C. 有条件下的等效关系

4. 以下（　　）不是串联电路的特点。

A. 总电阻等于各部分电阻之和　　B. 各部分电流相同

C. 总电压等于各部分电压之和　　D. 各部分电压相等

5. 一个电路的总电阻为 10 Ω，当并联一个 5 Ω 的电阻后，总电阻将（　　）。

A. 增大　　B. 减小　　C. 保持不变　　D. 变为无穷大

6. 电路如图 2.34 所示，已知图 2.34(a) 中的 $U_{S1}=4$ V，$I_{S1}=6$ A，用图 2.34(b) 所示的等效理想电流源代替图 2.34(a) 所示的电路，该等效电流源的参数为（　　）。

A. 6 A　　B. 2 A　　C. −6 A　　D. −2 A

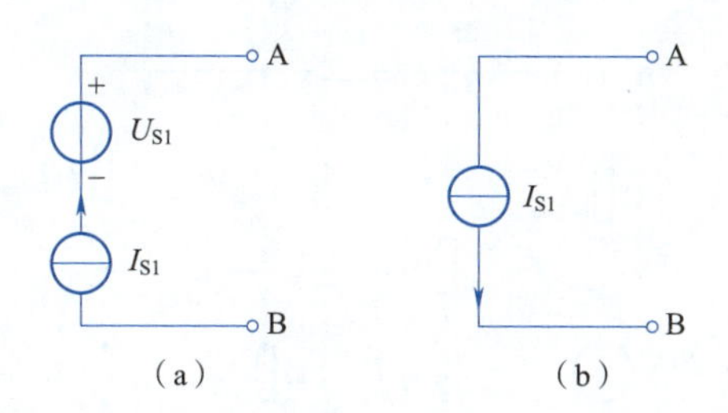

图 2.34　题 6 图

7. 并联电路中，总电阻与各部分电阻的关系是（　　）。

A. 总电阻等于各部分电阻之和　　B. 总电阻的倒数等于各部分电阻倒数之和

C. 总电阻等于各部分电阻之积　　D. 总电阻等于各部分电阻之差

8. 如图 2.35 所示各电路，就其外电路而言，下列选项正确的是(　　)。

A. (b)和(c)等效　　B. (a)和(d)等效

C. (a)、(b)、(c)、(d)均等效　　D. (a)和(b)等效

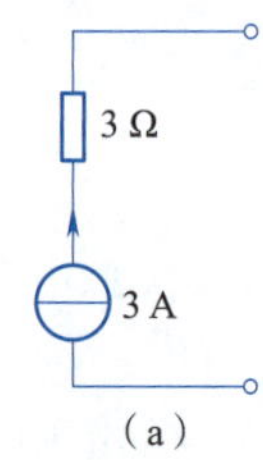

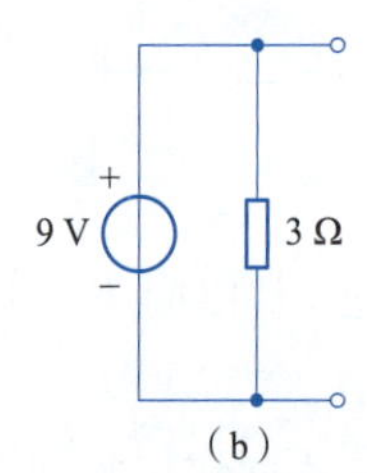

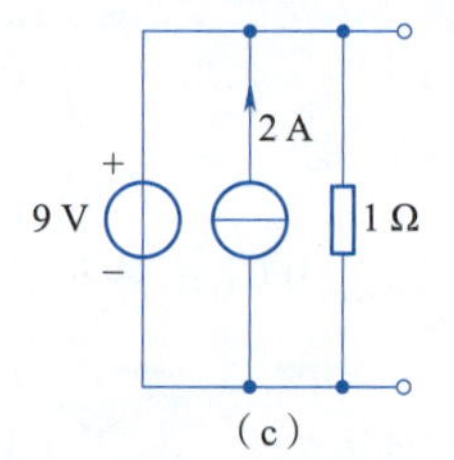

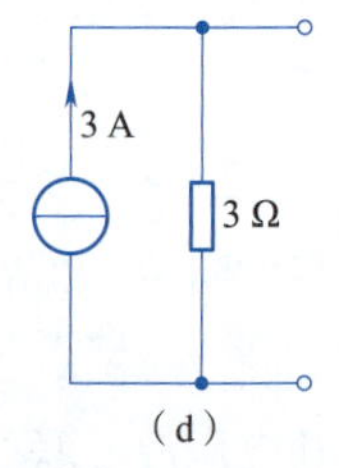

图 2.35　题 8 图

三、分析计算题

1. 计算图 2.36 所示电路中 a、b 端口间的等效电阻 R_{ab}。

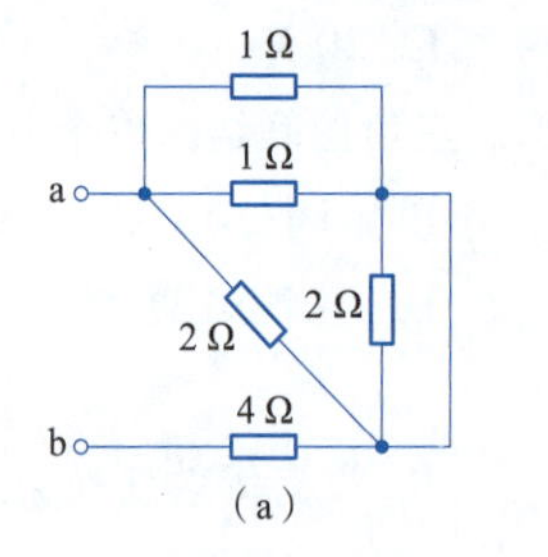

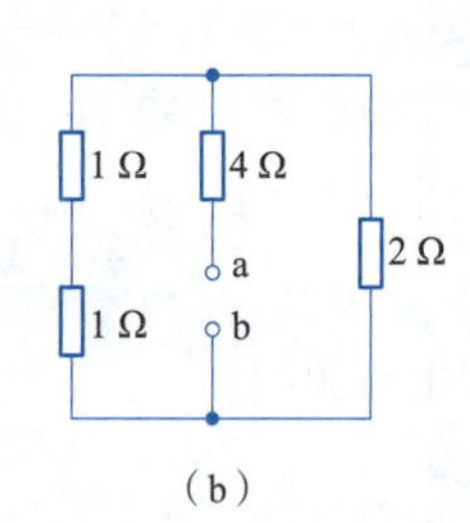

图 2.36　题 1 图

2. 电路如图 2.37 所示，如果电压源电压 $U_S = 22.5$ V，试求电流 I 和输出电压 U_o。

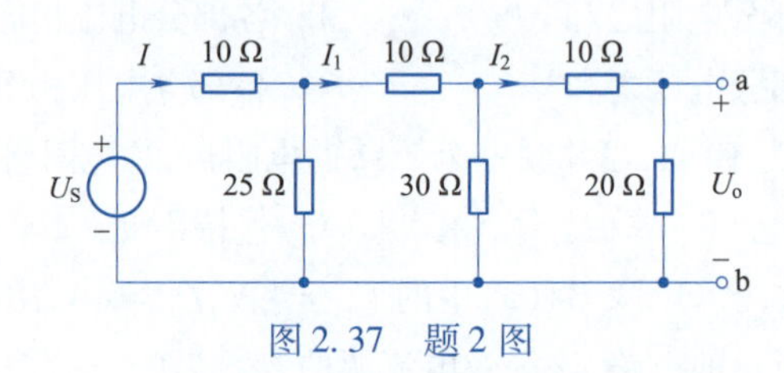

图 2.37　题 2 图

3. 电路如图 2.38 所示，用△-Y 等效变换法计算 90 Ω 电阻吸收的功率。

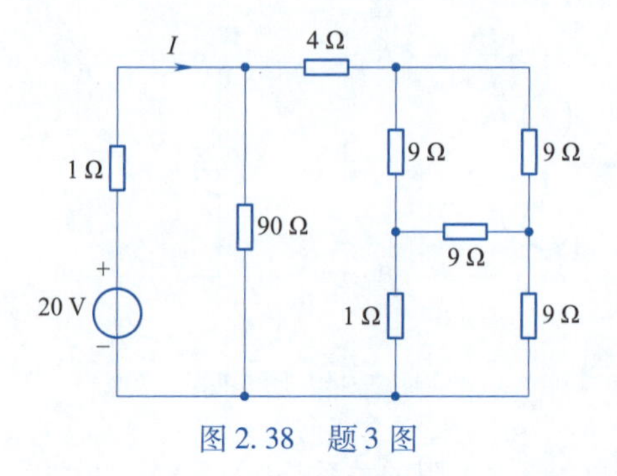

图 2.38　题 3 图

4. 电路如图 2.39 所示,求各电路的最简单的等效电路。

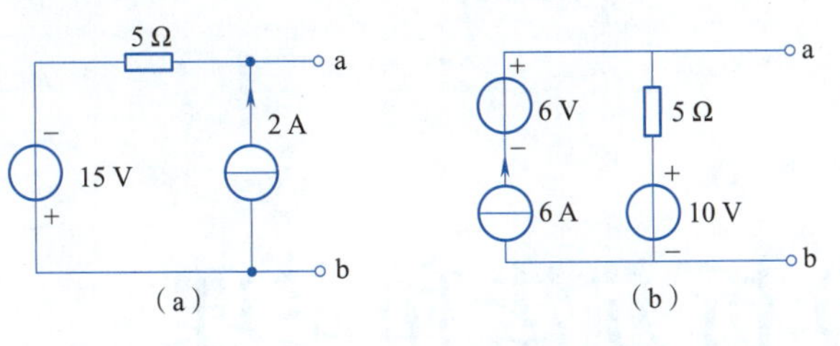

图 2.39　题 4 图

5. 电路如图 2.40 所示,试将电路化简成电压源与电阻串联的形式。

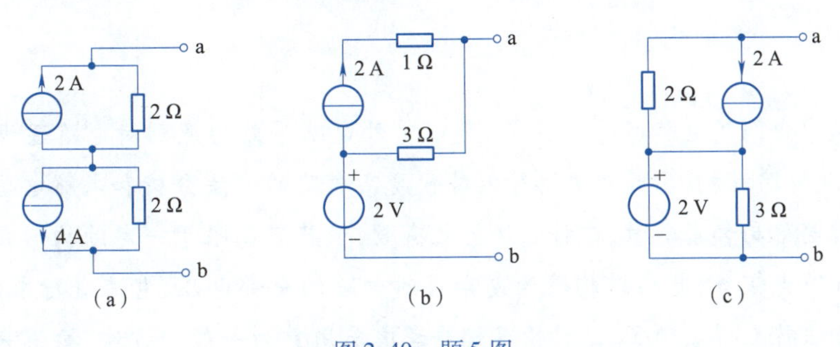

图 2.40　题 5 图

6. 试用电源等效变换的方法计算图 2.41 所示电路中 1 Ω 电阻上的电流 I。

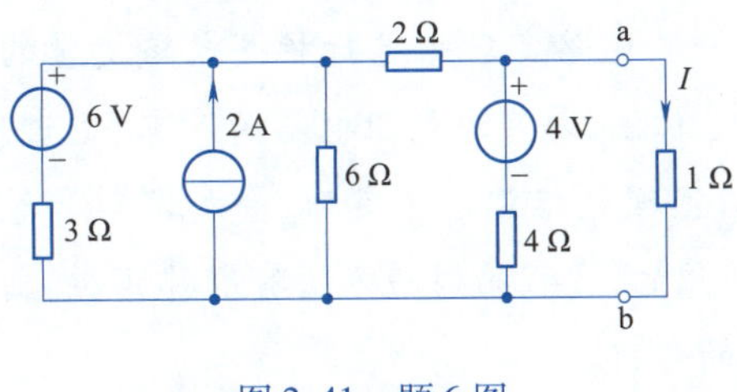

图 2.41　题 6 图

7. 试用电源等效变换的方法计算图 2.42 所示电路中 3 Ω 电阻上的电流 I。

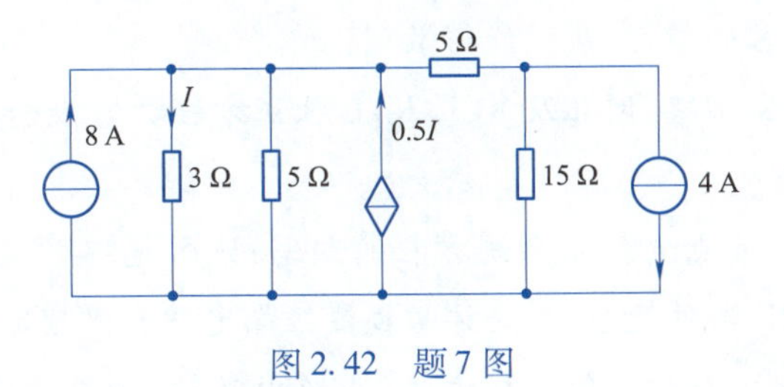

图 2.42　题 7 图

电路的基本分析方法和定理

引　言

在前一章中介绍了电路的等效变换，是以对外电路等效为原则对电路逐步化简后再求解，即通过改变电路结构，用简单电路等效替代复杂电路的方法分析和求解电路。对于较简单的电路或对电路局部求解时，这种方法行之有效，但其只局限于一定结构形式的电路。如果遇到支路和节点较多、电路结构较为复杂或对电路的全部电压、电流进行求解的情况下，等效变换的方法就显得烦琐了，这种情况就要考虑采用更为一般的方法，按照一定的规律和方法对电路进行系统分析和求解。

本章将主要介绍在不需要改变电路结构的前提下，利用不同变量列写电路方程求解电路的一般方法，或者是使用一些电路定理来进行相关电路变量的求解。分析方法包括支路电流法、网孔电流法和节点电位法，以直流电阻电路为对象，通过选取电路变量、列写电路方程实现对电路的分析。电路定理包括弥尔曼定理、叠加定理和等效电源定理。分析方法和定理对于线性电路是普遍适用的，方程的列写方法有规律可循，所得到的结论可推广到其他电路，因此适用于复杂电路的分析。

学习目标

学生通过对本章内容的学习，应该能够做到：

了解：独立节点、独立回路、网孔及KCL、KVL独立方程数的概念；有源二端网络、无源二端网络的概念。

理解：支路电流法和节点电位法系统方程的列写；线性电路的叠加性，熟练掌握叠加定理的基本内容、适用范围、条件及应用；熟练掌握戴维南定理和诺顿定理的内容和条件。

应用：熟练掌握线性电路的一般分析方法（支路电流法、网孔电流法、节点电位法）和常用定理（弥尔曼、叠加定理、戴维南定理）求解电路及其应用，为学习动态电路、正弦交流电路的分析奠定基础。

分析：初步掌握多个分析方法和定理相结合分析求解电路的方法。

3.1 支路电流法

电阻电路的一般分析方法是各种电路分析的重要基础。电路分析是在已知电路结构和参数的条件下,求解电路中各支路的电流、电压和功率等物理量,分析的依据是基尔霍夫定律和欧姆定律。电路分析的一般方法是选取电路变量为未知量列写电路方程,再通过数学方法解方程求解电路变量,进而求解出电路中的全部电压或电流。如何选取尽可能少的电路变量作为未知量,并且列写出彼此独立的电路方程是电路一般分析的关键。

在计算复杂电路的各种方法中,支路电流法是最基本的。它是利用基尔霍夫电流定律和电压定律分别对节点和回路列写所需的方程组,进而求解出各未知的支路电流。对于有 n 个节点、b 条支路的电路,要求解各支路电流,假设支路电流未知量共有 b 个,只要列出 b 个独立的电路方程,便可以求解这 b 个变量。因此支路电流法是一种以各支路电流为未知量列写电路方程分析电路的方法。而在列方程时,必须先在电路图上选定好未知支路电流以及电压的参考方向。

下面以图 3.1 所示电路为例说明支路电流法的应用。在该电路中,支路数 $b=3$,节点数 $n=2$,各支路电流和电压的方向也已标示在图中,求解各支路变量 I_1、I_2、I_3。因此需要列出 3 个独立的电路方程求解 3 个未知量。

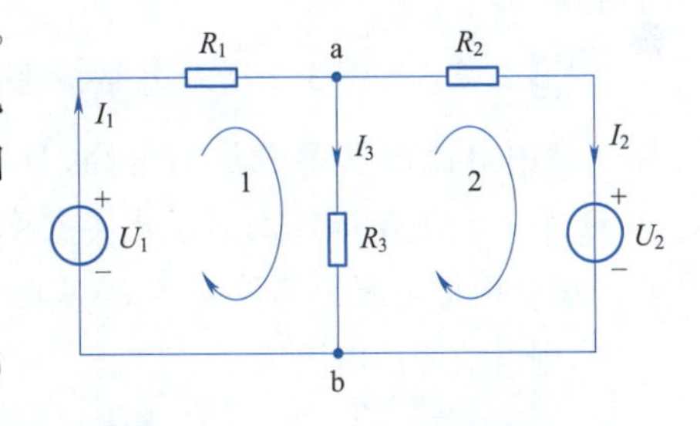

图 3.1　支路电流法例图

首先,应用基尔霍夫电流定律对节点 a 列方程为

$$I_1-I_2-I_3=0 \tag{3.1}$$

对节点 b 列方程为

$$I_2+I_3-I_1=0 \tag{3.2}$$

式(3.2)即为式(3.1),它是非独立方程。因此对于具有 2 个节点的电路,应用基尔霍夫电流定律只能列出 $2-1=1$ 个独立方程。一般地,对于具有 n 个节点的电路,应用基尔霍夫电流定律只能列出 $n-1$ 个独立方程。

另外,应用基尔霍夫电压定律列出其余的 $b-(n-1)$ 个方程,通常选取网孔作为独立回路。在图 3.1 中网孔数为 2,各支路电压的参考方向和回路的绕行方向已选定,对于网孔回路 1 列写 KVL 方程为

$$R_1I_1+R_3I_3=U_1 \tag{3.3}$$

对于网孔回路 2 列写 KVL 方程为

$$R_2I_2+U_2=R_3I_3 \tag{3.4}$$

电路中网孔回路的个数正好等于 $b-(n-1)$。因此应用基尔霍夫电流定律和电压定律一共可以列写 $(n-1)+[b-(n-1)]=b$ 个独立方程,所以可以求解出 b 个支路电流。

由此,可归纳出支路电流法解题的一般步骤如下:

(1)确定支路数,选定各支路电流和电压的参考方向;

(2)从电路的 n 个节点中任意选择 $n-1$ 个节点列写 KCL 方程;

(3)选择网孔作为独立回路并确定回路的绕行方向,结合欧姆定律列写 $b-(n-1)$ 个 KVL 方程;

(4)联立方程组求解 b 个支路电流,并根据题目要求继续进行其他分析和计算。

例 3.1 如图 3.1 所示电路，已知 $U_1=140\ \text{V}$，$U_2=90\ \text{V}$，$R_1=20\ \Omega$，$R_2=5\ \Omega$，$R_3=6\ \Omega$，试求出各支路电流 I_1、I_2、I_3。

解 该图中有 2 个节点，3 条支路，因此以 3 个支路电流为未知量列写方程。应用 KCL 和 KVL 可列出式(3.1)、式(3.3)和式(3.4)，并将已知条件代入公式中，可得

$$\begin{cases} I_1-I_2-I_3=0 \\ 20I_1+6I_3=140 \\ 5I_2+90=6I_3 \end{cases}$$

对方程组进行求解可得 $I_1=4\ \text{A}$，$I_2=-6\ \text{A}$，$I_3=10\ \text{A}$。

解出的结果是否正确，有必要时可以验算一下。一般的验算方法是利用求解时未选用的回路列写 KVL 方程。本例题中，可对外围电路列写 KVL 方程

$$R_1I_1+R_2I_2=U_1-U_2$$

代入上述已知数据得 $20\times4+5\times(-6)=140-90$，即 $50\ \text{V}=50\ \text{V}$，很明显等式成立，结果验证正确。

例 3.2 如图 3.2 所示电路，将图 3.1 电路中左边的支路变为用电流源模型表示的电路，且已知 $U_2=90\ \text{V}$，$R_1=20\ \Omega$，$R_2=5\ \Omega$，$R_3=6\ \Omega$，试求出各支路电流。

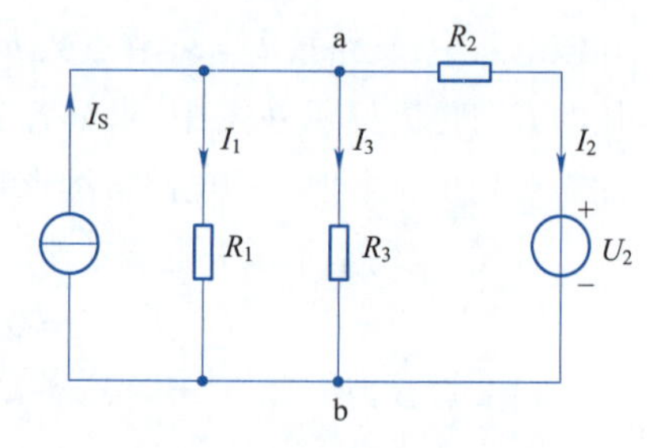

图 3.2 例 3.2 电路图

解 根据电源的等效变换，将实际电压源等效为实际电流源，则电流源的电流为

$$I_S=\frac{U_S}{R_S}=\frac{140}{20}=7\ \text{A}$$

在图 3.2 中虽然有 4 条支路，但因 I_S 已知，所以要求的支路电流仍然为 3 个，分别为 I_1、I_2、I_3。故可以少列一个回路电压方程，需要列写的方程数仍然为 3 个。应用 KCL 和 KVL 可分别列出方程为

$$\begin{cases} I_S-I_1-I_2-I_3=0 \\ R_1I_1-R_3I_3=0 \\ R_2I_2+U_2-R_3I_3=0 \end{cases}$$

将题目给出的已知条件代入可得

$$\begin{cases} 7-I_1-I_2-I_3=0 \\ 20I_1-6I_3=0 \\ 5I_2+90-6I_3=0 \end{cases}$$

对方程组进行求解可得 $I_1=3\ \text{A}$，$I_2=-6\ \text{A}$，$I_3=10\ \text{A}$。

本例题中虽然有 4 条支路，但左边支路含有一个电流源，且电流源的电流已知，那么实际支路电流的未知量就少一个，可以少列一个方程。电流源的端口电压未知，因此在列写 KVL 方程时，一般要避开电流源支路。如果不避开电流源，或者电路支路中含有无伴电流源（无伴电源即电路中不与电阻串联的电压源或不与电阻并联的电流源），其端口电压未知，在列写 KVL 方程时，需先设电流源端口电压为 U，参考方向取与电流方向相反。由于多了一个未知量 U，有时还需要多列

一个增补方程。

例 3.3　如图 3.3 所示电路，在图 3.2 电路中的一条支路上增加了受控电压源，且同样已知 $U_2=90\ \text{V}$，$R_1=20\ \Omega$，$R_2=5\ \Omega$，$R_3=6\ \Omega$，再试求各支路电流。

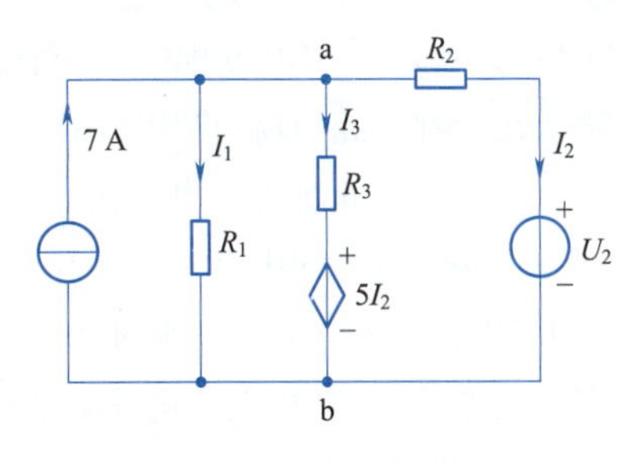

图 3.3　例 3.3 电路图

解　图 3.3 与图 3.2 相比，多了一个受控电压源。有受控源的电路，在列写方程时，先将受控源看作独立源进行处理，控制量部分的电路结构一般不发生变化。因此应用 KCL 和 KVL 可分别列出方程为

$$\begin{cases} I_S - I_1 - I_2 - I_3 = 0 \\ R_1 I_1 - 5I_2 - R_3 I_3 = 0 \\ R_2 I_2 + U_2 - 5I_2 - R_3 I_3 = 0 \end{cases}$$

将题目给出的已知条件代入可得

$$\begin{cases} 7 - I_1 - I_2 - I_3 = 0 \\ 20I_1 - 5I_2 - 6I_3 = 0 \\ 5I_2 + 90 - 5I_2 - 6I_3 = 0 \end{cases}$$

对方程组进行求解可得 $I_1=2\ \text{A}$，$I_2=-10\ \text{A}$，$I_3=15\ \text{A}$。

综上，利用支路电流法求解和分析电路，主要列写的是 KCL 和 KVL 方程。对于 n 个节点，b 条支路的电路，一般以支路电流为未知量，对应的需要列写 b 个方程。在电路结构比较复杂，节点数和支路数较多的情况下，列写的方程数也就多，这样会给求解方程组带来一定的困难。因此支路电流法一般只适用于支路数不多的情况。

3.2　网孔电流法

对于由线性电阻元件、线性受控源和独立源组成的电路，假设在每一个独立回路中都有一个沿着网孔边界连续流动的电流，电路中各支路的电流等于流经该支路的网孔电流的代数和。网孔电流法就是以网孔电流为未知量，建立相应的一组回路电压方程求解网孔电流，进而求出各支路电流的方法。

在上一节中介绍过，对于具有 n 个节点和 b 条支路的电路，有 $b-(n-1)$ 个独立回路，即可假设有 $b-(n-1)$ 个独立的网孔电流。如果以网孔电流为求解量，则需建立 $b-(n-1)$ 个独立的方程。因而网孔电流法与支路电流法相比，只需要利用 KVL 列写 $b-(n-1)$ 个方程即可，方程数与支路电流法相比少 $n-1$ 个。需要说明的是：网孔电流在独立回路中是闭合的，对每个相关节点均流进一次、流出一次，按照网孔电流的假设，用网孔电流表示支路电流后自动满足 KCL。以图 3.4 所示电路中的某一节点为例，图中的节点连接了 3 条支路，支路电流分别为 I_1、I_2、I_3。

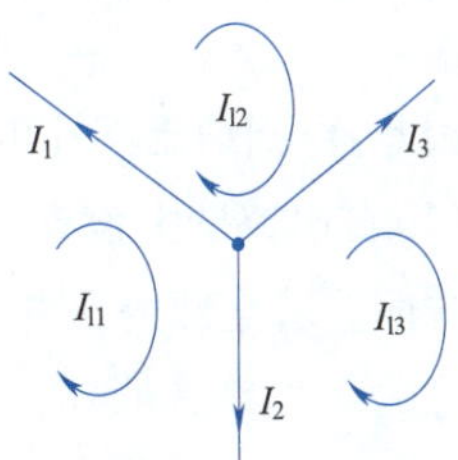

图 3.4　网孔电流自动满足 KCL

设网孔电流为 I_{l1}、I_{l2}、I_{l3}，用网孔电流表示支路电流有 $I_1=-I_{l1}+I_{l2}$，$I_2=I_{l1}-I_{l3}$，$I_3=I_{l3}-I_{l2}$。该节点的 KCL 方程为 $\sum I=$

$I_1+I_2+I_3=0$，将 I_1、I_2、I_3 用 I_{l1}、I_{l2}、I_{l3} 表示后，上式的左边恒为零。因此，在选取网孔电流为未知量后，无须列写 KCL 方程，只需利用 KVL 建立回路电压方程求解网孔电流，然后再利用 KCL 方程可求出全部支路电流，再用 VCR 关系可求出全部支路电压。

下面以图 3.5 所示电路为例说明网孔电流法方程的列写方法。电路图中有 2 个网孔，假设对应网孔电流分别为 I_{l1} 和 I_{l2}，绕行方向均为顺时针。对于最左边支路 1，只有网孔电流 I_{l1} 流过，支路电流 I_1 与网孔电流 I_{l1} 相等；对于最右边支路 2，只有网孔电流 I_{l2} 流过，支路电流 I_2 与网孔电流 I_{l2} 相等；对于中间支路 3，网孔电流 I_{l1} 和 I_{l2} 同时流过，因而支路电流 I_3 是网孔电流 I_{l1} 和 I_{l2} 的代数和 $I_{l1}-I_{l2}$。

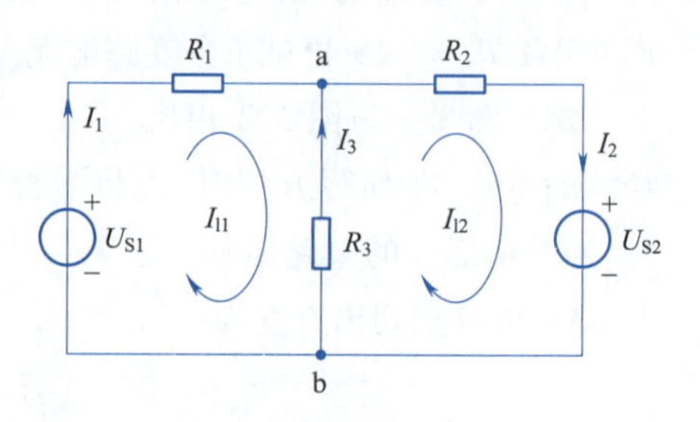

图 3.5　网孔电流法例图

对每个网孔列写 KVL 方程有

$$\begin{cases} R_1 I_{l1} - R_3(I_{l2} - I_{l1}) - U_{S1} = 0 \\ R_2 I_{l2} + R_3(I_{l2} - I_{l1}) + U_{S2} = 0 \end{cases} \tag{3.5}$$

整理后得网孔电流方程为

$$\begin{cases} (R_1 + R_3) I_{l1} - R_3 I_{l2} = U_{S1} \\ -R_3 I_{l1} + (R_2 + R_3) I_{l2} = -U_{S2} \end{cases} \tag{3.6}$$

式(3.6)中 R_1+R_3 为网孔 1 中所有电阻之和，R_2+R_3 为网孔 2 中所有电阻之和。网孔中的所有电阻之和称为网孔的自电阻，R_{ii} 表示网孔 i 的自电阻，如 R_{11} 和 R_{22} 分别为网孔 1 和网孔 2 的自电阻。中间的支路 3 为两个网孔共用，网孔电流 I_{l1} 和 I_{l2} 同时流过支路 3 上的电阻 R_3，R_3 为网孔 1 和网孔 2 的互电阻。$R_{jk}(j \neq k)$ 表示网孔 j 和网孔 k 的互电阻。当两个网孔电流以相同的方向流过互电阻时取正号（“+”），当两个网孔电流以相反的方向流过互电阻时取负号（“−”），例如 $R_{12}=R_{21}$。U_{S1} 为网孔 1 中所有电压源电压升的代数和，用 U_{l1} 表示；U_{S2} 为网孔 2 中所有电压源电压升的代数和，用 U_{l2} 表示，则式(3.6)变为

$$\begin{cases} R_{11} I_{l1} + R_{12} I_{l2} = U_{l1} \\ R_{21} I_{l1} + R_{22} I_{l2} = -U_{l2} \end{cases} \tag{3.7}$$

根据以上总结的规律和对电路图的观察，推广至具有 m 个网孔的电路，其网孔电流方程的一般形式为

$$\begin{cases} R_{11} I_{l1} + R_{12} I_{l2} + \cdots + R_{1m} I_{lm} = U_{S11} \\ R_{21} I_{l1} + R_{22} I_{l2} + \cdots + R_{2m} I_{lm} = U_{S22} \\ \cdots\cdots \\ R_{m1} I_{l1} + R_{m2} I_{l2} + \cdots + R_{mm} I_{lm} = U_{Smm} \end{cases} \tag{3.8}$$

因此，可归纳出网孔电流法分析解题的一般步骤如下：

(1)在电路图上设定网孔电流及其流向。网孔绕行方向与网孔电流方向一致，通常都设为顺时针方向。若全部网孔电流均选为顺时针（或逆时针）方向，则网孔电流方程的全部互电阻项均取负号。

(2)利用自电阻、互电阻以及网孔电位升等概念按照规律直接列出各网孔电流方程。

(3)联立网孔电流方程，求解得到各网孔电流。

(4)根据支路电流与网孔电流的线性组合关系,求得各支路电流或其他待求电压。

例 3.4　如图 3.6 所示电路,用网孔电流法求电路中的电流 I。

解　图中有 3 个网孔,设网孔电流分别为 I_{l1}、I_{l2} 和 I_{l3},且其各自流向如图 3.6 所示均取顺时针方向。则由图 3.6 分析可知,最上方 2 Ω 电阻所在支路的电流 I 即为网孔电流 I_{l1},列写网孔电流方程为

$$\begin{cases} 3I_{l1} - 1 \times I_{l2} = 5 \\ -1 \times I_{l1} + 4I_{l2} - 1 \times I_{l3} = 6 \\ -1 \times I_{l2} + 2I_{l3} = -5 \end{cases}$$

解方程得到 $I = I_{l1} = 2.31$ A。

若电路中含有受控源支路,可先把受控源看作独立源列方程,再将控制量用网孔电流表示。

例 3.5　如图 3.7 所示电路,用网孔电流法求电路中的电流 I_1 和 I_2。

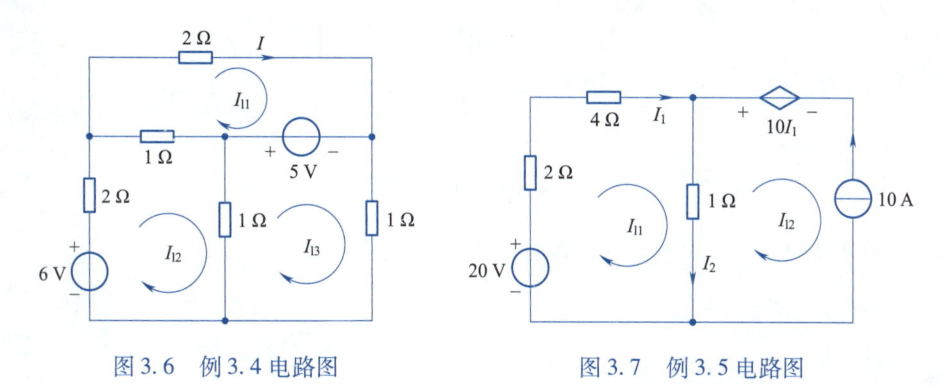

图 3.6　例 3.4 电路图　　　图 3.7　例 3.5 电路图

解　图中有 2 个网孔,设网孔电流分别为 I_{l1}、I_{l2},且其各自流向如图 3.7 所示均取顺时针方向,则由图 3.7 分析可知,电流 I_1 即为网孔电流 I_{l1},电流 $I_2 = I_{l1} - I_{l2}$,且 10 A 电流源在网孔外边沿,只有网孔电流 I_{l2} 流过,因此 I_{l2} 为已知量,$I_{l2} = -10$ A,则列写网孔电流方程为

$$\begin{cases} 7I_{l1} - 1 \times I_{l2} = 20 \\ I_1 = I_{l1} \\ I_2 = I_{l1} - I_{l2} \end{cases}$$

解方程得到 $I_1 = I_{l1} = 1.43$ A,$I_2 = 11.43$ A。

3.3　节点电位法

在电路中任意选择一个节点为参考点,其他的节点为独立节点,而独立节点与参考点之间的电压称为节点电位。节点电位的方向是从独立节点指向参考点,即参考点为负,其他独立节点为正。由于支路的连接点称为节点,所以任一条支路都连接在两个节点之间,而两个节点间的电位差即支路的电压。因此节点电位法是一种以各节点电位为未知量列写电路方程分析电路的方法。对于具有 n 个节点的电路,对应有 $n-1$ 个独立节点,可列写对应独立节点的 $n-1$ 个 KCL 方程,然后得到以节点电位为未知量的 $n-1$ 个独立方程,最后由这些节点电位方程求解出各节点

电位,进而求出所需的各支路电压或电流。与支路电流法相比,方程数减少 $b-(n-1)$ 个,适用于节点较少的电路。

以节点电位为未知量,所有支路的电流都可以表示为节点电位的函数。根据 KCL 对每一个节点都可以列写出一个方程。下面以图 3.8 所示电路为例说明节点电位法方程的列写方法。图中有 4 个节点,选取其中一个为参考点,其余节点电位为 U_{n1}、U_{n2} 和 U_{n3},根据 KCL 列写方程得

$$\begin{cases} I_1+I_2=I_{S1}-I_{S2} \\ -I_2+I_3+I_4=0 \\ -I_3+I_5=I_{S2}-I_{S3} \end{cases} \tag{3.9}$$

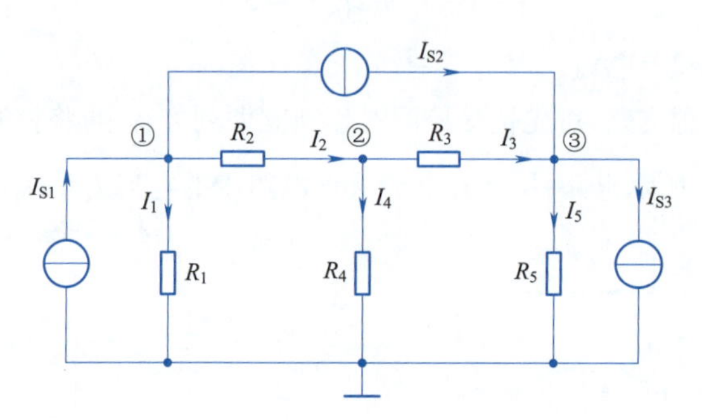

图 3.8　节点电位法例图

结合元件的 VCR 关系,用节点电位表示各支路电流,代入方程得

$$\begin{cases} \dfrac{U_{n1}}{R_1}+\dfrac{U_{n1}-U_{n2}}{R_2}=I_{S1}-I_{S2} \\ -\dfrac{U_{n1}-U_{n2}}{R_2}+\dfrac{U_{n2}-U_{n3}}{R_3}+\dfrac{U_{n2}}{R_4}=0 \\ -\dfrac{U_{n2}-U_{n3}}{R_3}+\dfrac{U_{n3}}{R_5}=I_{S2}-I_{S3} \end{cases} \tag{3.10}$$

整理后可得节点电位方程

$$\begin{cases} \left(\dfrac{1}{R_1}+\dfrac{1}{R_2}\right)U_{n1}-\dfrac{1}{R_2}U_{n2}=I_{S1}-I_{S2} \\ -\dfrac{1}{R_2}U_{n1}+\left(\dfrac{1}{R_2}+\dfrac{1}{R_3}+\dfrac{1}{R_4}\right)U_{n2}-\dfrac{1}{R_3}U_{n3}=0 \\ -\dfrac{1}{R_3}U_{n2}+\left(\dfrac{1}{R_3}+\dfrac{1}{R_5}\right)U_{n3}=I_{S2}-I_{S3} \end{cases} \tag{3.11}$$

或者可写成

$$\begin{cases} (G_1+G_2)U_{n1}-G_2U_{n2}=I_{S1}-I_{S2} \\ -G_2U_{n1}+(G_2+G_3+G_4)U_{n2}-G_3U_{n3}=0 \\ -G_3U_{n2}+(G_3+G_5)U_{n3}=I_{S2}-I_{S3} \end{cases} \tag{3.12}$$

式(3.12)中 G_1+G_2 为接在节点 1 上所有支路的电导之和,$G_2+G_3+G_4$ 为接在节点 2 上所有支路的电导之和,G_3+G_5 为接在节点 3 上所有支路的电导之和。接在节点上的所有电导之和称为节点的自电导,G_{ii}表示节点 i 的自电导,如 G_{11}、G_{22}、G_{33}分别表示为节点 1、节点 2 和节点 3 的自

电导。接在相邻两节点之间的所有支路的电导之和，称为互电导，用 $G_{jk}(j\neq k)$ 表示节点 j 与节点 k 的互电导，如 $G_{12}=G_{21}$，$G_{23}=G_{32}$。I_{Sn1} 为流入节点1的电流源电流的代数和，有 $I_{\mathrm{Sn1}}=I_{\mathrm{S1}}+I_{\mathrm{S2}}$；$I_{\mathrm{Sn2}}$ 为流入节点2的电流源电流的代数和，有 $I_{\mathrm{Sn2}}=-I_{\mathrm{S2}}$。由此式(3.12)可改写为

$$\begin{cases}G_{11}U_{\mathrm{n1}}-G_{12}U_{\mathrm{n2}}-G_{13}U_{\mathrm{n3}}=I_{\mathrm{Sn1}}\\-G_{21}U_{\mathrm{n1}}+G_{22}U_{\mathrm{n2}}-G_{23}U_{\mathrm{n3}}=I_{\mathrm{Sn2}}\\-G_{31}U_{\mathrm{n1}}-G_{32}U_{\mathrm{n2}}+G_{33}U_{\mathrm{n3}}=I_{\mathrm{Sn3}}\end{cases}\tag{3.13}$$

根据以上总结的规律和对电路图的观察，就能直接列出节点电位方程。推广至具有 m 个节点的电路，其节点电位方程的一般形式为

$$\begin{cases}G_{11}U_{\mathrm{n1}}-G_{12}U_{\mathrm{n2}}-\cdots-G_{1m}U_{\mathrm{n}m}=I_{\mathrm{Sn1}}\\-G_{21}U_{\mathrm{n1}}+G_{22}U_{\mathrm{n2}}-\cdots-G_{2m}U_{\mathrm{n}m}=I_{\mathrm{Sn2}}\\\cdots\cdots\\-G_{m1}U_{\mathrm{n1}}-G_{m2}U_{\mathrm{n2}}-\cdots+G_{mm}U_{\mathrm{n}m}=I_{\mathrm{Sn}m}\end{cases}\tag{3.14}$$

由此，可归纳出节点电位法分析解题的一般步骤如下：

(1)选定任一节点为参考点，其余各节点与参考点间的电压就是节点电位，设节点电位为未知量。在选定参考点时，尽量选择无伴电压源支路的一端为参考点，则此时电压源的另一端节点电位为已知量，等于电压源电压；若无伴电压源的一端不在参节点上，需增设电压源电流未知变量，增补节点电位与电压源间的关系方程。

(2)对 $n-1$ 个独立节点，以节点电位为未知量，列写其KCL方程，自电导(是指与某一节点相连的各支路电导总和)总是正的，互电导(是指两相邻节点之间的各支路电导之和)总是负的。

(3)连接到本节点的电流源，当其电流流入节点时(在等号右端)前面取正号，否则取负号。

(4)求解上述方程，得到 $n-1$ 个节点电位，再用节点电位求各支路电流或其他待求电压。

例3.6　如图3.9所示电路，用节点电位法求各独立节点的电位。

解　图中有4个节点，但其中两个节点之间接有一个2 V的理想电压源，无法将其等效变换为电流源。对于这种电路，若选2 V电压源的一端(如负端)作为参考点，则其另一端的电位即为已知，因此各个节点标定如图3.9所示，设独立节点的电位为 U_{n1}、U_{n2} 和 U_{n3}。由图3.9可直接得到 $U_{\mathrm{n1}}=2$ V，这样，该电路中就只有两个未知的节点电位 U_{n2} 和 U_{n3}。于是可列写出节点电位方程为

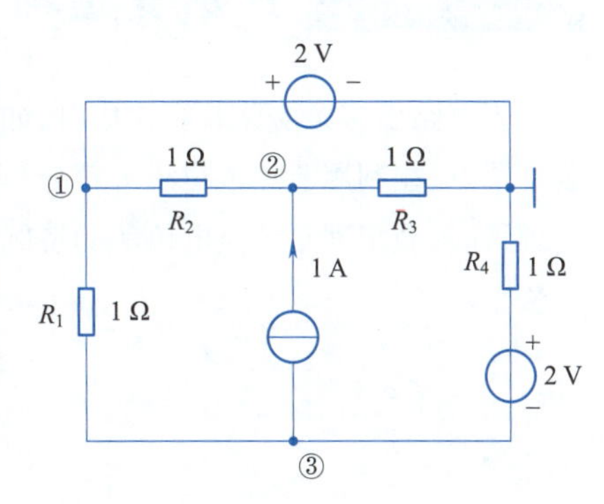

图3.9　例3.6电路图

$$\begin{cases}-\dfrac{1}{R_2}U_{\mathrm{n1}}+\left(\dfrac{1}{R_2}+\dfrac{1}{R_3}\right)U_{\mathrm{n2}}=1\\-\dfrac{1}{R_1}U_{\mathrm{n1}}+\left(\dfrac{1}{R_1}+\dfrac{1}{R_4}\right)U_{\mathrm{n3}}=-1-\dfrac{2}{R_4}\end{cases}$$

再加上 $U_{\mathrm{n1}}=2$ V，代入数据并解方程得 $U_{\mathrm{n2}}=1.5$ V，$U_{\mathrm{n3}}=-0.5$ V。

对含有受控源支路的电路，处理方法与之前方法相同，先把受控源看作独立源按上述方法列方程，再将控制量用节点电位表示。

例3.7　如图3.10所示电路，用节点电位法求电压 U_1。

解 图 3.10 中有 4 个节点，但其中两个节点之间接有一个 4 V 的理想电压源，无法将其等效变换为电流源。对于这种电路，处理方法同例 3.6，将 4 V 电压源的负端作为参考点，则其另一端的电位即为已知。为了方便列写方程，将图 3.10 所示电路等效变换为图 3.11 所示电路。

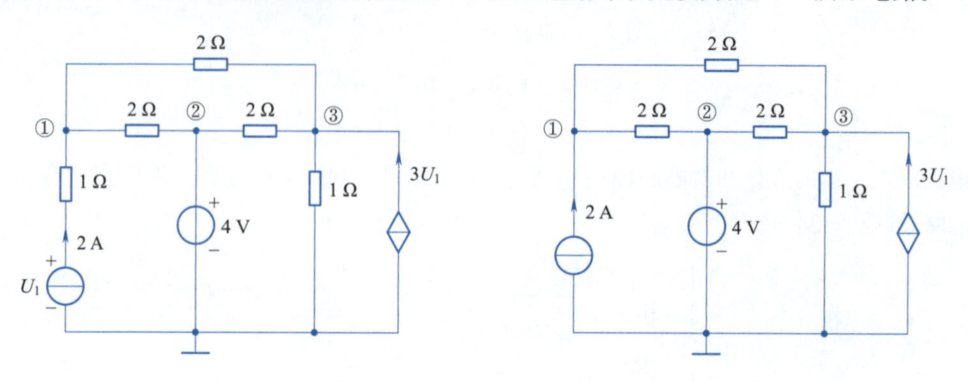

图 3.10　例 3.7 电路图　　　　图 3.11　等效电路图

各个节点标定如图 3.11 所示，设独立节点的电位为 U_{n1}、U_{n2} 和 U_{n3}。由图 3.11 可直接得到 $U_{n2}=4$ V，这样，该电路中就只有两个未知的节点电位 U_{n1} 和 U_{n3}。于是可列写出节点电位方程为

$$\begin{cases}\left(\dfrac{1}{2}+\dfrac{1}{2}\right)U_{n1}-\dfrac{1}{2}U_{n2}-\dfrac{1}{2}U_{n3}=2\\ -\dfrac{1}{2}U_{n1}-\dfrac{1}{2}U_{n2}+\left(\dfrac{1}{1}+\dfrac{1}{2}+\dfrac{1}{2}\right)U_{n3}=3U_1\end{cases}$$

增补方程从控制量与节点电位的关系中得到

$$U_1=U_{n1}+2\times1=U_{n1}+2$$

联立方程组解得 $U_{n1}=48$ V，$U_{n3}=88$ V。所以，电压 $U_1=U_{n1}+2=50$ V。

3.4　弥尔曼定理

当电路由多条支路并联构成时，如图 3.12 所示，在该电路中有两个节点 a 和 b，但只有一个独立节点，在利用节点电位法求解分析电路时，只需要列写一个节点电位方程，此时称为弥尔曼定理，弥尔曼定理是节点电位法的特例。下面以图 3.12 所示电路为例说明节点电位方程的列写方法。

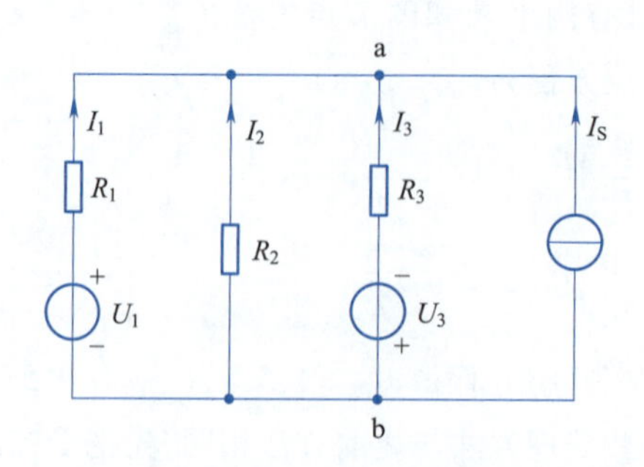

图 3.12　弥尔曼定理例图

各支路的电流可应用 KVL 和欧姆定律得出

$$\begin{cases} U = U_1 - R_1 I_1, \quad I_1 = \dfrac{U_1 - U}{R_1} \\ U = -R_2 I_2, \quad I_2 = -\dfrac{U}{R_2} \\ U = -U_3 - R_3 I_3, \quad I_3 = \dfrac{-U_3 - U}{R_3} \end{cases} \tag{3.15}$$

由式(3.15)可知,在已知电压源电压和电阻的情况下,如果可以先求出节点电位,则就可以计算出各支路的电流。

对于节点 a,又可根据 KCL 列写方程得到

$$I_1 + I_2 + I_3 + I_S = 0 \tag{3.16}$$

因此将式(3.15)代入式(3.16)中,用节点电位表示各支路电流,即

$$\frac{U_1 - U}{R_1} + \left(-\frac{U}{R_2}\right) + \frac{-U_3 - U}{R_3} + I_S = 0 \tag{3.17}$$

经整理后即得出节点电位方程为

$$U = \frac{\dfrac{U_1}{R_1} + \left(-\dfrac{U_3}{R_3}\right) + I_S}{\dfrac{1}{R_1} + \dfrac{1}{R_2} + \dfrac{1}{R_3}} \tag{3.18}$$

一般来说,在式(3.18)中分母的各项仅与电阻有关,所以都是正值,而分子的各项可以为正,也可以为负。当电压源电压的极性和节点电位的参考方向相反时取"+",否则取"-",而与各支路电流的参考方向无关。若由式(3.18)求出节点电位后,进而可以根据式(3.15)求解出各支路的电流和其他所需的物理量。

例 3.8　如图 3.12 所示电路,已知 $U_1 = 6\ \text{V}$,$U_3 = 12\ \text{V}$,$R_1 = 1\ \Omega$,$R_2 = 10\ \Omega$,$R_3 = 6\ \Omega$,$I_S = 0.4\ \text{A}$,试用弥尔曼定理求出各支路电流 I_1、I_2、I_3。

解　该图中有 2 个节点,4 条支路,且有一条支路含有电流源,因此要求解的支路电流有 3 个。选定 b 节点为参考点,节点 a 和 b 间的电压 U 称为节点电位,因此以节点电位为未知量列写方程,应用 KCL 和 KVL 可列出式(3.15)、式(3.16)和式(3.18),并将已知条件代入式(3.18)中,可得

$$U = \frac{\dfrac{U_1}{R_1} - \dfrac{U_3}{R_3} + I_S}{\dfrac{1}{R_1} + \dfrac{1}{R_2} + \dfrac{1}{R_3}} = \frac{\dfrac{6}{1} - \dfrac{8}{6} + 0.4}{\dfrac{1}{1} + \dfrac{1}{10} + \dfrac{1}{6}} = 4\ \text{V}$$

根据节点电位继续求解各支路电流,将已知条件代入式(3.15)中求得各支路的电流为

$$\begin{cases} I_1 = \dfrac{U_1 - U}{R_1} = \dfrac{6-4}{1}\ \text{A} = 2\ \text{A} \\ I_2 = -\dfrac{U}{R_2} = -\dfrac{4}{10}\ \text{A} = -0.4\ \text{A} \\ I_3 = \dfrac{-U_3 - U}{R_3} = \dfrac{-12-4}{6}\ \text{A} = -2\ \text{A} \end{cases}$$

例 3.9 如图 3.13 所示电路,试用弥尔曼定理求出 A 点的电位 U_{AO}和 I_{AO}。

解 该图中也只有 2 个节点,即 A 点和参考点 O 点。图 3.13 所示电路还原后的电路如图 3.14 所示,很显然有 4 条支路,各支路电流的参考方向已在图 3.14 中标注。

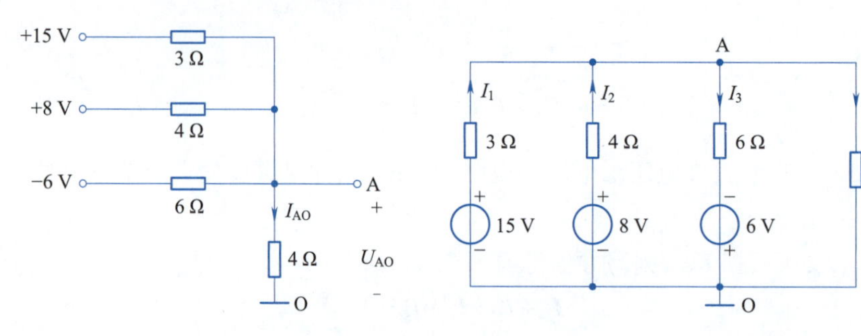

图 3.13 例 3.9 电路图　　图 3.14 例 3.9 还原后的电路图

要求的 A 点电位 U_{AO}即为节点电位,于是将已知条件代入式(3.18)中,可得

$$U_{AO}=\frac{\frac{U_1}{R_1}+\frac{U_2}{R_2}-\frac{U_3}{R_3}}{\frac{1}{R_1}+\frac{1}{R_2}+\frac{1}{R_3}+\frac{1}{R_3}}=\frac{\frac{15}{3}+\frac{8}{4}-\frac{6}{6}}{\frac{1}{3}+\frac{1}{4}+\frac{1}{6}+\frac{1}{4}}\ \text{V}=6\ \text{V}$$

根据节点电位继续求解支路电流得

$$I_{AO}=\frac{U_{AO}}{4}=\frac{6}{4}\ \text{A}=1.5\ \text{A}$$

例 3.10 如图 3.15 所示电路,试用弥尔曼定理求出 V_A和 V_B。

解 该图中有 3 个节点,即 A 点、B 点和参考点,与前面两个例题稍有不同的是电路中含有无伴受控电流源。对含有受控电流源支路的电路,列写节点电位方程的方法与之前方法相同,先把受控电流源看作独立电流源按上述方法列方程,再将控制量用节点电位表示。独立节点 A 和 B 的节点电位分别为 V_A和 V_B,有 5 条支路,各支路电流的参考方向也已在图中标注。

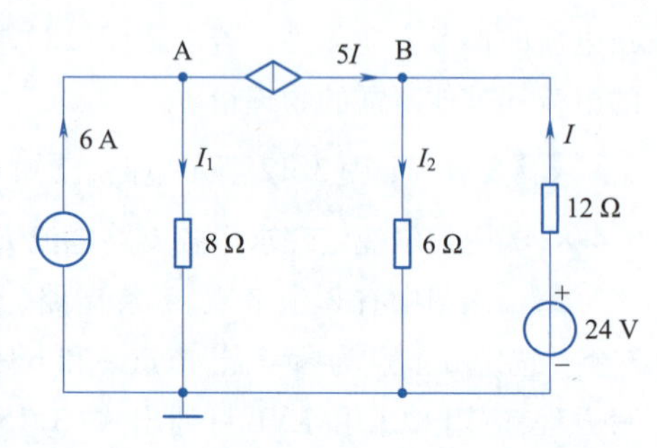

图 3.15 例 3.10 电路图

对于独立节点 A 和 B,可根据 KCL 列写方程得到$\begin{cases}I_1+5I=6\\I_2=6I\end{cases}$

各支路的电流可应用 KVL 和欧姆定律得出,并代入已知条件可得

$$\begin{cases}V_A=8I_1,I_1=\dfrac{V_A}{8}\\[2ex]V_B=6I_2,I_2=\dfrac{V_B}{6}\\[2ex]V_B=24-12I,I=\dfrac{24-V_B}{12}\end{cases}$$

将上面两组方程进行整理，用节点电位表示各支路电流得到以节点电位为变量的方程后可求得 $V_A=28\ \text{V}$，$V_B=18\ \text{V}$。

另外，利用节点电位法或弥尔曼定理求解电路时，如果电路中含有无伴受控电压源，处理方法和无伴独立电压源的方法相同。如果无伴电压源的一端不在参考点上，则需要增设无伴电压源所在支路的电流作为附加变量参与列写 KCL 方程，这样也会引入一个新的变量，因此需要增补节点电位与无伴电压源电压之间的关系方程进行联立求解方程组。在选定参考点时，也尽量选择无伴电压源支路的一端为参考点，则此时电压源的另一端节点电位为已知量等于电压源电压。对于含有电流源和电阻串联支路的电路，列节点电位方程时应按无伴电流源的方法列写，不考虑电流源支路的电阻。

3.5　叠加定理

前面介绍了电阻电路的一般分析方法：支路电流法、网孔电流法和节点电位法，利用不同的变量列写电路方程。但如果遇到支路数和节点数较多的复杂电路时，求解方程组就会比较烦琐。而在实际工程中，往往只需要知道某条支路的电流或者电压，并不需要求解所有支路的电流和电压。下面将介绍一些常见的电路定理来进行相关电路变量的求解，电路定理包括叠加定理、戴维南定理和诺顿定理等。

叠加定理是体现线性电路根本属性的一个重要定理，这种根本属性在线性电阻电路中表现为电路的激励和响应之间具有线性关系，反映了线性电路的基本性质，是分析线性电路的基础。叠加定理不仅是线性电路的一种分析方法，根据叠加定理还可以推导出线性电路其他重要定理。在线性电路中，任何一条支路上的电流或任意两点间的电压都可以看成是由电路中各个独立源（电压源或电流源）分别作用时，在此支路中所产生的响应的代数和，这就是叠加定理。

下面以图 3.16 所示电路为例具体说明叠加定理的正确性。

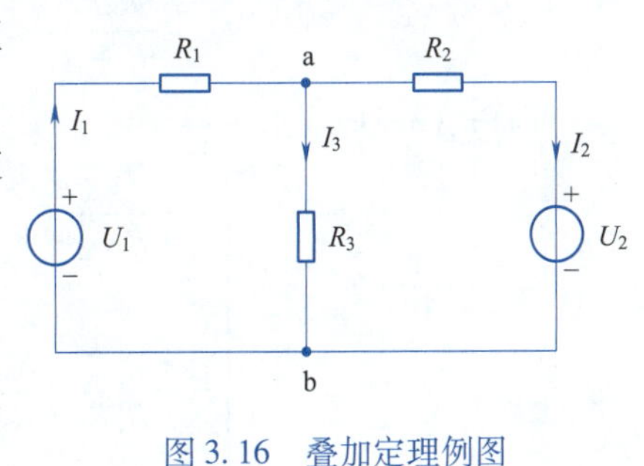

图 3.16　叠加定理例图

先以求图 3.16 中的支路电流 I_1 为例，应用基尔霍夫定律列出方程组为

$$\begin{cases} I_1-I_2-I_3=0 \\ U_1=R_1I_1+R_3I_3 \\ U_2=R_3I_3-R_2I_2 \end{cases} \tag{3.19}$$

对上面方程组进行求解，得到 R_1 所在支路的电流

$$I_1=\frac{(R_2+R_3)U_1}{R_1R_2+R_2R_3+R_3R_1}-\frac{R_3U_2}{R_1R_2+R_2R_3+R_3R_1} \tag{3.20}$$

电流 I_1 的表达式有两项：第一项 $\frac{(R_2+R_3)U_1}{R_1R_2+R_2R_3+R_3R_1}$ 可以看作电路中只有电压源 U_1 单独作用时，在该支路上产生的电流，如图 3.17(a)所示，此时假设电压源 U_2 作用输出的电流为 0，即等效为“短路”。第二项 $\frac{R_3U_2}{R_1R_2+R_2R_3+R_3R_1}$ 可以看作电路中只有电压源 U_2 单独作用时，在该支路上产生的电流，如图 3.17(b)所示，此时假设电压源 U_1 作用输出的电流为 0，即等效为“短路”。电流 I_1

为这两项的代数和。

若设
$$\begin{cases} I_1' = \dfrac{(R_2+R_3)U_1}{R_1R_2+R_2R_3+R_3R_1} \\ I_1'' = \dfrac{R_3U_2}{R_1R_2+R_2R_3+R_3R_1} \end{cases} \tag{3.21}$$

则可以得到
$$I_1 = I_1' - I_1'' \tag{3.22}$$

因为I_1''的方向与I_1的参考方向反向，因此前面加负号“ - ”。

同样地，可以得到
$$\begin{cases} I_2 = I_2' - I_2'' \\ I_3 = I_3' + I_3'' \end{cases} \tag{3.23}$$

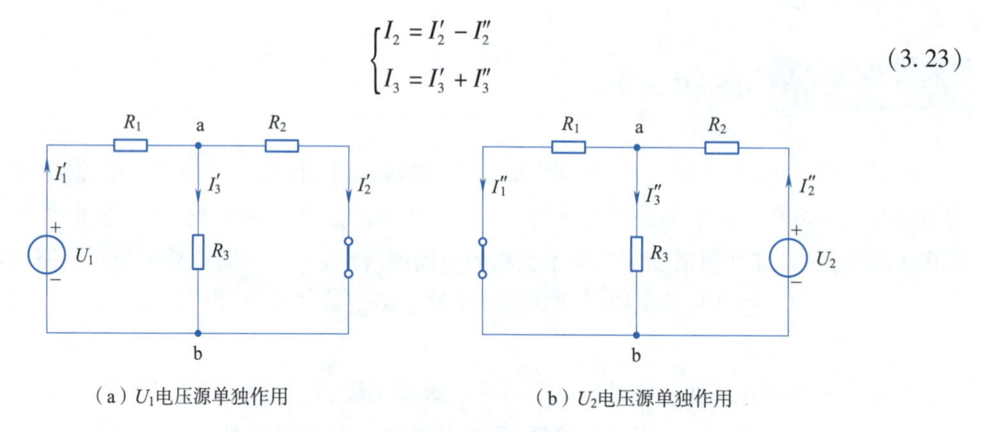

（a）U_1电压源单独作用　　（b）U_2电压源单独作用

图 3.17　电源单独作用电路图

由图 3.17 所示电路，分别计算两个电压源单独作用时的电流
$$I_1' = \frac{U_1}{R_1 + \dfrac{R_2R_3}{R_2+R_3}}, \quad I_1'' = \frac{R_3}{R_1+R_3}I_2'' = \frac{R_3}{R_1+R_3} \times \frac{U_2}{R_2 + \dfrac{R_1R_3}{R_1+R_3}} \tag{3.24}$$

而将式(3.21)变形可得
$$\begin{cases} I_1' = \dfrac{(R_2+R_3)U_1}{R_1R_2+R_2R_3+R_3R_1} = \dfrac{U_1}{R_1 + \dfrac{R_2R_3}{R_2+R_3}} \\ I_1'' = \dfrac{R_3U_2}{R_1R_2+R_2R_3+R_3R_1} = \dfrac{R_3}{R_1+R_3} \times \dfrac{U_2}{R_2 + \dfrac{R_1R_3}{R_1+R_3}} \end{cases} \tag{3.25}$$

很显然式(3.24)和式(3.25)是一致的。因此，若电路中含有多个独立源，各个电源单独作用的结果与多个独立源共同作用的结果相同。用叠加定理计算复杂电路，就是把含有多个独立源的复杂电路分解为几个单电源的电路来进行计算，只是在叠加时求的是各分量的代数和，一定要注意各分量的参考方向。

电路中的各独立源单独作用，即假设一个电源单独作用，电路中的其他电源置零，方法是将各个理想电压源短路处理，则其两端的电压为零；将各个理想电流源开路处理，则其流过的电流为零；电路中其他线性元件保持不变。

叠加定理的实质就是线性方程的可加性。前面介绍的支路电流法和节点电位法得出的都是线性方程,因此支路电流和电压都可以用叠加定理来求解。但是功率的计算不能用叠加定理。假设图 3.16 中电阻 R_3 上由两个电压源单独作用时产生的电流分别为 I_3' 和 I_3'',电压源共同作用时流过电阻 R_3 的电流为

$$I_3 = I_3' + I_3''$$

各电压源单独作用时,电阻 R_3 所消耗的功率分别为

$$P_3' = R_3\,(I_3')^2,\ P_3'' = R_3\,(I_3'')^2$$

电压源共同作用时,电阻 R_3 所消耗的功率为

$$P_3 = R_3 I_3^2 = R_3\,(I_3' + I_3'')^2 \neq R_3\,(I_3')^2 + R_3\,(I_3'')^2 = P_3' + P_3''$$

由此可见,总功率不等于各电源单独作用时的功率叠加,这是因为功率为电压和电流的乘积,为电流的二次函数,电流与功率不成正比,它们之间不是线性关系,因此叠加定理不适用于功率的求解。

例 3.11　如图 3.16 所示电路,已知 $U_1 = 140\ \text{V}$,$U_2 = 90\ \text{V}$,$R_1 = 20\ \Omega$,$R_2 = 5\ \Omega$,$R_3 = 6\ \Omega$,试用叠加定理求出各支路电流 I_1、I_2、I_3。

解　由以上分析可知,图 3.16 所示电路的电流可以看成是由图 3.17 所示两个电路的电流叠加起来的,因此根据上面的公式并将已知条件代入,在图 3.17(a)中

$$I_1' = \frac{U_1}{R_1 + \dfrac{R_2 R_3}{R_2 + R_3}} = \frac{140}{20 + \dfrac{5 \times 6}{5 + 6}}\ \text{A} = 6.16\ \text{A}$$

$$I_2' = \frac{R_3}{R_2 + R_3} I_1' = \frac{6}{5 + 6} \times 6.16\ \text{A} = 3.36\ \text{A}$$

$$I_3' = \frac{R_2}{R_2 + R_3} I_1' = \frac{5}{5 + 6} \times 6.16\ \text{A} = 2.8\ \text{A}$$

在图 3.17(b)中有

$$I_2'' = \frac{U_2}{R_2 + \dfrac{R_1 R_3}{R_1 + R_3}} = \frac{90}{5 + \dfrac{20 \times 6}{20 + 6}}\ \text{A} = 9.36\ \text{A}$$

$$I_1'' = \frac{R_3}{R_1 + R_3} I_2'' = \frac{6}{20 + 6} \times 9.36\ \text{A} = 2.16\ \text{A}$$

$$I_3'' = \frac{R_1}{R_1 + R_3} I_2'' = \frac{20}{20 + 6} \times 9.36\ \text{A} = 7.2\ \text{A}$$

因此电压源共同作用时的电流为

$$I_1 = I_1' - I_1'' = (6.16 - 2.16)\ \text{A} = 4\ \text{A}$$

$$I_2 = I_2' - I_2'' = (3.36 - 9.36)\ \text{A} = -6\ \text{A}$$

$$I_3 = I_3' + I_3'' = (2.8 + 7.2)\ \text{A} = 10\ \text{A}$$

例 3.12　如图 3.18 所示电路,试用叠加定理求出电路中的电流 I、电压 U 及 2 Ω 电阻消耗的功率。

解　该电路中含有 3 个独立源,3 个电源共同作用下的电流和电压等于 3 个电源单独作用后

的叠加。将图 3.18 所示电路图分解为三个电源单独作用的分电路图,如图 3.19 所示。在求解过程中需要注意电压和电流的参考方向。

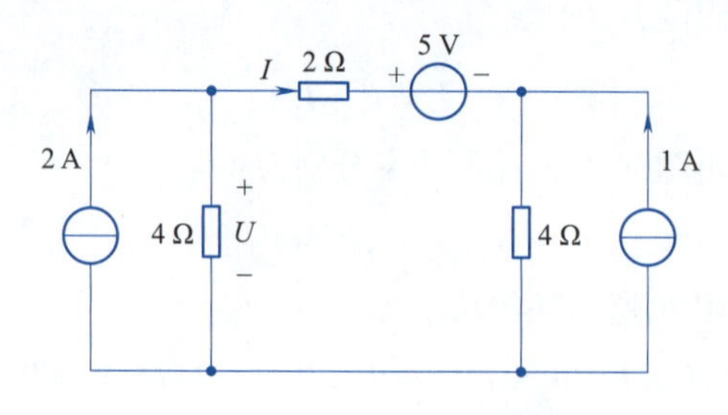

图 3.18 例 3.12 电路图

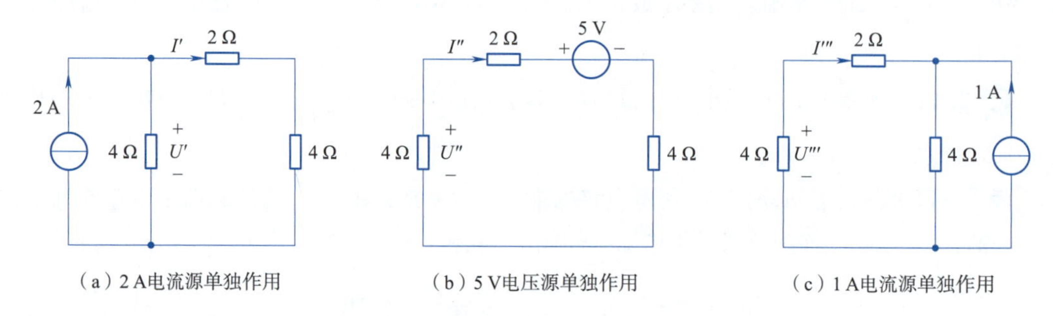

图 3.19 独立源单独作用下的分电路图

当2 A 电流源单独作用时,5 V 电压源作短路处理,1 A 电流源作开路处理,最终的分电路如图 3.19(a)所示。

$$I' = \frac{4}{4+2+4} \times 2\ \text{A} = 0.8\ \text{A}, U' = (2+4) \times I' = 4.8\ \text{V}$$

当5 V 电压源单独作用时,2 A 电流源和1 A 电流源都作开路处理,最终的分电路如图 3.19(b)所示。

$$I'' = -\frac{5}{4+2+4}\ \text{A} = -0.5\ \text{A}, U'' = -4 \times I'' = 2\ \text{V}$$

当1 A 电流源单独作用时,2 A 电流源作开路处理,5 V 电压源作短路处理,最终的分电路如图 3.19(c)所示。

$$I''' = -\frac{4}{4+2+4} \times 1\ \text{A} = -0.4\ \text{A}, U''' = -4 \times I''' = 1.6\ \text{V}$$

因此三个独立源共同作用时,电流 I 为

$$I = I' + I'' + I''' = (0.8 - 0.5 - 0.4)\ \text{A} = -0.1\ \text{A}$$

电压 U 为

$$U = U' + U'' + U''' = (4.8 + 2 + 1.6)\ \text{V} = 8.4\ \text{V}$$

2 Ω 电阻消耗的功率为

$$P = RI^2 = 2 \times (-0.1)^2 = 0.02\ \text{W} \neq 2 \times I'^2 + 2 \times I''^2 + 2 \times I'''^2$$

若电路中含有受控源,在前面所介绍的电路分析方法中,有时可将受控源当作独立源来列写方程求解并分析电路。但是在使用叠加定理时受控源一般情况下不能作为独立源,不能单独作

用。而且当某独立源单独作用时，受控源也必须始终保留。如果受控量的参考方向发生改变，对应的受控源的参考方向也要相应改变。

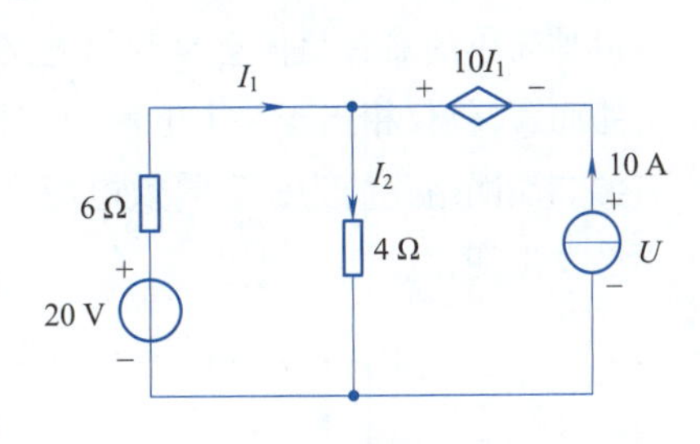

图 3.20　例 3.13 电路图

例 3.13　如图 3.20 所示电路，试用叠加定理求出电路中的电流 I_1、I_2和电压 U。

解　图 3.20 中的受控电压源不能作为独立源在电路中单独作用，应用叠加定理时受控源必须始终保持在每个分电路图中，如图 3.21(a)、(b)所示。

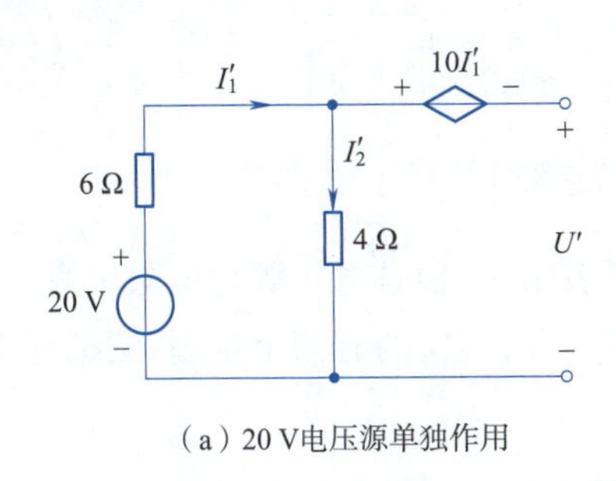

(a) 20 V电压源单独作用

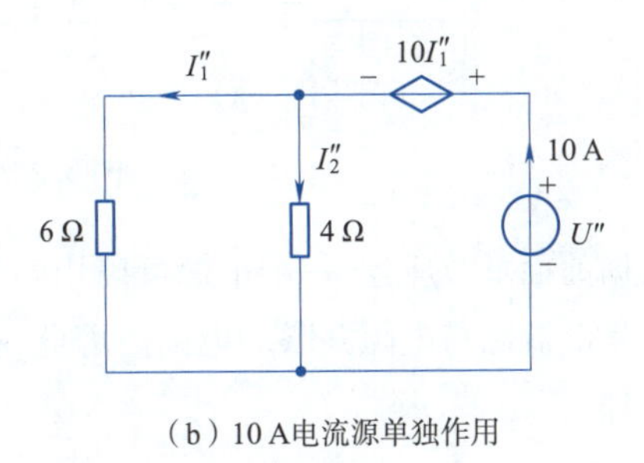

(b) 10 A电流源单独作用

图 3.21　独立源单独作用下的分电路图

当 20 V 电压源单独作用时，10 A 电流源作开路处理，最终的分电路如图 3.21(a)所示。

$$I_1' = I_2' = \frac{20}{6+4}\ \text{A} = 2\ \text{A}$$

$$U' = -10I_1' + 4I_2' = (-10\times2+4\times2)\ \text{V} = -12\ \text{V}$$

当 10 A 电流源单独作用时，20 V 电压源作短路处理，最终的分电路如图 3.21(b)所示。

$$I_1'' = \frac{4}{6+4}\times10\ \text{A} = 4\ \text{A}$$

$$I_2'' = \frac{6}{6+4}\times10\ \text{A} = 6\ \text{A}$$

$$U'' = 10I_1'' + 4I_2'' = (10\times4+4\times6)\ \text{V} = 64\ \text{V}$$

因此两个独立源共同作用时，叠加可得

$$I_1 = I_1' + (-I_1'') = (2-4)\ \text{A} = -2\ \text{A}$$

$$I_2 = I_2' + I_2'' = (2+6)\ \text{A} = 8\ \text{A}$$

$$U = U' + U'' = (-12+64)\ \text{V} = 52\ \text{V}$$

3.6　等效电源定理

在有些情况下，针对复杂电路往往只需要计算或研究某一条支路的电压、电流，并不需要求解所有支路电压、电流。因此为了计算方便一些，常常应用等效电源的方法来进行相关电路变量的求解。

如果只需要研究复杂电路中的一条支路时，则可以将这条支路看作外电路求解。图 3.22 所示电路中 a、b 间的外电路是一个支路，电路的其余部分就看作一个有源二端网络。有源二端网络可以是简单的或者是任意复杂的电路，但是不论它的复杂程度如何，对于所要研究和计算的这个支路而言，仅仅相当于一个电源，并对这个支路提供电能。因此，为了分析、计算和简化，可以将有源二端网络化简为一个等效电源。而经过等效变换后，ab 支路中的电流 I 及其两端的电压 U 不会发生变化。

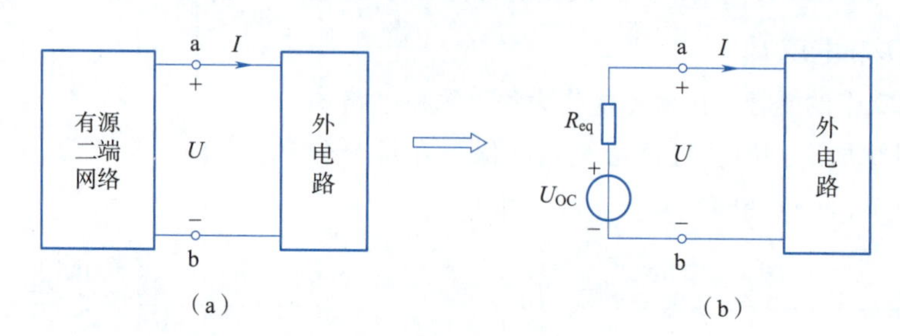

图 3.22　等效电源示意图

根据前面章节所述，一个电源可以用两种电路模型表示：一种是电压源与电阻串联的电路，另一种是电流源与电阻并联的电路。因此，有两种等效电源，对应的有两个定理：戴维南定理和诺顿定理。

3.6.1　戴维南定理

戴维南定理的具体内容为：任何一个线性有源二端网络都可以用一个电压源和电阻串联的电源进行等效代替，如图 3.22 所示。等效电源的电压就是有源二端网络的开路电压 U_{OC}，即将负载断开后 a、b 两端之间的电压。等效电源的内阻 R_{eq} 的计算方法为：将有源二端网络中所有电源均除去（将各个电压源短路，即电压源的电压置为零；将各个电流源开路，即电流源流出的电流为零）后所得到的无源网络 a、b 两端之间的等效电阻。

下面以图 3.23 为例说明戴维南定理的正确性。戴维南定理的证明过程实质上就是要证明图 3.22(a)、(b)两个电路的伏安关系相同，这也是等效变换的条件。假设图 3.22 中端口连接支路的电流已知为 I，则可将外电路用一个电流为 I 的电流源替代，如图 3.23 所示。利用叠加定理，端口电压 U 可以等效为有源二端网络中的独立源和外电路的电流源分别单独作用后的叠加，即 $U=U'+U''$，如图 3.24 所示。

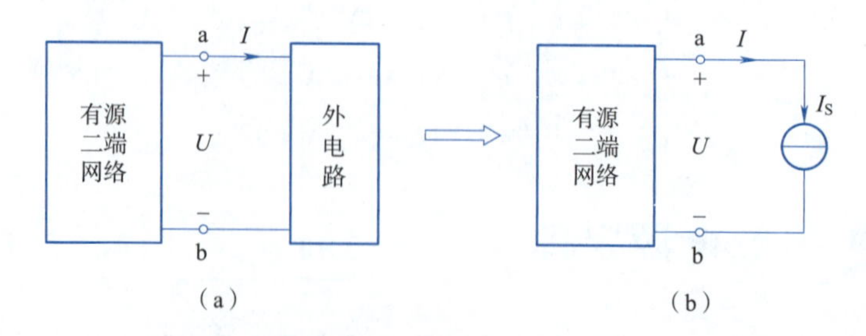

图 3.23　外电路用一个电流为 I 的电流源替代示意图

当有源二端网络中的独立源单独作用时，如图 3.24(a)所示，外电路中的电流源置零，即作开路处理。此种情况下，电路中端口连接支路的电流 I 为零，端口两端的电压相当于开路电压，即 $U'=U_{OC}$。

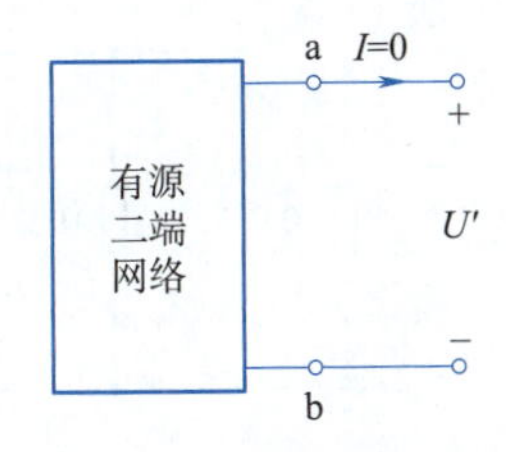

(a) 有源二端网络中的独立源单独作用

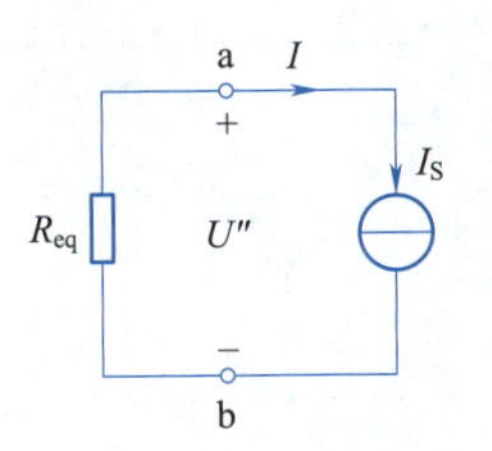

(b) 外电路电流源单独作用

图 3.24　戴维南定理证明例图

当外电路的电流源单独作用时，如图 3.24(b) 所示，有源二端网络中的所有独立源均置零，则有源二端网络变成了无源网络。此种情况下，端口两端的电压 $U''=-R_{eq}I$，其中 R_{eq} 为无源网络的等效电阻。

根据叠加定理，可以得到端口两端的电压为

$$U=U'+U''=U_{OC}-R_{eq}I \tag{3.26}$$

而戴维南定理的等效电路图如图 3.25 所示，可以得到电路中的电压关系为

$$U=U_{OC}-R_{eq}I \tag{3.27}$$

很显然，式(3.26)和式(3.27)是一致的，因此对外电路来说，伏安关系是相同的，戴维南定理得以验证。

戴维南定理中等效电阻 R_{eq} 的计算方法一般是用去源法，将有源二端网络中的所有独立源全部置零(即将理想电压源短路，将理想电流源开路)，得到无源网络。在求等效电阻时，若无源网络中仅含有电阻，则可以应用电阻的串、并联以及 △-Y 变换等方法求解。

例 3.14　如图 3.26 所示，试用戴维南定理求出电路中的开路电压 U_{OC} 和等效电阻 R_{eq}。

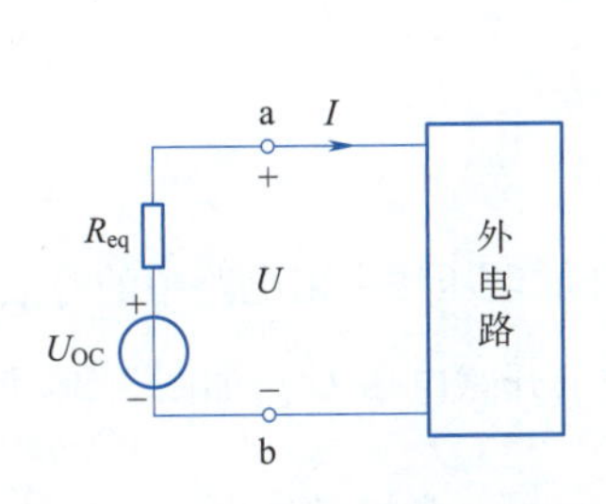

图 3.25　戴维南等效电路图

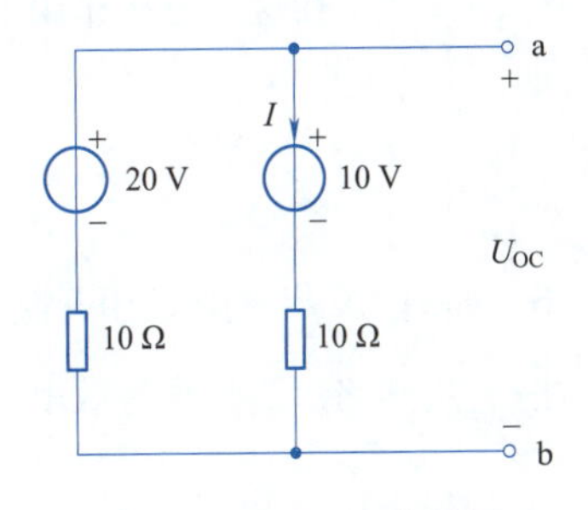

图 3.26　例 3.14 电路图

解　本例题求开路电压 U_{OC} 有两种方法：

第一种方法可以先求出 I，再求 U_{OC}，分析电路可得 $I=\dfrac{20-10}{10+10}\ \text{A}=0.5\ \text{A}$，则开路电压 $U_{OC}=(10\times0.5+10)\ \text{V}=15\ \text{V}$。

第二种方法可以利用电源的等效变换，将电压源与电阻的串联等效变换为电流源与电阻的并联后，再求 U_{OC}，电路图如图 3.27 所示，同样可以求得 $U_{OC}=3\times5\ \text{V}=15\ \text{V}$。

求等效电阻 R_{eq} 利用去源法，将图 3.26 所示电路中的所有独立源置零(电压源短接)，电路如图 3.28 所示。

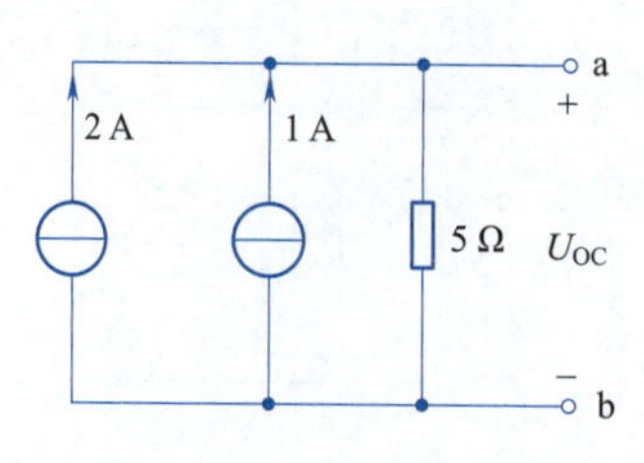

图 3.27 例 3.14 电源等效变换后的电路图

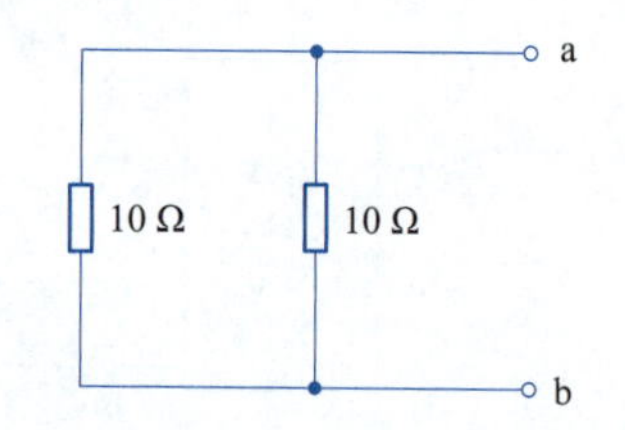

图 3.28 例 3.14 去源后的电路图

则等效电阻为

$$R_{eq}=\frac{10\times 10}{10+10}\ \Omega=5\ \Omega$$

应用戴维南定理分析含有受控源的电路时，不能将受控源和其控制量分在两个网络中，二者必须在同一个网络中。而在求等效电阻 R_{eq} 时利用去源法去源，只是将有源二端网络中的独立源置为零，受控源是否为零取决于其控制量是否为零，去源后电路中除了电阻以外还含有受控源。因此等效电阻 R_{eq} 不能用简单的电阻串、并联等方法来计算。一般采用以下两种方法计算等效电阻 R_{eq}。

1. 开路短路法

在不去源的情况下，求出有源二端网络的开路电压 U_{OC} 和短路电流 I_{SC}，则等效电阻 R_{eq} 等于开路电压与短路电流的比值，即

$$R_{eq}=\frac{U_{OC}}{I_{SC}} \tag{3.28}$$

2. 外加电压法

先将有源二端网络中的所有独立源全部置零得到无源网络，然后在无源二端网络的两端之间加一个电压 U，并求出在这个电压作用下输入到网络的电流 I，则等效电阻 R_{eq} 等于电压 U 与电流 I 的比值，即

$$R_{eq}=\frac{U}{I} \tag{3.29}$$

例 3.15 如图 3.29 所示，试用开路短路法和外加电压法求出电路中的等效电阻 R_{eq}。

解 方法一：用开路短路法求等效电阻 R_{eq}，首先求开路电压 U_{OC}，如图 3.30 所示。

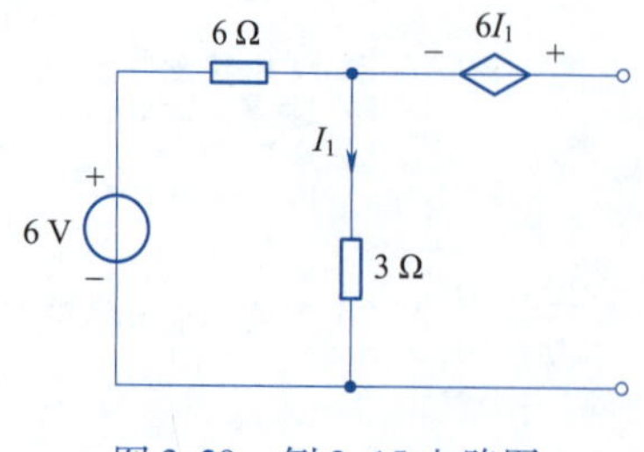

图 3.29 例 3.15 电路图

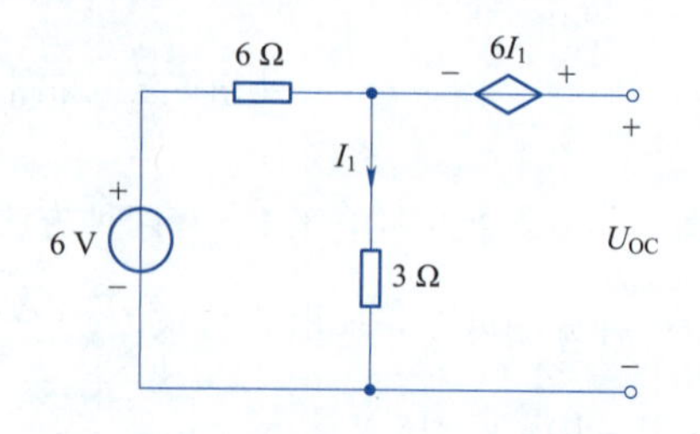

图 3.30 求开路电压电路图

由于原电路是开路的，因此可以直接利用 KVL 得

$$I_1=\frac{6}{6+3}\ \text{A}=\frac{2}{3}\ \text{A}$$

$$U_{OC}=6I_1+3I_1=9I_1=9\times\frac{2}{3}\ \text{V}=6\ \text{V}$$

要求短路电流 I_{SC}，需要将图 3.29 所示的端口短接，注意短路电流 I_{SC} 的参考方向与开路电压 U_{OC} 的参考方向是关联的，如图 3.31 所示。

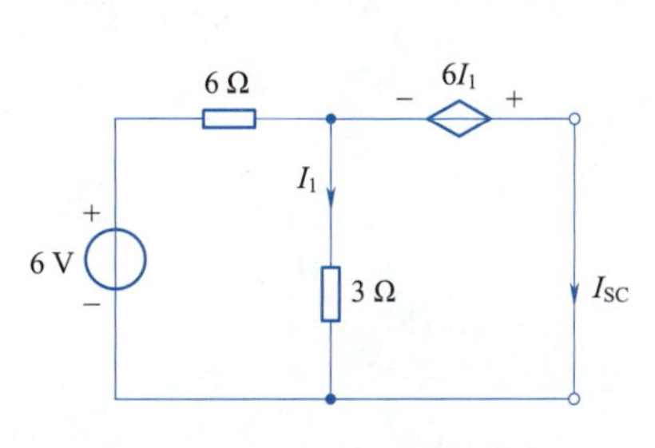

图 3.31　求短路电流电路图

端口短接后 3 Ω 的电阻和受控源是并联的，因此有 $3I_1=-6I_1$，所以得出 $I_1=0$ A，则有

$$I_{SC}=\frac{6}{6}\ \text{A}=1\ \text{A}$$

将求得的开路电压 U_{OC} 和短路电流 I_{SC} 的值代入式(3.12)中得

$$R_{eq}=\frac{U_{OC}}{I_{SC}}=\frac{6}{1}\ \Omega=6\ \Omega$$

方法二：用外加电压法求等效电阻 R_{eq}。首先利用去源法，将图 3.29 中的 6 V 电压源置零，如图 3.32(a)所示。

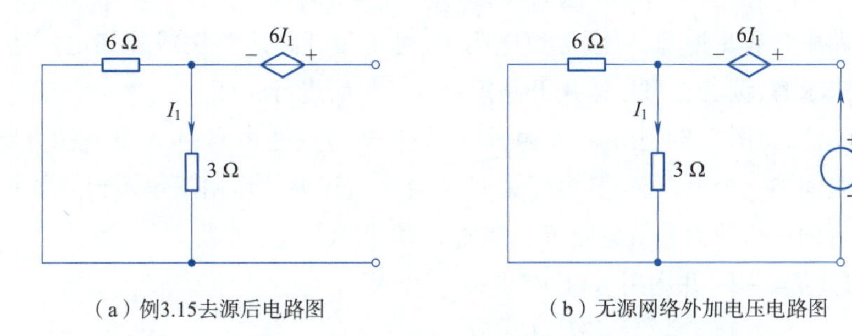

图 3.32　外加电压法求等效电阻电路图

在无源网络的两端之间加一个电压源，其电压为 U，在这个电压源的作用下输入到网络的电流为 I，因此只要求出二者的比值即为等效电阻 R_{eq}，如图 3.32(b)所示。利用 KVL 以及分流公式可得

$$U=6I_1+3I_1=9I_1$$

$$I_1=\frac{6}{6+3}I=\frac{2}{3}I$$

将求得的电压 U 和电流 I 的关系代入式(3.29)中得

$$R_{eq}=\frac{U}{I}=\frac{6I}{I}=6\ \Omega$$

在分析含有受控源的电路时，计算等效电阻 R_{eq} 是利用开路短路法还是外加电压法，要根据具体电路的特点进行分析，采用计算相对简单的方法即可。而应用戴维南定理时，除了要计算出等效电阻 R_{eq}，还要求出端口的开路电压 U_{OC}。在求开路电压 U_{OC} 时，可以根据具体电路的特点进行分析计算。另外，要特别注意电路中电流和电压的参考方向。在戴维南等效电路中，电压源的电压方向与所求开路电压的方向有关。

例 3.16　如图 3.33 所示，试用戴维南定理求出电路中负载 R_L 的电流 I。

解 利用戴维南定理求解电路时,首先需要将所求支路中的负载视为外电路,并将其断开,得到有源二端网络如图 3.34 所示。

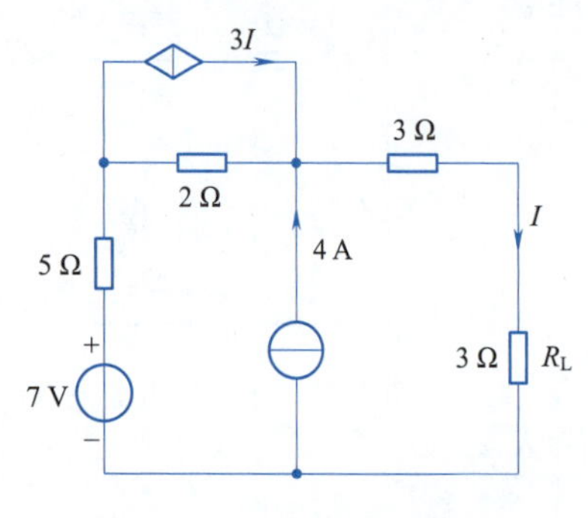

图 3.33 例 3.16 电路图

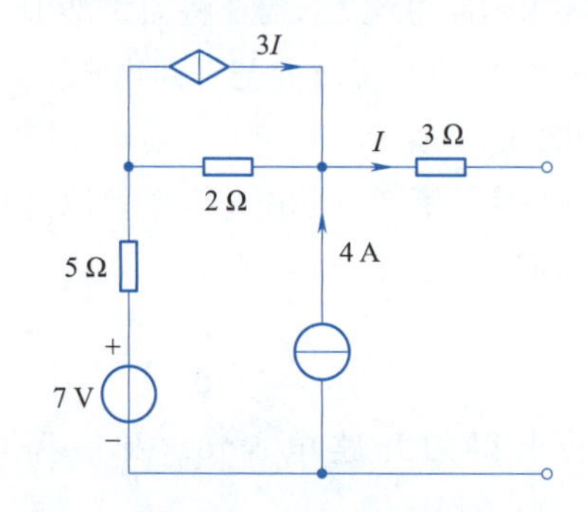

图 3.34 例 3.16 外电路断开后电路图

外电路断开后,负载所在支路的电流 $I=0$,则受控电流源的电流 $3I$ 也等于 0,然后利用 KVL 以及 KCL,求断开后的端口开路电压 U_{OC}:

$$U_{OC}=[(2+5)\times4+7]\ \text{V}=35\ \text{V}$$

因为本题电路中含有受控源,要求等效电阻 R_{eq} 可采用开路短路法或外加电压法,这里采用的是外加电压法来求解,读者也可以采用开路短路法求解后进行验证。

首先利用去源法,将图 3.34 中的独立源置零(即 7 V 电压源短路,4 A 电流源开路),然后在无源网络的两端之间加一个电压源,其电压为 U,在这个电压源的作用下输入到网络的电流为 I_1,因此只要求出二者的比值即为等效电阻 R_{eq},如图 3.35 所示。

由图 3.35 可知 $I=-I_1$,并利用 KVL 以及 KCL 可得

$$3I+U+5I-2\times2I=0$$

求得

$$U=-4I$$

将求得的电压 U 和电流 I 的关系代入式(3.29)中得

$$R_{eq}=\frac{U}{I_1}=\frac{-4I}{-I}=4\ \Omega$$

最后得到戴维南等效电路如图 3.36 所示。

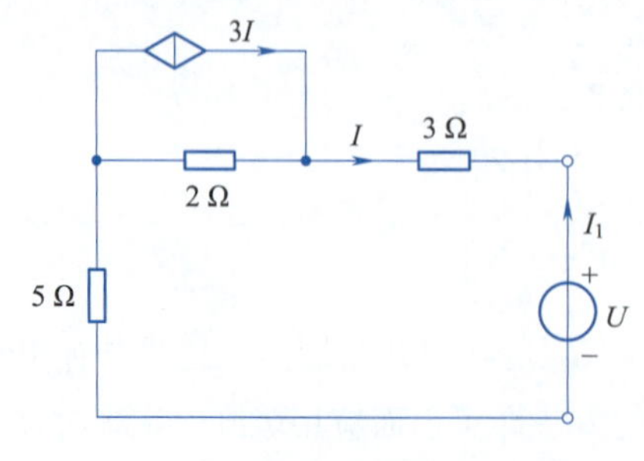

图 3.35 例 3.16 外加电压电路图

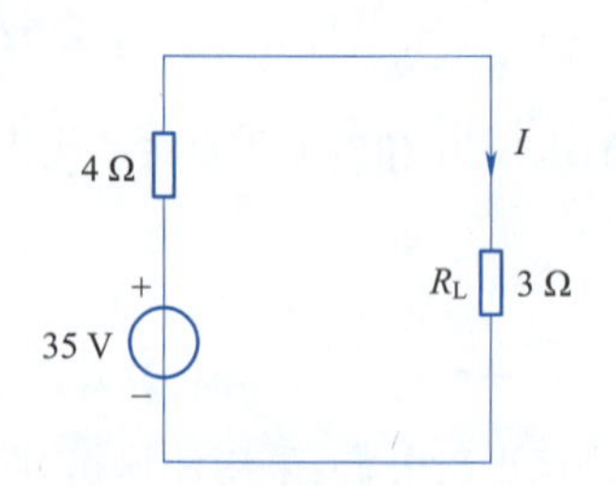

图 3.36 戴维南等效电路

所以,电路中负载 R_L 的电流 I 为

$$I=\frac{35}{4+3}\ \text{A}=5\ \text{A}$$

3.6.2 诺顿定理

诺顿定理的具体内容为：任何一个线性有源二端网络都可以用一个电流源和电阻并联的电源进行等效代替，如图3.37所示。等效电源的电流就是有源二端网络的短路电流，即将a、b两端短接后其中的电流。等效电源的内阻R_{eq}的计算方法与戴维南定理等效电阻的计算方法一样，即将有源二端网络中所有电源均除去（将各个电压源短路，即电压源的电压置为零；将各个电流源开路，即电流源流出的电流为零）后所得到的无源网络a、b两端之间的等效电阻。

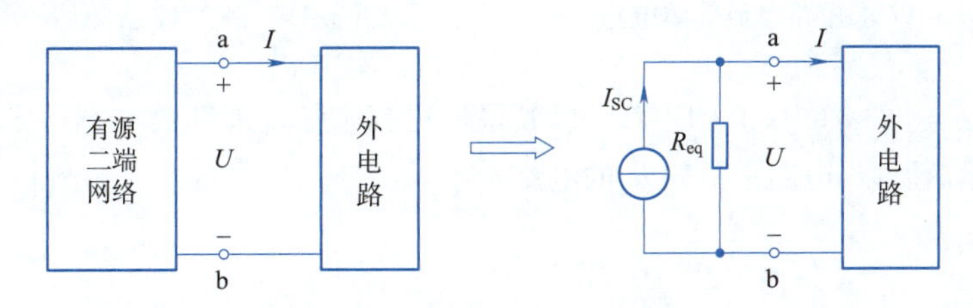

图3.37　诺顿定理等效电路图

因此，一个有源二端网络既可以用戴维南定理等效代替，转化为如图3.25所示的等效电压源，也可以用诺顿定理进行等效代替，转化为如图3.37所示的等效电流源。而电压源与电阻串联的组合电路和电流源与电阻并联的组合电路可以进行等效变换，故诺顿定理等效电路也可由戴维南定理等效电路变换得到。二者对外电路来说是等效的。诺顿定理等效电路中的电流源电流与戴维南定理等效电路中的电压源电压的关系为

$$I_{SC}=\frac{U_{OC}}{R_{eq}}$$

例3.17　如图3.38所示，试用诺顿定理求出电路中负载R_L消耗的功率。

解　利用诺顿定理求解电路时，首先需要将所求支路中的负载视为外电路，并将其断开，得到有源二端网络如图3.39所示。

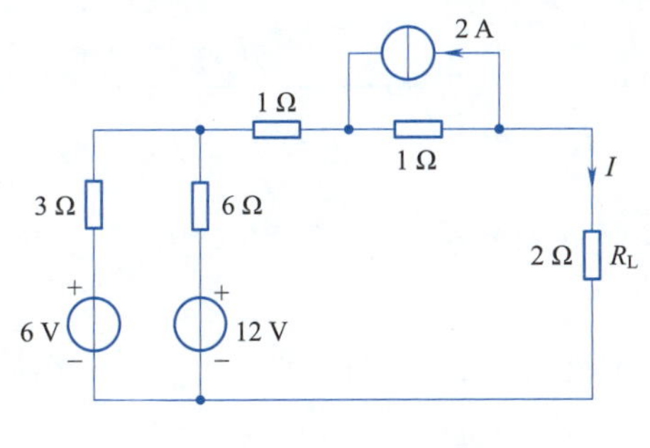

图3.38　例3.17电路图

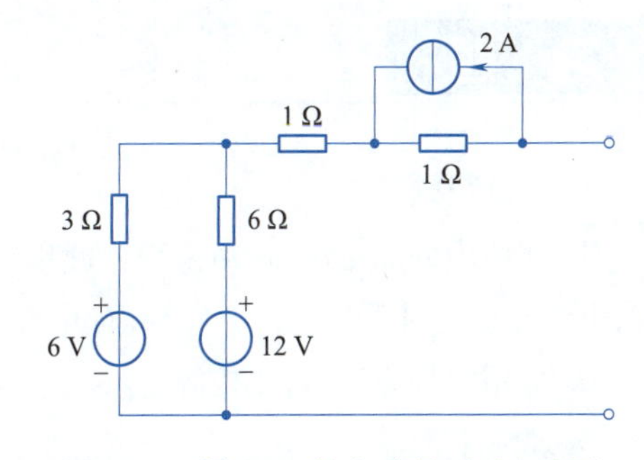

图3.39　例3.17外电路断开后电路图

先求短路电流，即将断开后的端口连接起来，并根据电源的等效变换对电路进行等效变形，如图3.40所示。

$$I_{SC}=\frac{8-2}{4}\ \text{A}=\frac{3}{2}\ \text{A}$$

然后求等效电阻。该题电路中不含受控源，因此可采用去源法求等效电阻R_{eq}。将图3.39所

示电路中的所有独立源置零(将电压源短路,电流源开路),得到电路如图 3.41 所示。

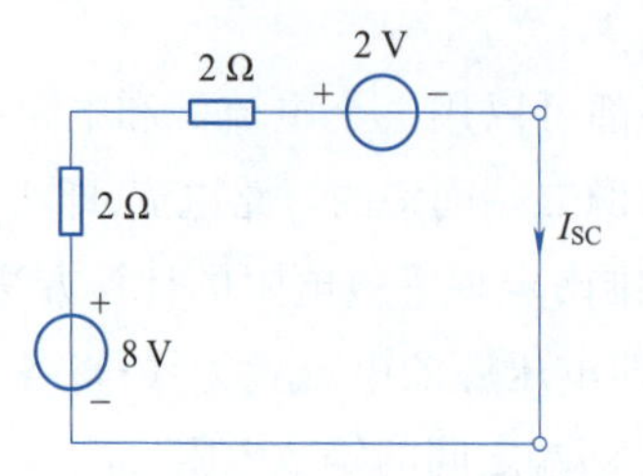

图 3.40　例 3.17 求短路电流等效电路

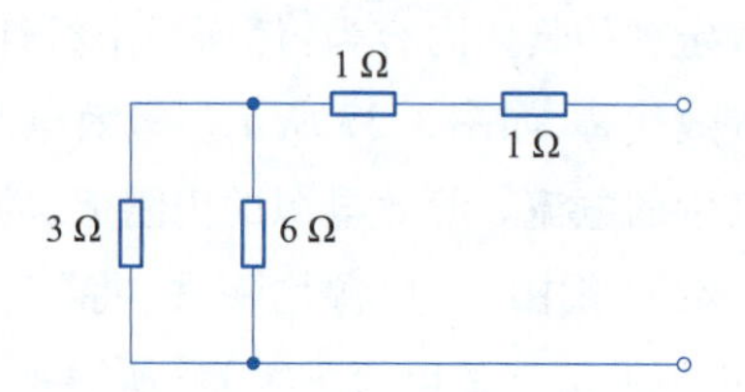

图 3.41　例 3.17 去源后的电路图

则等效电阻为 $R_{eq}=[(3//6)+1+1]\ \Omega=4\ \Omega$,最后得到诺顿定理等效电路如图 3.42 所示。所以,电路中负载 R_L 的电流 I 为

$$I=\frac{4}{4+2}\times\frac{3}{2}\ \text{A}=1\ \text{A}$$

$$P=I^2R=1^2\times2\ \text{W}=2\ \text{W}$$

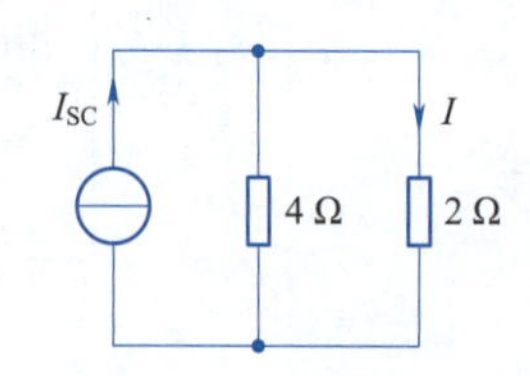

图 3.42　诺顿定理等效电路

使用戴维南定理或诺顿定理需要注意:

(1)当求解电路中某一条支路的电流、电压或功率时,使用戴维南定理或诺顿定理进行求解是非常有效的。但电路必须是含源的线性网络,而外电路可以是线性网络,也可以是非线性网络;外电路可能只是单个元件,也可能是多个元件的组合。

(2)当电路中含有受控源时,使用戴维南定理或诺顿定理求解等效电阻和短路电流的方法是:不能将受控源看作独立源进行去源处理,受控源一定要保留在电路中,受控源是否为零取决于其控制量是否为零。

(3)一个有源二端网络可以用戴维南定理或诺顿定理等效代替,因此诺顿定理等效电路可由戴维南定理等效电路变换得到,戴维南定理等效电路也可由诺顿定理等效电路变换得到。但二者的等效电路都是对外等效,对内不等效。

习　题

一、填空题

1. 在使用叠加定理时,当某独立源单独作用,其余独立源置零,电压源置零时用________代替,电流源置零时用________代替,而其他线性元件保持不变。

2. 应用叠加原理时,受控源________(需要、不能)单独作用,原电路中的________不能使用叠加定理来计算。

3. 对于具有 n 个节点和 b 条支路的电路,可列出________个独立的 KCL 方程和________个独立的 KVL 方程。

4. 任何一个线性含源一端口网络,对外电路来说,总可以用一个电压源和电阻的________组合来等效置换。

5. 诺顿等效电路可由________经电源等效变换得到。

6. 支路电流法是以________为求解对象,根据支路电流法解得的电流为正值时,说明电流的参考方向与实际方向________;电流为负值时,说明电流的参考方向与实际方向________。

二、选择题

1. 如图 3.43 所示有源二端网络,若应用戴维南定理,其等效电阻为(　　)。

A. 3 Ω　　B. 6 Ω

C. 9 Ω　　D. 8 Ω

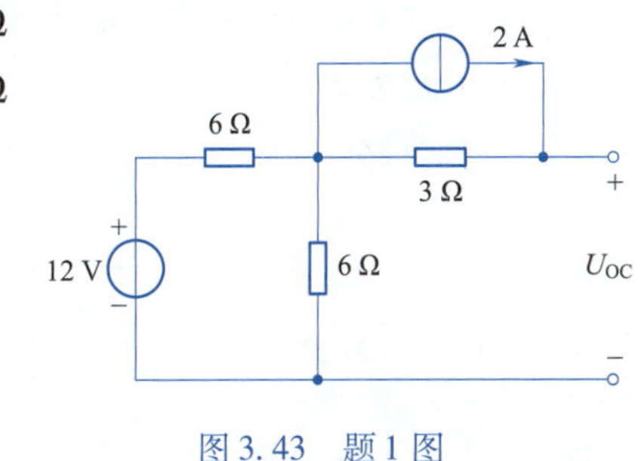

图 3.43　题 1 图

2. 只适用于线性电路求解的方法是(　　)。

A. 基尔霍夫电压定律

B. 戴维南定理

C. 叠加定理

D. 基尔霍夫电流定律

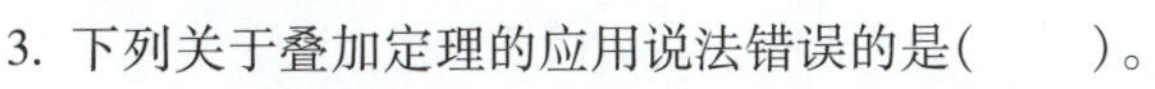

3. 下列关于叠加定理的应用说法错误的是(　　)。

A. 叠加定理只适用于线性电路,且只能对电流、电压这两个基本物理量进行叠加

B. 运用叠加定理分析求解电路的基本思路是:将复杂结构的电路转变为简单结构的电路加以求解,从而简化计算

C. 某一电源单独作用而其他电源不作用时的处理方法,也就是除源的方法是:电压源短路,电流源开路

D. 各电源单独作用时等效电路待求量的参考方向并不需要统一

4. 必须设立电路参考点后才能求解电路的方法是(　　)。

A. 支路电流法　　B. 回路电流法　　C. 节点电位法　　D. 网孔电流法

5. 如图 3.44 所示电路中的短路电流 I_{SC} 等于(　　)。

A. 1 A　　B. 1.5 A　　C. 3 A　　D. −1 A

6. 电路如图 3.45 所示,应用戴维南定理和诺顿定理将图中电路化为等效电压源,电路图为(　　)。

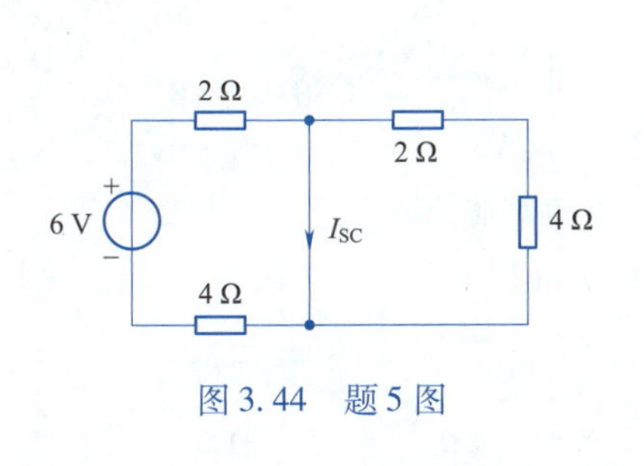

图 3.44　题 5 图

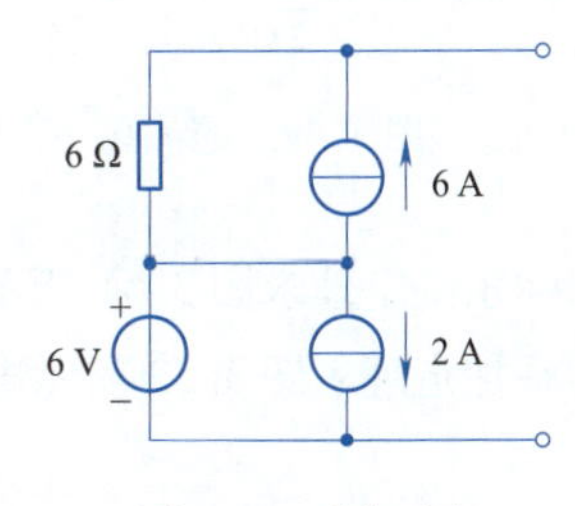

图 3.45　题 6 图

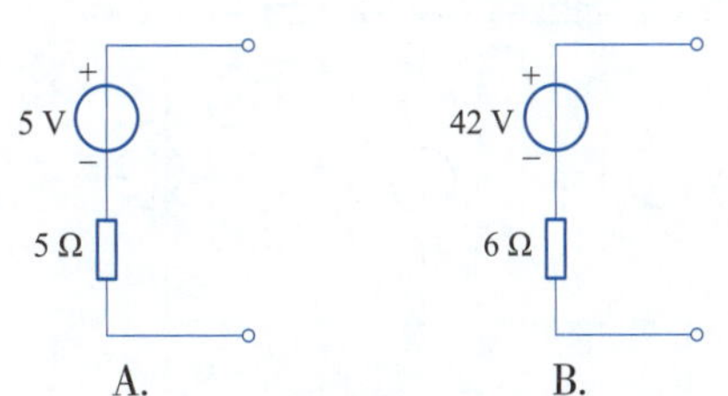

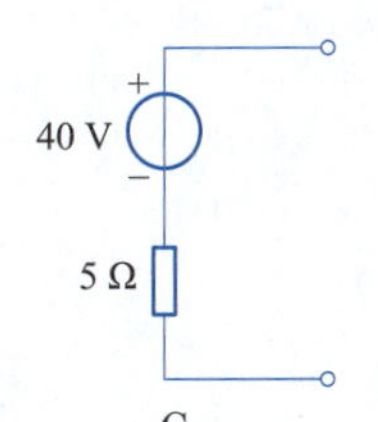

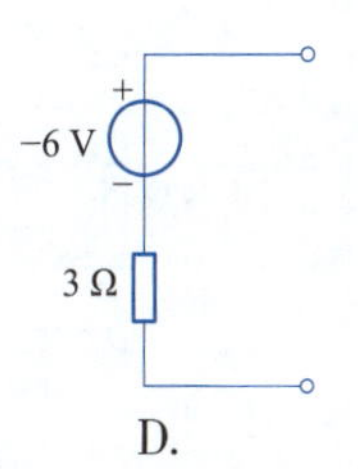

7. 电路如图 3.46 所示,已知 $I_S = 5$ A,当 I_S、U_S 共同作用时,$U_{AB} = 4$ V。当电压源 U_S 单独作用时,电压 U_{AB} 应为(　　)。

A. －2 V　　B. 6 V

C. －6 V　　D. 2 V

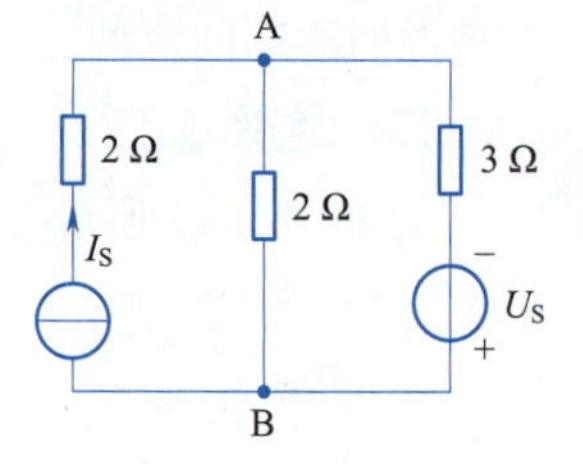

图 3.46　题 7 图

三、分析计算题

1. 利用支路电流法求图 3.47 所示电路中的各支路电流，并求出两个电源发出的功率。

2. 利用支路电流法求图 3.48 所示电路中的各支路电流。

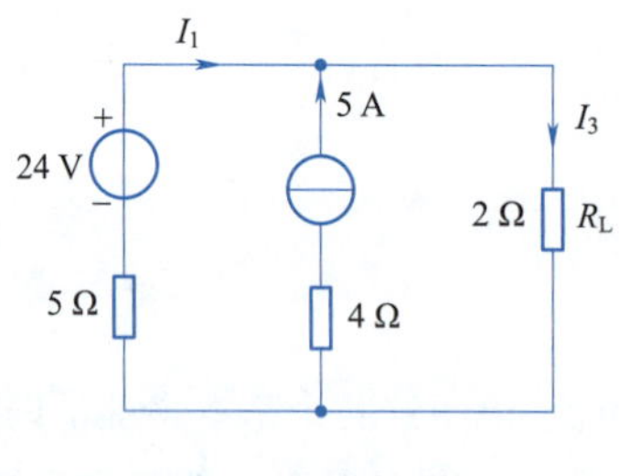

图 3.47　题 1 图

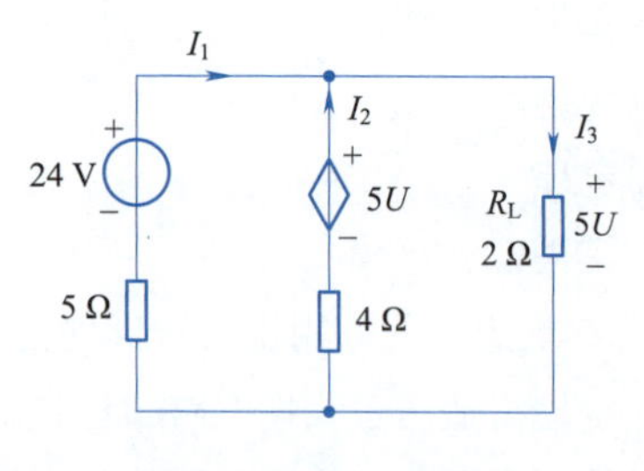

图 3.48　题 2 电路图

3. 利用节点电位法求图 3.49 所示电路中的电流 I。

4. 利用节点电位法求图 3.50 所示电路中的电流 I。

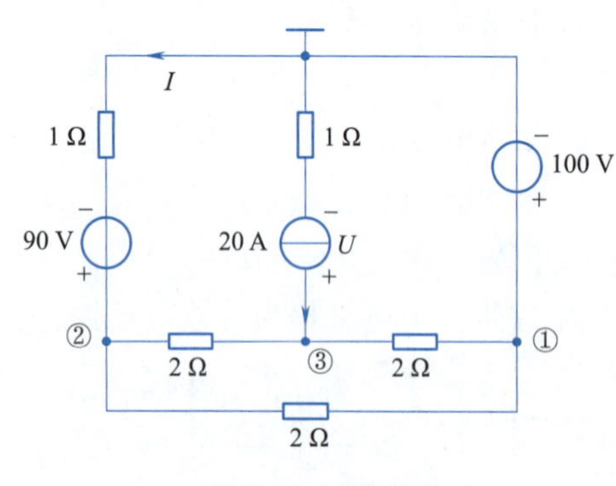

图 3.49　题 3 图

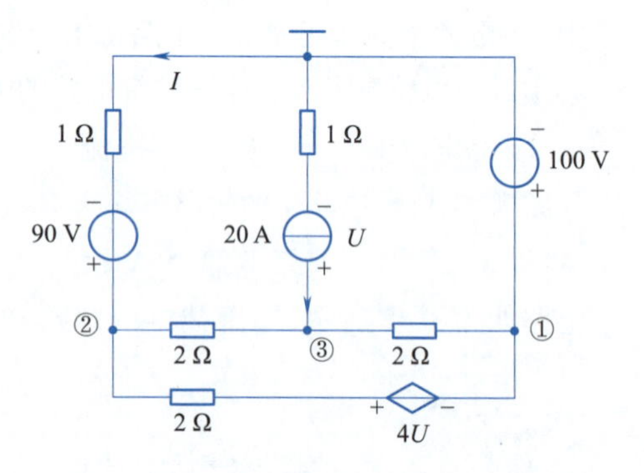

图 3.50　题 4 图

5. 利用弥尔曼定理求图 3.51 所示电路中的各支路电流。

6. 应用叠加定理求图 3.52 所示电路中的电压 U 和 I。

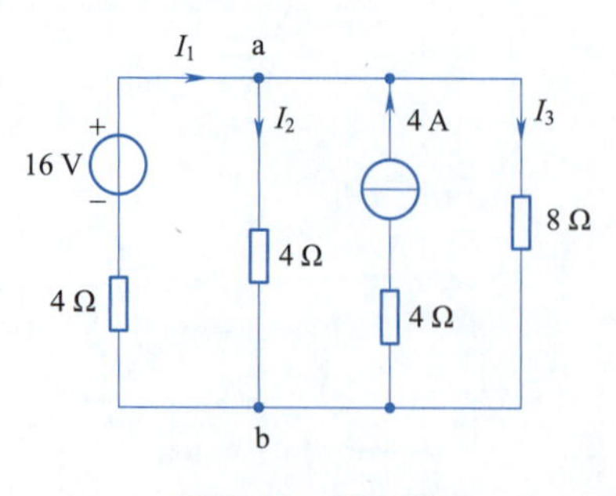

图 3.51　题 5 图

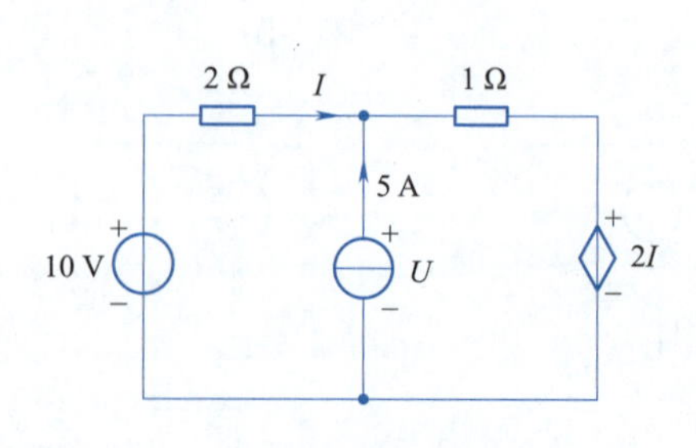

图 3.52　题 6 图

7. 求图 3.53 所示电路中的等效电阻。

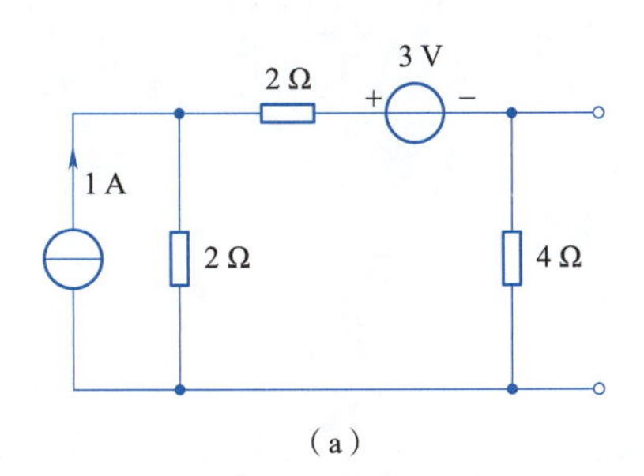

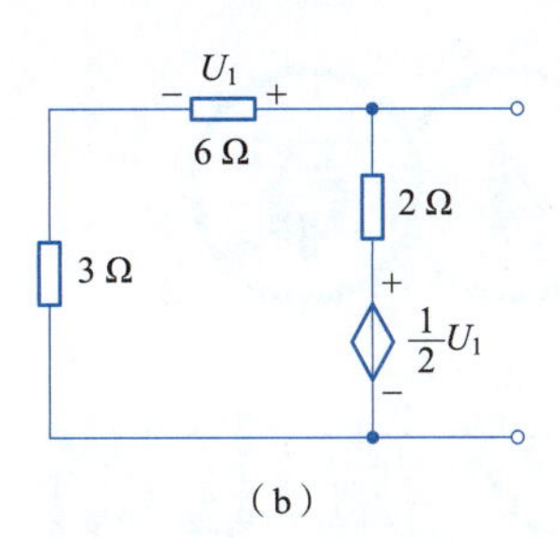

图3.53 题7图

8. 利用戴维南定理或者诺顿定理求图3.54所示电路中电阻R_L上的电流I_L。

9. 利用戴维南定理或者诺顿定理求图3.55所示电路中电阻R_L上的电流I_L。

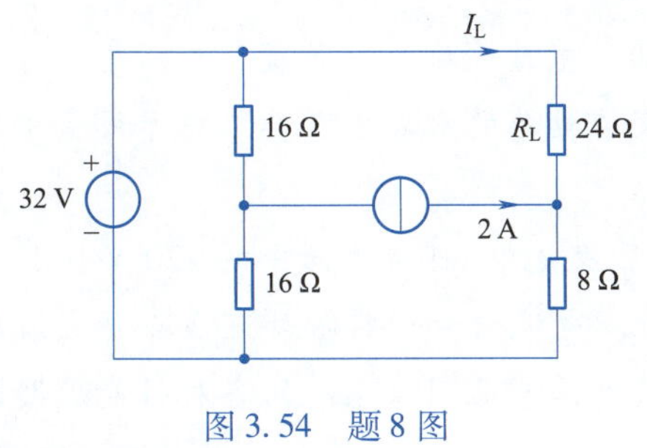

图3.54 题8图

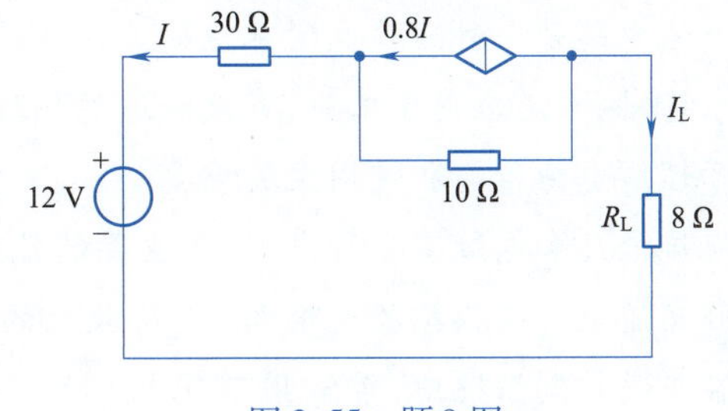

图3.55 题9图

第4章 正弦交流电路

引　言

交流电路是一种通过电磁感应的方式传输电能的电路系统。它是现代生活中不可或缺的技术基础，广泛应用于工业、家庭和通信领域。交流电路的原理以及其在电子设备中的作用对于理解电力传输和使用至关重要。

交流电压和电流有多种类型，最主要的就是正弦交流电，日常生活中的220 V民用电即为正弦交流电。在模拟放大电路中，待放大的电压或电流信号通常被处理成正弦交流小信号。在自动控制系统中，常常用不同频率的正弦交流信号来测试系统的各种性能。因此学习正弦交流电路分析的相关基础知识是十分必要的。

学习目标

学习通过本章内容的学习，应该能够做到：

了解：正弦交流电的基本概念及基础知识；电阻、电感和电容等基本元件在交流电路中产生的电压、电流、功率等物理量；瞬时功率、无功功率和视在功率的概念以及有功功率和功率因数的计算。

理解：正弦交流电路的相量分析方法及基本元件组成的简单的交流电路的分析和计算方法；正弦量的特征及其各种表示方法；电路基本定律的相量形式及阻抗。

应用：掌握本章所介绍的正弦交流电路分析的思路和方法，并能够在实践中灵活运用；熟练掌握计算正弦交流电路的相量分析法，会画相量图。

分析：学会分析稳态正弦交流电路，掌握三相交流电的分析方法。

4.1 正弦交流电的基本概念

大小和方向随时间做有规律变化的电压和电流称为交流电，又称交变电流。图4.1所示为几种常见的交流电波形图。

正弦交流电是随时间按照正弦函数规律变化的电压和电流。由于交流电的大小和方向都是随时间不断变化的，也就是说，每一瞬间电压（电动势）和电流的数值都不相同，所以在分析和计算交流电路时，必须标明它的正方向。一般地，工程上所用的交流电主要指正弦交流电。正弦交流电压、电流的表达式分别如式(4.1)和式(4.2)所示，其波形如图 4.2 所示。

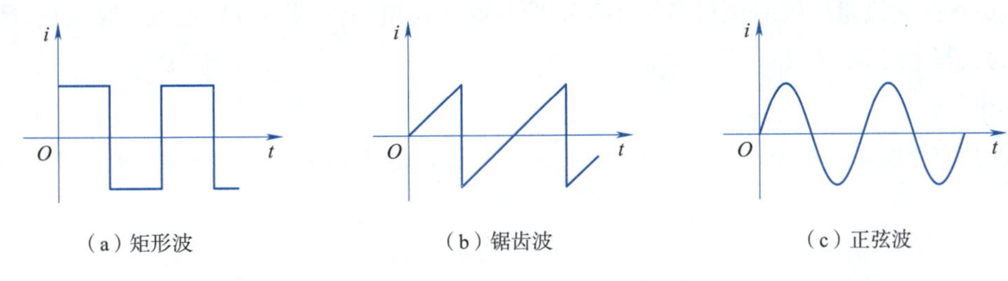

(a) 矩形波　　(b) 锯齿波　　(c) 正弦波

图 4.1　几种常见的交流电波形图

$$u(t)=U_m\sin(\omega t+\varphi_u) \tag{4.1}$$

$$i(t)=I_m\sin(\omega t+\varphi_i) \tag{4.2}$$

式中，$u(t)$，$i(t)$ 称为瞬时值；U_m，I_m 称为最大值；ω 称为角频率；φ_u，φ_i 称为初相角或初相位。

最大值、角频率和初相位一旦确定，则正弦交流电与时间的函数关系也就确定了，所以它们是确定正弦交流电的三要素，分析正弦交流电时应从这三方面入手。

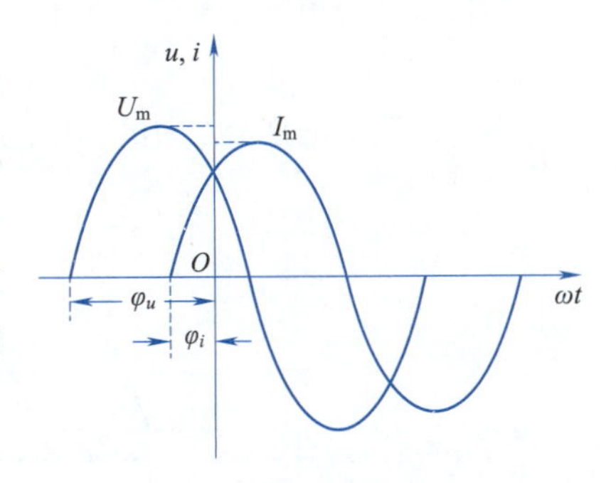

图 4.2　正弦交流波形图

1. 最大值

正弦量瞬时值中的最大值也称为幅值，用带有下标 m 的大写字母表示，电压和电流的最大值分别表示为 U_m 和 I_m。最大值能反映出交流电的大小，但是只是一个特定瞬间的数值，不能用来计算交流电。

2. 角频率

交流电变化一个循环所需要的时间称为周期，用 T 表示，单位是秒(s)。单位时间内，即每秒内完成的周期数称为频率，用 f 表示，单位为赫兹(Hz)，简称“赫”。T 与 f 互为倒数的关系，即

$$f=\frac{1}{T} \tag{4.3}$$

正弦交流电在时间上每经过一个周期 T，正弦函数的角度就变化 2π 弧度(rad)。单位时间内变化的角度就称为角频率，因此有

$$\omega=\frac{2\pi}{T}=2\pi f \tag{4.4}$$

式中，ω 的单位是 rad/s。

思考题：我国的工业标准频率(简称“工频”)是 50 Hz。世界上很多国家，如欧洲各国的工业标准频率也是 50 Hz，只有少数国家或地区，如美国为 60 Hz。

除了工频外，某些领域还需要采用其他的频率，如无线电通信频率为 3 kHz ~ 300 GHz，有线通信的频率为 300 ~ 5 000 Hz 等。

3. 初相位

正弦量在每一时刻的角度是由表达式中的 $\omega t+\varphi_i$ 表示的，称为相位角，简称相位。时间 $t=0$ 时的相位即初相位或初相角，简称初相，其值与计时起点有关。

最大值、角频率和初相位三者可以唯一确定一个正弦量。三要素确定了，正弦量在任一时刻

的瞬时值也就确定了。

注意:正弦交流量的瞬时值符号用小写字母表示,例如电压 u 或 $u(t)$、电流 i 或 $i(t)$,区别于直流电的大写字母,如 U、I。

4. 相位差

在正弦交流电路分析中,经常要比较同频率正弦量的相位差。如设任意两个同频率的正弦量:

$$i_1(t)=I_{1m}\sin(\omega t+\varphi_1)$$
$$i_2(t)=I_{2m}\sin(\omega t+\varphi_2)$$

它们之间的相位之差称为相位差,用 φ 表示,即

$$\varphi=(\omega t+\varphi_1)-(\omega t+\varphi_2)=\varphi_1-\varphi_2 \tag{4.5}$$

两个同频率正弦量之间的相位差如图 4.3 所示。

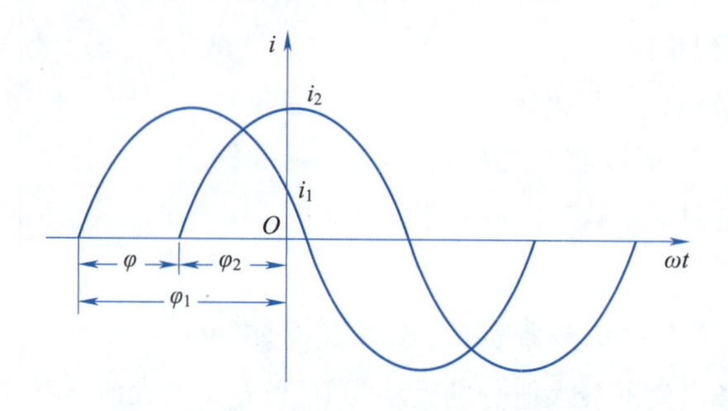

图 4.3 两个同频率正弦量之间的相位差

若 $\varphi>0$,表明 i_1 超前 i_2 一个相位角 φ,或者说 i_2 滞后 i_1 一个相位角 φ。

若 $\varphi=0$,表明 i_1 与 i_2 同时达到最大值,则它们是同相位的,简称同相。

若 $\varphi=\pm\pi$,则称它们的相位相反,简称反相。

若 $\varphi<0$,表明 i_1 滞后 i_2 一个相位角 φ。

两个同频率的正弦量,可能相位和初相角不同,但它们之间的相位差不变。在研究多个同频率正弦量之间的关系时,可以选取其中某一正弦量作为参考正弦量,令其初相为零,其他各正弦量的初相为该正弦量与参考正弦量的相位差。

例 4.1 已知正弦电压 u 和电流 i_1、i_2 的瞬时值表达式为 $u=310\sin(\omega t-45°)$ V,$i_1=14.1\sin(\omega t-30°)$ A,$i_2=28.2\sin(\omega t+45°)$ A。试以电压 u 为参考量重新写出 u 和电流 i_1、i_2 的瞬时值表达式。

解 电压 u 为参考量,则电压 u 的表达式为

$$u=310\sin\omega t$$

由于 i_1 与 u 的相位差为

$$\varphi_1=\varphi_{i1}-\varphi_u=-30°-(-45°)=15°$$

故电流 i_1 的瞬时值表达式为

$$i_1=14.1\sin(\omega t+15°)\text{ A}$$

由于 i_2 与 u 的相位差为

$$\varphi_2=\varphi_{i2}-\varphi_u=45°-(-45°)=90°$$

故电流 i_2 的瞬时值表达式为

$$i_2 = 28.2\sin(\omega t + 90°)\ \text{A}$$

5. 有效值

交流电的瞬时值随时间不断变化，三要素不同的正弦量很难直观地进行比较。为此引入有效值的概念。若交流电流 i 通过电阻 R，在一个周期内产生的热量等于某一直流电流 I 通过相同电阻 R 在相同时间内产生的热量，则该交流电流 i 的有效值就等于该直流电流 I。若正弦交流电流为 $i = I_m\sin(\omega t + \varphi_i)$，根据 $\int_0^T i^2 R\mathrm{d}t = I^2RT$，可得到 i 的有效值 I 为

$$I = \sqrt{\frac{1}{T}\int_0^T i^2\mathrm{d}t}$$

$$= \sqrt{\frac{1}{T}\int_0^T [I_m\sin(\omega t + \varphi_i)]^2\mathrm{d}t}$$

$$= \frac{I_m}{\sqrt{2}} \approx 0.707 I_m$$

可以看出，最大值是有效值的 $\sqrt{2}$ 倍。同理，正弦交流电压的有效值 $U = \frac{U_m}{\sqrt{2}} \approx 0.707U_m$。

正弦交流电压和电流的瞬时值表达式经常写成有效值的形式，即

$$u = \sqrt{2}U\sin(\omega t + \varphi_u) \tag{4.6}$$

$$i = \sqrt{2}I\sin(\omega t + \varphi_i) \tag{4.7}$$

例 4.2　某正弦交流电流 $i = 5\sqrt{2}\sin(314t + 50°)$ A，其最大值、角频率、初相位分别是多少？有效值是多少？

解　根据正弦量三要素，其最大值为 $5\sqrt{2}$ A，角频率为 314 rad/s，初相位为 50°，有效值为 5 A。

4.2　正弦量的相量运算

正弦交流电用三角函数表达式及其波形表示很直观，但是不便于计算。对于电路进行分析与计算的时候经常采用相量表示法，即用复数式与相量图来表示正弦交流电。

4.2.1　复数及相量

在数学上，复数可以表示为复平面上的一个点，如图 4.4 所示。复数 $A = a + \mathrm{j}b$，实部为 a，虚部为 b。A 点到原点的距离 $|A| = \sqrt{a^2 + b^2}$ 为复数 A 的模，$\varphi = \arctan\frac{b}{a}$ 为复数 A 的辐角。已知 A 的实部和虚部，可由上两式求得模和辐角。同理，若已知模和辐角，可由 $a = |A|\cos\varphi$，$b = |A|\sin\varphi$ 求得实部和虚部。

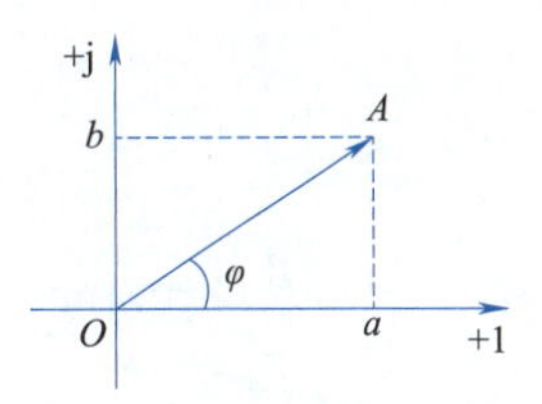

图 4.4　复数及相量图

从原点指向 A 点的有向线段为复数 A 对应的矢量，符号用大写字母上面加点表示，例如 $\dot{U}$、$\dot{I}$。

复数既可以用实部加虚部的形式表示（$A = a + \mathrm{j}b$，代数型），也可以用模和辐角表示（$A =$

$|A|\angle\varphi$，极坐标型），两种表示法可以相互转换。要判断两个复数是否相等，须判断实部和虚部是否分别相等，或者模和辐角是否分别相等。

复数支持四则运算。加减运算时采用代数型更加方便，只需实部和虚部分别相加或相减；乘除运算时采用极坐标型更加方便，只需模相乘或相除，角度相加或相减。

例 4.3 已知：$A_1=2+j4$，$A_2=3+j5$，求 A_1+A_2、A_1-A_2、A_1A_2、$\frac{A_1}{A_2}$。

解

$$A_1+A_2=(2+3)+j(4+5)=5+j9$$

$$A_1-A_2=(2-3)+j(4-5)=-1+j(-1)=-1-j$$

$$A_1=2+j4=4.47\angle 63.43°$$

$$A_2=3+j5=5.83\angle 59.09°$$

$$A_1A_2=26.06\angle 122.52°$$

$$\frac{A_1}{A_2}=0.77\angle 4.34°$$

4.2.2 正弦量的相量表示

求解一个正弦量必须要先求得它的三要素，但是在分析正弦交流电路时，由于电路中所有的电压、电流都是同频率的正弦量，而且它们的频率与正弦电源的频率相同，因此只要分析另外两个要素——幅值（或有效值）及初相位就可以了。正弦量的相量表示就是用一个复数来表示正弦量，这样的复数称为相量。

事实上，复数 A 的模和辐角恰好可以表示正弦量的幅值和初相位。如果相量 A 以 ω 的角速度在复平面上绕原点逆时针旋转，它在虚轴上的投影就等于正弦量的瞬时值，如图 4.5 所示。相量的模和辐角与正弦量的幅值和初相位有一一对应关系。

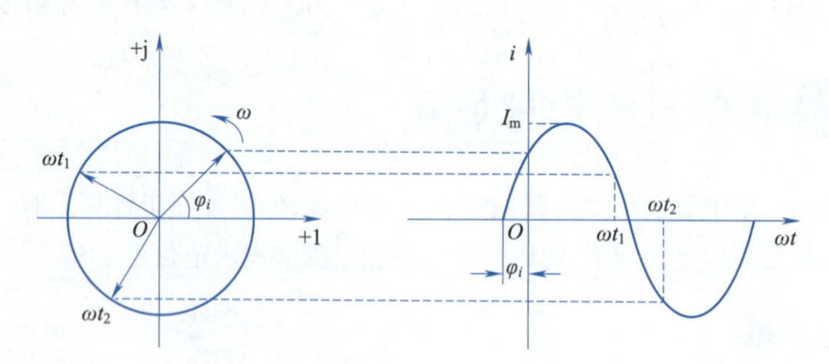

图 4.5 相量与正弦量对应关系

由欧拉公式可知

$$e^{j(\omega t+\varphi)}=\cos(\omega t+\varphi)+j\sin(\omega t+\varphi) \tag{4.8}$$

$$\begin{cases}\cos(\omega t+\varphi)=\mathrm{Re}[e^{j(\omega t+\varphi)}]\\ \sin(\omega t+\varphi)=\mathrm{Im}[e^{j(\omega t+\varphi)}]\end{cases} \tag{4.9}$$

式中，Re 表示对复数函数取实部；Im 表示对复数函数取虚部。

这样，一个正弦交流电流 $i(t)=I_m\sin(\omega t+\varphi_i)$ 可以写为

$$i(t)=\mathrm{Im}[I_m e^{j(\omega t+\varphi_i)}]=\mathrm{Im}[I_m e^{j\varphi_i}e^{j\omega t}]=\mathrm{Im}[\dot{I}_m e^{j\omega t}]=\mathrm{Im}[\sqrt{2}\dot{I}e^{j\omega t}] \tag{4.10}$$

$$\dot{I}_{\mathrm{m}}=I_{\mathrm{m}}\mathrm{e}^{\mathrm{j}\varphi_i}=I_{\mathrm{m}}\angle\varphi_i$$

$$\dot{I}=I\,\mathrm{e}^{\mathrm{j}\varphi_i}=I\angle\varphi_i$$

式中，$\dot{I}_{\mathrm{m}}$和 $\dot{I}$ 均为复数，它能代表正弦电流的两个要素（幅值和初相位）。

这种表示正弦量的复数称为相量，用大写字母上加一点来表示，以示与一般复数的区别，即相量不是一般的复数，它对应某一正弦时间函数。$\dot{I}_{\mathrm{m}}$称为电流最大值相量，$\dot{I}$ 称为电流有效值相量。

同理，也可以将电压用相量表示为

$$\dot{U}_{\mathrm{m}}=U_{\mathrm{m}}\mathrm{e}^{\mathrm{j}\varphi_u}=U_{\mathrm{m}}\angle\varphi_u$$

$$\dot{U}=U\mathrm{e}^{\mathrm{j}\varphi_u}=U\angle\varphi_u$$

式中，$\dot{U}_{\mathrm{m}}$称为电压最大值相量；$\dot{U}$ 称为电压有效值相量。

相量在正弦稳态电路分析和计算中起着重要的作用。在线性电路中，正弦激励的稳态响应与激励是同频率的正弦量。在分析正弦稳态响应的时候，只要求出正弦量的振幅和初相位就可以了，而相量恰好反映了这两个量。因此，引入相量后，可以用比较简便的复数运算来代替正弦量的三角运算。

例 4.4　已知正弦电压$u_1(t)=141\sin\left(\omega t+\dfrac{\pi}{3}\right)$ V，$u_2(t)=70.5\sin\left(\omega t-\dfrac{\pi}{6}\right)$ V，写出u_1和u_2的相量。

解　由题可知

$$\dot{U}_1=\frac{141}{\sqrt{2}}\angle\frac{\pi}{3}\ \mathrm{V}\approx100\angle\frac{\pi}{3}\ \mathrm{V}$$

$$\dot{U}_2=\frac{70.5}{\sqrt{2}}\angle-\frac{\pi}{6}\ \mathrm{V}\approx50\angle-\frac{\pi}{6}\ \mathrm{V}$$

例 4.5　已知两个频率均为 50 Hz 的正弦电压，它们的相量分别是 $\dot{U}_1=380\angle\dfrac{\pi}{6}$ V，$\dot{U}_2=220\angle-\dfrac{\pi}{3}$ V，试写出这两个电压的解析式。

解　由题可知

$$\omega=2\pi f=2\pi\times50\ \mathrm{rad/s}=314\ \mathrm{rad/s}$$

$$u_1(t)=\sqrt{2}U_1\sin(\omega t+\varphi_1)=380\sqrt{2}\sin\left(314t+\frac{\pi}{6}\right)$$

$$u_2(t)=\sqrt{2}U_2\sin(\omega t+\varphi_2)=220\sqrt{2}\sin\left(314t-\frac{\pi}{3}\right)$$

4.2.3　基尔霍夫定律的相量形式

在正弦交流电路中，虽然电压和电流是时刻变化的，但是在任意时刻，各支路或元件的电压、电流也满足基尔霍夫定律，即在任意时刻，流入或流出任一节点的电流之和为零（KCL）；沿任一回路的电压降之和为零（KVL）。因此有

$$\sum i(t)=0$$

$$\sum u(t)=0$$

用相量表示为

$$\sum \dot{U}=0$$

$$\sum \dot{I}=0$$

例 4.6 如图4.6(a)所示为正弦电流电路,已知 $u(t)=12\sqrt{2}\sin 2t$ V。求 $i(t)$、$i_1(t)$、$i_2(t)$。

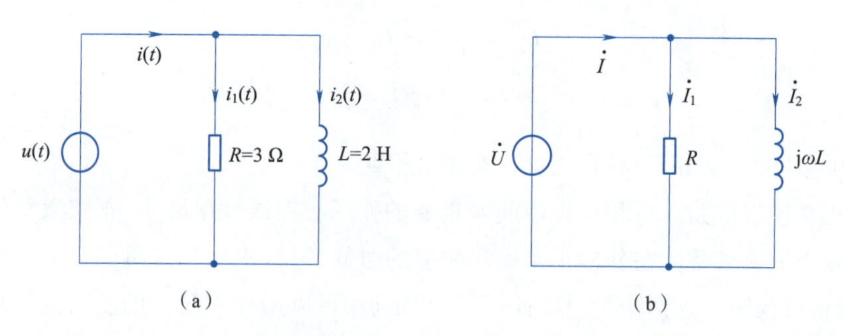

图4.6 例4.6图

解 图4.6(a)所示电路的相量模型如图4.6(b)所示,其中 $\dot{U}=12\angle 0°$ V,$\mathrm{j}\omega L=\mathrm{j}2\times 2\ \Omega=\mathrm{j}4\ \Omega$。

$$\dot{I}_1=\frac{\dot{U}}{R}=\frac{12\angle 0°}{3}\ \mathrm{A}=4\angle 0°\ \mathrm{A}=4\ \mathrm{A}$$

$$\dot{I}_2=\frac{\dot{U}}{\mathrm{j}\omega L}=\frac{12\angle 0°}{\mathrm{j}4}\ \mathrm{A}=\frac{12\angle 0°}{4\angle 90°}\ \mathrm{A}=3\angle -90°\ \mathrm{A}=-\mathrm{j}3\ \mathrm{A}$$

$$\dot{I}=\dot{I}_1+\dot{I}_2=(4-\mathrm{j}3)\ \mathrm{A}=5\angle -36.9°\ \mathrm{A}$$

故得

$$i_1(t)=4\sqrt{2}\sin 2t\ \mathrm{A}$$

$$i_2(t)=3\sqrt{2}\sin(2t-90°)\ \mathrm{A}$$

$$i(t)=5\sqrt{2}\sin(2t-36.9°)\ \mathrm{A}$$

4.3 单一参数电路元件的交流电路

交流电路与直流电路不同,除了电路中各部分电压和电流的大小需要求解外,各交流量的相位也必须求解。而电压、电流的大小和相位的变化与电路中元器件的性质有关。实际电路中有三种主要元器件:电阻、电感和电容。严格来说,只包含单一参数的理想电路元件是不存在的。但是当一个实际元件中只有一个参数,其主要作用是,可以近似地把它看作单一参数的理想电路元件。实际电路可能比较复杂,但一般来说,除电源外,其余部分都可以用单一参数电路元件组成电路模型。

4.3.1　电阻电路

图 4.7(a)所示是一个线性电阻元件的交流电路模型。

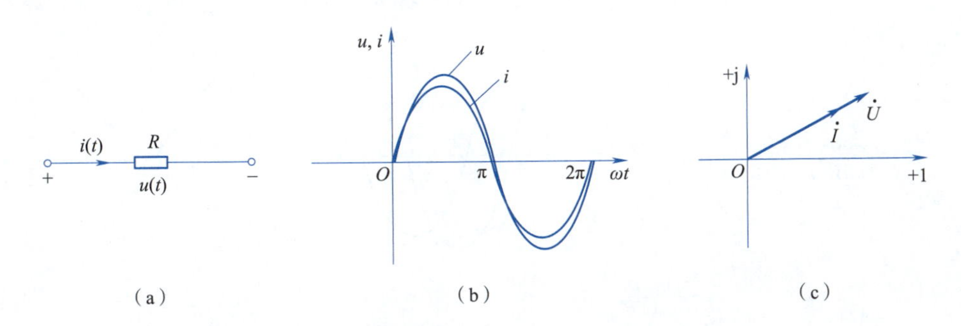

图 4.7　电阻元件的交流电路模型、波形图及相量图

电阻元件的电流、电压关系由欧姆定律确定，在 u、i 参考方向关联时，两者关系为

$$u = Ri$$

如图 4.7(a)所示，电阻两端加正弦交流电压 $u = U_m \sin(\omega t + \varphi_u)$，则电阻上产生的电流

$$i = \frac{u}{R} = \frac{U_m \sin(\omega t + \varphi_u)}{R} = \frac{U_m}{R}\sin(\omega t + \varphi_u) = I_m \sin(\omega t + \varphi_i) \tag{4.11}$$

其波形图和相量图如图 4.7(b)、(c)所示。由式(4.11)可见，电压 u 和电流 i 有如下大小和相位关系：

u、i 的相位差为

$$\varphi = \varphi_u - \varphi_i = 0$$

即电阻元件上电压、电流同相，即

$$\varphi_i = \varphi_u \tag{4.12}$$

u、i 的幅值关系为

$$U_m = RI_m \tag{4.13}$$

u、i 的有效值关系为

$$U = RI \tag{4.14}$$

电压、电流的上述关系也可以用相量形式表示。若电流相量为 $\dot{I} = I\angle\varphi_i$，由于 u、i 同相，则 $\varphi_i = \varphi_u$，而电压有效值 $U = RI$，则电压相量为

$$\dot{U} = U\angle\varphi_u = RI\angle\varphi_i$$

因此

$$\dot{U} = R\dot{I} \tag{4.15}$$

式(4.15)就是电阻元件电压、电流的相量关系式，由于电阻 R 是常数，式(4.15)既表明相量 $\dot{U}$ 和 $\dot{I}$ 的 $\varphi_i = \varphi_u$，即电压和电流同相位；又通过两边的模相等 $U = RI$ 表明了它们的有效值大小关系，体现了相量形式的欧姆定律。

4.3.2 电感电路

电感元件的交流电路模型如图 4.8(a)所示。

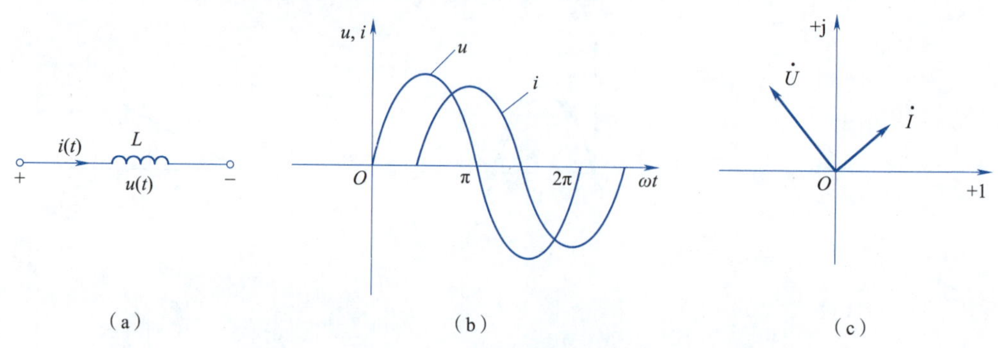

图 4.8　电感元件的交流电路模型、波形图及相量图

电感中的电流大小和方向发生变化时,会产生感应电压以阻碍电流的变化。电感的大小用 L 表示,单位是亨利(H),感应电压的大小可根据电磁感应定律计算得出,即

$$u = L\frac{\mathrm{d}i}{\mathrm{d}t}$$

若设电流 i 为参考正弦量,即

$$i = I_{\mathrm{m}}\sin\omega t \tag{4.16}$$

则

$$u = L\frac{\mathrm{d}i}{\mathrm{d}t} = \omega LI_{\mathrm{m}}\cos\omega t = \omega LI_{\mathrm{m}}\sin(\omega t + 90^\circ) = U_{\mathrm{m}}\sin(\omega t + 90^\circ) \tag{4.17}$$

由式(4.16)、式(4.17)可见,电流、电压同频率,其波形图和相量图如图 4.8(b)、(c)所示。通过比较这两个式子,可知电压 u 和电流 i 有如下大小和相位关系:

u、i 的相位差为

$$\varphi = \varphi_u - \varphi_i = 90^\circ$$

即电感元件上电流比电压滞后 90°。

u、i 幅值关系为

$$U_{\mathrm{m}} = \omega LI_{\mathrm{m}}$$

u、i 有效值关系为

$$U = \omega LI$$

可知电感中的交流电压和电流瞬时值大小差 ωL 倍,电压相位比电流超前 90°,相量形式的表达式如下:

$$\dot{U}_{\mathrm{m}} = \omega L\dot{I}_{\mathrm{m}}\angle 90^\circ = \mathrm{j}\omega L\dot{I}_{\mathrm{m}} \tag{4.18}$$

或

$$\dot{U} = \omega L\dot{I}\angle 90^\circ = \mathrm{j}\omega L\dot{I} \tag{4.19}$$

式(4.18)、式(4.19)既表明了 u、i 的相位关系,又表明了 u、i 的有效值关系,这是欧姆定律对电感元件的相量表示。

令 $X_L = \omega L = 2\pi fL$。X_L 称为感抗,单位为 Ω。

思考题： 同一个电感线圈其电感值为定值，它对不同频率的正弦电流体现出不同的感抗，频率越高，感抗越大。因此，电感元件对高频电流具有较大的阻碍作用。在极端情况下，$f=0$，则感抗为 0，因此电感在直流电路中相当于短路线。

4.3.3　电容电路

电容元件的交流电路模型如图 4.9(a)所示。

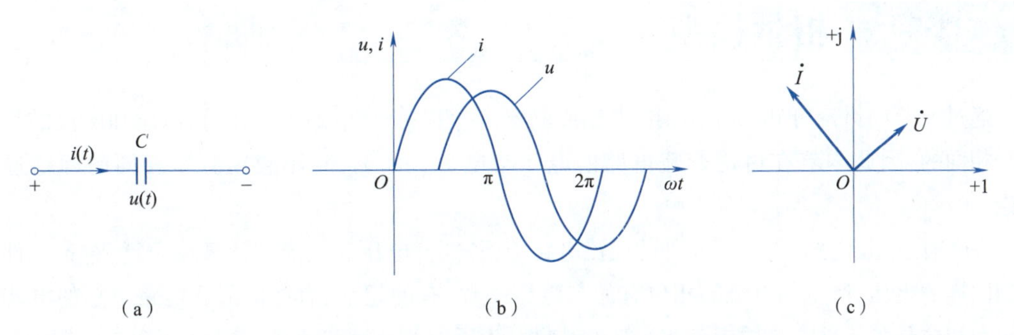

图 4.9　电容元件的交流电路模型、波形图及相量图

电容元件两端的电压大小和方向变化时，电路中会产生相应电流以阻碍电压的变化。电容的大小用 C 表示，单位为法拉(F)，电流与电压有如下关系：

$$i=C\frac{\mathrm{d}u}{\mathrm{d}t} \tag{4.20}$$

若电容元件两端的电压为参考相量，即

$$u=U_{\mathrm{m}}\sin\omega t \tag{4.21}$$

则电流的大小为

$$i=C\frac{\mathrm{d}u}{\mathrm{d}t}=\omega CU_{\mathrm{m}}\cos\omega t=\omega CU_{\mathrm{m}}\sin(\omega t+90°)=I_{\mathrm{m}}\sin(\omega t+90°) \tag{4.22}$$

由式(4.21)、式(4.22)可见，电流、电压同频率，其波形图和相量图如图 4.9(b)、(c)所示。通过比较这两个式子，可知电压 u 和电流 i 有如下大小和相位关系：

u、i 的相位差为

$$\varphi=\varphi_i-\varphi_u=90°$$

即电容元件上电压比电流滞后 90°。

u、i 幅值关系为

$$I_{\mathrm{m}}=\omega CU_{\mathrm{m}}$$

u、i 有效值关系为

$$I=\omega CU$$

可知电容元件中的交流电压和电流瞬时值大小差$\frac{1}{\omega C}$倍，电压相位比电流滞后 90°，相量形式的表达式如下：

$$\dot{U}_{\mathrm{m}}=\frac{1}{\omega C}\dot{I}_{\mathrm{m}}\angle-90°=-\mathrm{j}\frac{1}{\omega C}\dot{I}_{\mathrm{m}} \tag{4.23}$$

或
$$\dot{U}=\frac{1}{\omega C}\dot{I}\ \angle -90^\circ=-\mathrm{j}\frac{1}{\omega C}\dot{I} \tag{4.24}$$

式(4.23)、式(4.24)既表明了 u、i 的相位关系,又表明了 u、i 的有效值关系,这是欧姆定律对电容元件的相量表示。

令 $X_C=\dfrac{1}{\omega C}=\dfrac{1}{2\pi fC}$, X_C 称为容抗,单位为 Ω。

4.4 相量模型

通过上节的讨论可知,无论电阻、电感或电容,它们在交流电路中工作时,电压和电流的频率总是相同的,因此本节在讨论交流电路的电压与电流关系时,将不再就频率相同的问题进行讨论。

在含有电阻、电感、电容等元件的交流电路中,各部分电压和电流的计算较为复杂,各元件两端加同样的电压,产生的电流的相位有的与电压一致,有的超前、有的滞后。电路中总的电流的大小和相位是各元件产生的电流相运算的结果。为了方便计算和统一,引入了复阻抗的概念。

4.4.1 *RLC* 串联电路

复阻抗简称阻抗,用大写字母 Z 表示,它反映了电路中电压与电流的关系。

$$Z=\frac{\dot{U}_{\mathrm{m}}}{\dot{I}_{\mathrm{m}}}=\frac{\dot{U}}{\dot{I}} \tag{4.25}$$

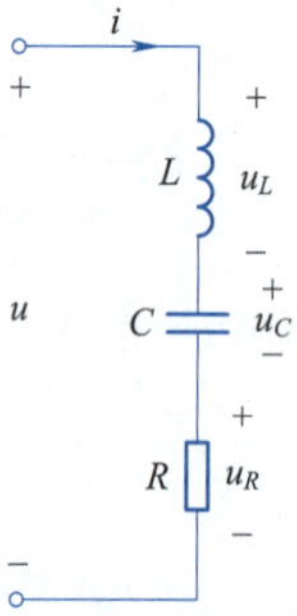

如图 4.10 所示,当电路两端加上正弦交流电压 u 时,电路中将产生正弦交流电流 i,同时在各元件上分别产生电压 u_R、u_C、u_L。它们的参考方向如图 4.10 所示。根据 KVL

$$u=u_R+u_C+u_L$$

用相量表示,则

$$\dot{U}=\dot{U}_R+\dot{U}_C+\dot{U}_L=R\dot{I}-\mathrm{j}X_C\dot{I}+\mathrm{j}X_L\dot{I}=[R+\mathrm{j}(X_L-X_C)]\dot{I}=(R+\mathrm{j}X)\dot{I}$$

式中,$X=X_L-X_C$,称为交流电路的电抗。

图 4.10 *RLC* 串联电路

根据复阻抗定义式可知

$$Z=R+\mathrm{j}X \tag{4.26}$$

Z 称为交流电路的阻抗,它只是一般的复数计算量,不是相量,因此,在字母 Z 的顶部不加小圆点。

阻抗与其他复数一样,可以写成以下四种形式

$$Z=R+\mathrm{j}X=|Z|(\cos\varphi+\mathrm{j}\sin\varphi)=|Z|\mathrm{e}^{\mathrm{j}\varphi}=|Z|\angle\varphi \tag{4.27}$$

式中,$|Z|$是 Z 的模,称为阻抗模;φ 是 Z 的辐角,称为阻抗角。

$$|Z|=\sqrt{R^2+X^2}=\sqrt{R^2+(X_L-X_C)^2} \tag{4.28}$$

由式(4.28)可以看出:$|Z|$、R 和 X 三者之间符合直角三角形的关系,如图 4.11 所示,这个三角形称为阻抗三角形。φ 可以利用阻抗三角形求得,即

$$\varphi = \arctan \frac{X}{R} = \arccos \frac{R}{|Z|} = \arcsin \frac{X}{|Z|} \tag{4.29}$$

图 4.11　阻抗三角形

由式(4.27)~式(4.29)可以看出,单一参数交流电路也就是理想无源元件的阻抗、阻抗模和阻抗角分别为

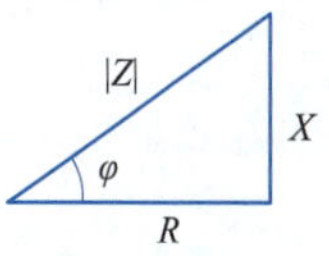

电阻元件:$Z = R$, $|Z| = R$,$\varphi = 0°$。

电容元件:$Z = -\mathrm{j}X_C$, $|Z| = X_C$,$\varphi = -90°$。

电感元件:$Z = \mathrm{j}X_L$, $|Z| = X_L$,$\varphi = 90°$。

根据定义 $Z = \dfrac{\dot{U}}{\dot{I}}$,复阻抗的辐角 φ 就是电压与电流的相位之差。而辐角的正负是由虚部的正负决定的,即感抗和容抗之差。根据辐角的正负,电路有以下三种情况:

(1)$\varphi = 0$。感抗和容抗相互抵消,虚部为零,电压与电流同相位。此时电路呈电阻性质。

(2)$\varphi > 0$。感抗作用大于容抗,电压相位超前电流相位。此时电路呈电感性质,称为感性电路。

(3)$\varphi < 0$。感抗作用小于容抗,电压相位滞后电流相位。此时电路呈电容性质,称为容性电路。

例 4.7　如图 4.12 所示为一 RC 串联电路,$R = 50\ \Omega$,$C = 100\ \mu\mathrm{F}$,$u = 5\sqrt{2}\sin(314t + 30°)$ V,求电流 i。

解　$Z = R + \mathrm{j}X = 50 - \mathrm{j}\dfrac{1}{314 \times 100 \times 10^{-6}} = 50 - \mathrm{j}31.85 = 59.29\angle -32.5°$

$\dot{U} = 5\angle 30°$

$\dot{I} = \dfrac{\dot{U}}{Z} = \dfrac{5\angle 30°}{59.29\angle -32.5°} = 0.08\angle 62.5°$

$i = 0.08\sqrt{2}\sin(314t + 62.5°)$

4.4.2　阻抗串并联电路

引入复阻抗的概念后,交流电路中电压、电流的关系表达式与欧姆定律是一致的,阻抗的串并联和电阻的串并联也是一致的。

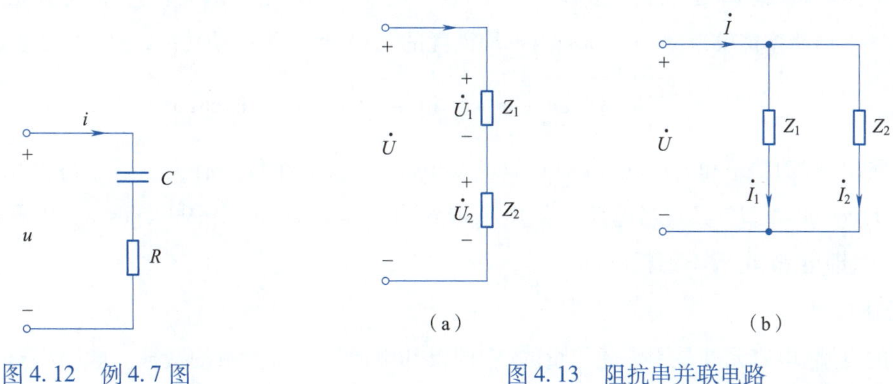

图 4.12　例 4.7 图

图 4.13　阻抗串并联电路

图4.13(a)为两阻抗串联，串联后的等效阻抗 $Z=Z_1+Z_2$。图4.13(b)为两阻抗并联，并联后的等效阻抗 $Z=\dfrac{Z_1Z_2}{Z_1+Z_2}$。

例 4.8 如图4.14所示的交流电路中，已知 $U=220\ \text{V}$，$R_1=20\ \Omega$，$R_2=40\ \Omega$，$X_L=157\ \Omega$，$X_C=114\ \Omega$，试求电路的总电流。

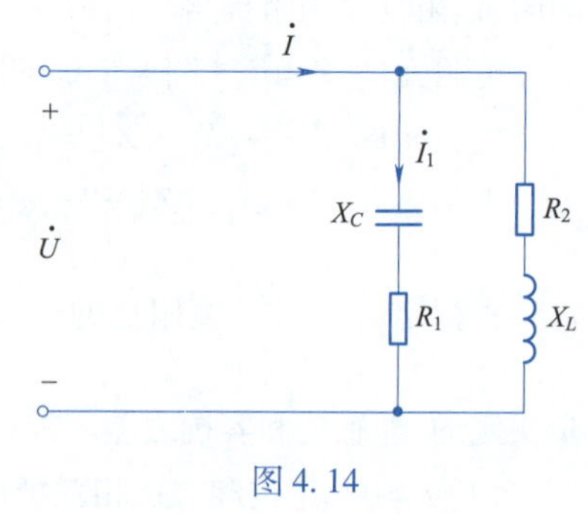

图 4.14

解 由支路电流求总电流。设电压为参考相量，即 $\dot{U}=220\angle 0^\circ\ \text{V}$，由此求得

$$\dot{I}_1=\frac{\dot{U}}{Z_1}=\frac{220\angle 0^\circ}{20-\text{j}114}\ \text{A}=\frac{220\angle 0^\circ}{116\angle -80^\circ}\ \text{A}=1.9\angle 80^\circ\ \text{A}$$

$$\dot{I}_2=\frac{\dot{U}}{Z_2}=\frac{220\angle 0^\circ}{40+\text{j}157}\ \text{A}=\frac{220\angle 0^\circ}{162\angle 75.7^\circ}\ \text{A}=1.36\angle -75.7^\circ\ \text{A}$$

$$\dot{I}=\dot{I}_1+\dot{I}_2=(1.9\angle 80^\circ+1.36\angle -75.7^\circ)\ \text{A}=(0.66+\text{j}0.55)\ \text{A}=0.86\angle 36.6^\circ\ \text{A}$$

4.5 正弦交流电路的功率

正弦交流电路的功率与直流电路有很大不同，尤其是电感和电容元件在通过交流电时不仅功率大小时刻变化，还有发出和吸收功率的变化。根据指代意义不同，交流电路的功率分为瞬时功率、有功功率(平均功率)和无功功率等。

4.5.1 功率的意义

1. 瞬时功率

正弦交流电压和电流的瞬时值的乘积就是瞬时功率。瞬时功率与电压、电流一样，是时刻变化的。

$$p=ui=U_\text{m}\sin(\omega t+\varphi_u)I_\text{m}\sin(\omega t+\varphi_i) \tag{4.30}$$

2. 有功功率

交流电路的瞬时功率也按正弦规律变化，不利于比较不同的电路或元件，实际应用通常采用平均功率。平均功率能够反映一个周期内平均消耗的功率，也称为有功功率，用字母 P 表示。

$$P=\frac{1}{T}\int_0^T U_\text{m}\sin(\omega t+\varphi_u)I_\text{m}\sin(\omega t+\varphi_i)\text{d}t=UI\cos\varphi \tag{4.31}$$

可以看出，有功功率和电压、电流的有效值及电压、电流的相位差有关。当电路为纯电阻电路时，$\varphi=0$，$\cos\varphi=1$，$P=UI$；当电路为纯电感或纯电容电路时，$\varphi=\pm 90^\circ$，$\cos\varphi=0$，$P=UI\cos(\pm 90^\circ)=0$，即电感、电容不消耗能量。

3. 无功功率

理想的电感、电容元件是不消耗能量的，它们仅和电源间进行能量的交换。电路中这部分功率称为无功功率，用字母 Q 表示，单位为乏(var)，定义为

$$Q = UI\sin\varphi \tag{4.32}$$

4. 视在功率

电压有效值 U 与电流有效值 I 的乘积称为视在功率，用字母 S 表示，单位为伏·安(V·A)，定义为

$$S = UI \tag{4.33}$$

由式(4.31)～式(4.33)可知，三种功率间关系为

$$P = S\cos\varphi \tag{4.34}$$

$$Q = S\sin\varphi \tag{4.35}$$

$$S = \sqrt{P^2 + Q^2} \tag{4.36}$$

S、P、Q 三者之间符合直角三角形关系，如图 4.15 所示，这一三角形称为功率三角形。

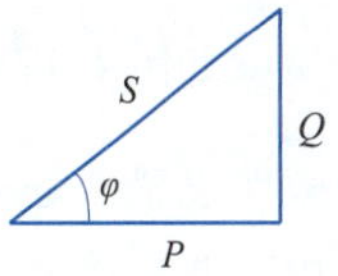

图 4.15　功率三角形

5. 功率因数 cos φ 及其提高

有功功率的定义 $P = UI\cos\varphi$，其中 $\cos\varphi$ 称为功率因数。有功功率是实际消耗的功率，电源提供的功率应当尽可能转换为有功功率，提高利用率。电路器件的额定视在功率确定后，若为纯电阻电路，$\cos\varphi = 1$，视在功率等于有功功率。若电路中含有电感或电容，例如应用广泛的变压器电路，$\cos\varphi < 1$，则变压器能够提供给负载的有功功率就要小于视在功率。$\cos\varphi$ 越小，有功功率越低，因此应当尽量提高电路的功率因数。

通常要求 $\cos\varphi$ 为 0.9～0.95，$\cos\varphi > 0.95$ 则要求电容量大大增加，设备投资增加，引起电力网共振。因此提高 $\cos\varphi$ 的条件是：保持负载工作状态不变。常用的提高功率因数的方法有：并联电容；采用同步电动机。

4.5.2　电阻元件的功率

1. 瞬时功率

电阻 R 吸收的瞬时功率为

$$p(t) = ui = U_m\sin(\omega t + \varphi_u)I_m\sin(\omega t + \varphi_i) = \sqrt{2}U\sin(\omega t + \varphi_u)\sqrt{2}I\sin(\omega t + \varphi_i) = 2UI[\sin(\omega t + \varphi_u)]^2$$

$$= 2UI\frac{1 + \sin(2\omega t + 2\varphi_u)}{2} = UI + UI\sin(2\omega t + 2\varphi_u) \tag{4.37}$$

可见 $p(t)$ 为时间变量 t 的周期函数，其变化的角频率为 2ω，同时有 $|\sin(2\omega t + 2\varphi_u)| \leqslant 1$，因此必有 $p(t) \geqslant 0$。由此可得电阻元件在任何时刻都是从电源吸收能量，是一个耗能元件。电阻元件的瞬时功率曲线如图 4.16 所示。

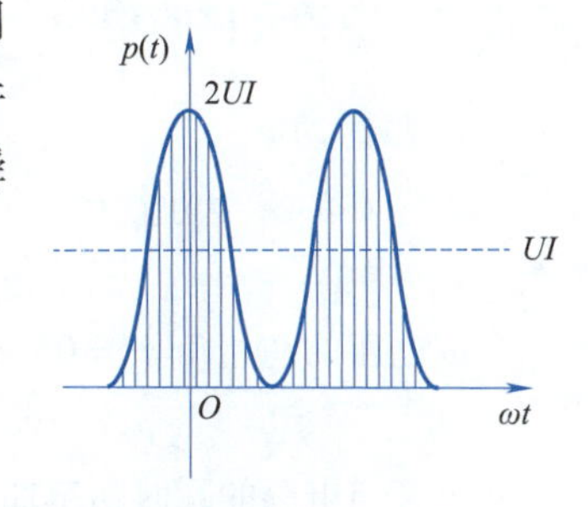

图 4.16　电阻元件的瞬时功率曲线

2. 有功功率

电阻 R 的有功功率为

$$P = UI\cos\varphi = UI = RI^2 = \frac{U^2}{R} = \frac{1}{2}U_mI_m = \frac{1}{2}I_m^2 = \frac{1}{2}\frac{U_m^2}{R}$$

3. 无功功率

电阻 R 的无功功率为

$$Q = UI\sin\varphi = 0$$

4.5.3 电感元件的功率

1. 瞬时功率

电感 L 的瞬时功率为

$$p(t)=ui=U_m\sin(\omega t+\varphi_u)I_m\sin(\omega t+\varphi_i)$$

取电流的初相角 $\varphi_i=0°$，故有 $\varphi_u=90°$，此时瞬时功率为

$$p(t)=U_mI_m\sin(\omega t+90°)\sin(\omega t+0°)=U_mI_m\sin(2\omega t) \tag{4.38}$$

由式(4.38)可知，$p(t)$ 为时间变量 t 的正弦函数，其变化的角频率为 2ω。电感元件的瞬时功率曲线如图 4.17 所示。

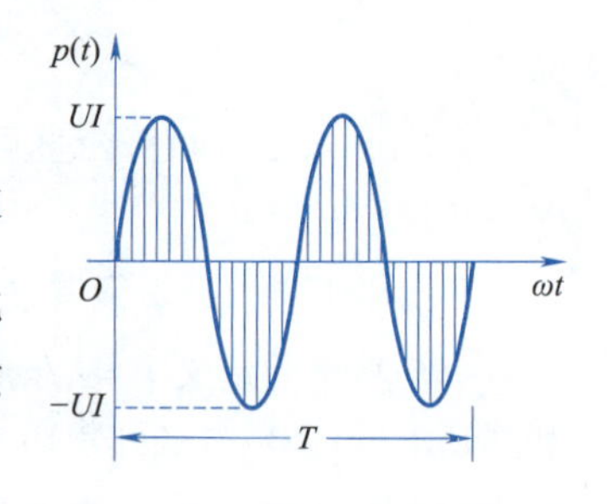

图 4.17 电感元件的瞬时功率

如图 4.17 所示，在第一个和第三个 $\frac{1}{4}$ 周期内，$p(t)$ 为正值，这表明电感 L 是从电源吸收能量，由于理想电感元件没有电阻，因此电能并未转化成热量而消耗掉，而是转化成了磁场能储存在它的磁场中，此时电感 L 起着负载的作用；在第二个和第四个 $\frac{1}{4}$ 周期内，$p(t)$ 为负值，此时电感 L 向电源输送能量，即把它的磁场能转化为电能再送回电源，这时电感 L 起着电源的作用。

2. 有功功率

电感 L 吸收的平均功率为

$$P=\frac{1}{T}\int_0^T U_m\sin(\omega t+\varphi_u)I_m\sin(\omega t+\varphi_i)\mathrm{d}t=UI\cos\varphi=0$$

电感 L 是时而“吞进”功率，时而又“吐出”功率。在一个周期内，“吞进”和“吐出”的功率相等，故其平均功率必等于零，即电感元件不消耗有功功率。

3. 无功功率

电感 L 的无功功率为

$$Q=UI\sin\varphi=UI$$

由此得出电感 L 中的磁场能与电源的电能进行交换的最大值。

4.5.4 电容元件的功率

1. 瞬时功率

电容 C 的瞬时功率为

$$p(t)=ui=U_m\sin(\omega t+\varphi_u)I_m\sin(\omega t+\varphi_i)$$

取电压的初相角 $\varphi_u=0°$，故有 $\varphi_i=90°$，此时瞬时功率为

$$p(t)=U_mI_m\sin(\omega t+90°)\sin(\omega t+0°)=U_mI_m\sin(2\omega t) \tag{4.39}$$

电容与电感的瞬时功率曲线是一样的，如图 4.17 所示。

2. 有功功率

电容 C 吸收的平均功率为

$$P=\frac{1}{T}\int_0^T U_m\sin(\omega t+\varphi_u)I_m\sin(\omega t+\varphi_i)\mathrm{d}t=UI\cos\varphi=0$$

由此可见，电容元件也不消耗有功功率。

3. 无功功率

电容 C 的无功功率为

$$Q = UI\sin\varphi = UI$$

由此得出电容 C 中的电场能与电源的电能进行交换的最大值。

4.6 电路中的谐振

正弦交流电路有时会出现谐振现象。在既有电容又有电感的电路中，当电源的频率和电路的参数符合一定的条件时，电路输入电压与输入电流的相位相同，整个电路呈电阻性，这种现象称为谐振。

谐振的特点被广泛应用于无线电工程、信号测量等多种电路中，例如用于高频淬火、高频加热以及收音机、电视机中。另一方面，谐振又可能对电路中产生较大的电压或电流，致使元件受损造成破坏，这种情况下又要注意避免工作在谐振状态。

由于谐振电路的基本模型有串联和并联两种，因此，谐振也分为串联谐振和并联谐振两种。

1. 串联谐振

R、L、C 串联电路如图4.18(a)所示，由于电压 u 和电流 i 的相位差为

$$\varphi = \arctan\frac{X_L - X_C}{R}$$

当 $\varphi = 0°$时，电路产生谐振，因而产生串联谐振的条件是

$$X_L = X_C$$

即

$$\omega L = \frac{1}{\omega C}$$

可得谐振角频率为

$$\omega_0 = \frac{1}{\sqrt{LC}}$$

相应地，谐振频率为

$$f_0 = \frac{1}{2\pi\sqrt{LC}}$$

若电路的参数 L、C 为固定值，则可调节输入电压的频率实现谐振；若电压的频率固定，则可调节参数 L、C 来实现谐振。

归纳起来，串联谐振的特点有：

(1)电感元件和电容元件互相补偿，$Q=0$，$S=P$。

(2)U_L 与 U_C 互相抵消，$U_X=0$，$U=U_R$，电感电压与电容电压大小相等，方向相反，相互抵消。电阻电压等于电源电压。串联谐振有可能出现高电压，故又称电压谐振。

(3)串联谐振时阻抗最小，电流最大。

2. 并联谐振

R、L、C 并联电路如图4.18(b)所示。

$$\dot{I} = \dot{I}_R + \dot{I}_L + \dot{I}_C = \left(\frac{1}{R} + \frac{1}{-\mathrm{j}X_C} + \frac{1}{\mathrm{j}X_L}\right)\dot{U}$$

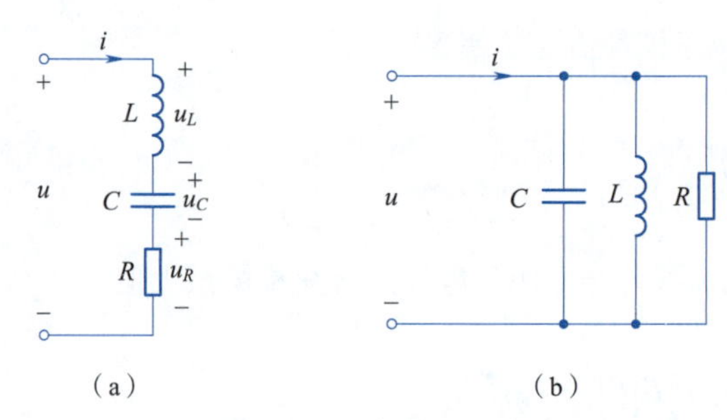

图 4.18　串并联电路

当发生谐振的时候，$X_C=X_L$，$\dot{I}$ 与 $\dot{U}$ 相位相同，因此这种并联电路的谐振条件和谐振频率的公式与串联谐振时相同，即谐振角频率和谐振频率分别为

$$\omega_0=\frac{1}{\sqrt{LC}}$$

$$f_0=\frac{1}{2\pi\sqrt{LC}}$$

并联谐振的特点有：

(1)电感元件和电容元件互相补偿，$Q=0$，$S=P$；

(2)I_L 与 I_C 互相抵消，$I_X=0$，$I=I_R$，电感电流与电容电流大小相等，方向相反，相互抵消。电路中总电流等于电阻电流。

(3)并联谐振时阻抗最大，电流最小。

4.7　三相交流电流

目前的发电、输电、配电系统，基本上都是采用三相制。工农业生产中使用的正弦电源都是三相交流电源。日常生活中使用的单相交流电源则是取自三相电源中的一相。本节讲述三相电源的定义、连接方式、相电压与线电压的关系。

若三个正弦电压源的电压为 $u_A(t)$、$u_B(t)$、$u_C(t)$，它们的最大值(或有效值)相等，频率相同，相位相差 120°，则此时三个电压源的组合称为对称三相电压源，简称三相电源。如图 4.19 所示，其中每一个电压源称为一相，依次称为 A 相、B 相、C 相，其时域表达式为

$$\begin{cases}u_A(t)=\sqrt{2}U\sin\omega t\\u_B(t)=\sqrt{2}U\sin(\omega t-120°)\\u_C(t)=\sqrt{2}U\sin(\omega t+120°)\end{cases}$$

其有效值相量表达式为

$$\begin{cases}\dot{U}_A=U\angle 0°\ \text{V}\\\dot{U}_B=U\angle -120°\ \text{V}\\\dot{U}_C=U\angle 120°\ \text{V}\end{cases}$$

三相电源大多采用三相四线制接法，如图 4.19 所示。此种接法将三个电源的三端 A、B、C 作

为引出端，称为端线，也称为相线；其中 A、B、C 三相的公共端接在一起，并从公共端引出导线，称为中性线、零线或地线。三相四线制接法可对外提供两种电压，即

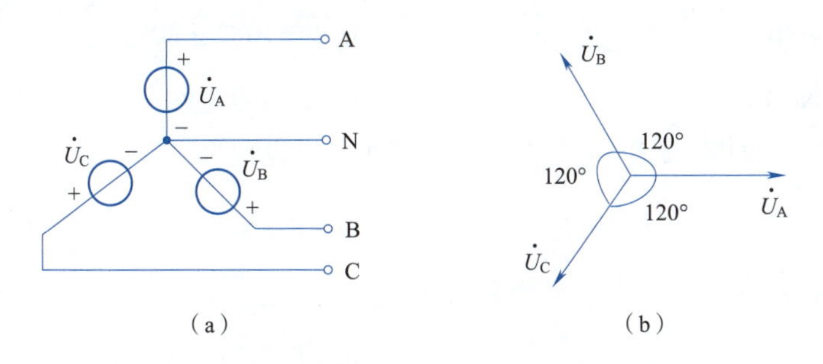

图 4.19　三相电源及相量图

(1)相电压。相线和中性线之间的电压。这也是每相电源独自的电压。$\dot{U}_A$、$\dot{U}_B$、$\dot{U}_C$为相电压。

(2)线电压。相线和相线之间的电压，$\dot{U}_{AB}$、$\dot{U}_{BC}$、$\dot{U}_{CA}$为线电压。

根据相量运算法则，线电压和相电压存在以下关系：

$$\dot{U}_{AB} = \dot{U}_A - \dot{U}_B = \sqrt{3}\,\dot{U}_A \angle 30^\circ$$

$$\dot{U}_{BC} = \dot{U}_B - \dot{U}_C = \sqrt{3}\,\dot{U}_B \angle 30^\circ$$

$$\dot{U}_{CA} = \dot{U}_C - \dot{U}_A = \sqrt{3}\,\dot{U}_C \angle 30^\circ$$

由此可见，三个线电压 $\dot{U}_{AB}$、$\dot{U}_{BC}$、$\dot{U}_{CA}$也是对称的，即有 $\dot{U}_{AB} + \dot{U}_{BC} + \dot{U}_{AC} = 0$，并且有 $U_{线} = \sqrt{3}U_{相}$。

习　题

一、填空题

1. 正弦量的三要素是指________、________、________。

2. 某一正弦交流电压 $u = 220\sin(31.4t + 58^\circ)$ V，其周期为________。

3. 正弦交流电压 $u = 10\sqrt{2}\sin(314t + 60^\circ)$ V 表示的电压的有效值是________，角频率是________，初相位是________，它的有效值相量表示为________。

4. 由三个________相同、________相同、相位互差________的正弦电压源所构成的电源称为三相电源。

5. 一 RC 串联电路，其中 $R = 1$ kΩ，$C = 0.05$ μF，交流电压的频率 $f = 5 \times 10^3$ Hz，则其电路的阻抗为________。

6. 某一正弦交流电流 $i = 15\sin(15t + 30^\circ)$ A，$t = 0$ 时，其瞬时值为________。

7. 某一正弦交流电压 $u = 38\sin(314t + 89^\circ)$ V，其有效值为________。

8. 正弦交流电路的谐振电路包括________和________。

9. 已知相量 $A_1 = 10 + 5\mathrm{j}$，$A_2 = 3 + 4\mathrm{j}$，则 $A_1 + A_2 =$ ________，$A_1A_2 =$ ________。

10. 某一正弦电流相量 $\dot{I} = 15\angle 50^\circ$ A，其频率 $f = 50$ Hz，写出其瞬时值表达式________。

二、选择题

1. 正弦交流电 $u=10\sin(314t+80°)$ V 的有效值的相量形式是(　　)。

A. $\dot{U}=10\angle 80°$　　B. $\dot{U}=10\sqrt{2}\angle 80°$

C. $\dot{U}=5\angle 80°$　　D. $\dot{U}=5\sqrt{2}\angle 80°$

2. 在正弦交流电路中,电感元件的瞬时值伏安关系可表达为(　　)。

A. $u=iX_L$　　B. $u=\mathrm{j}i\omega L$　　C. $u=\mathrm{j}X_L i$　　D. $u=L\dfrac{\mathrm{d}i}{\mathrm{d}t}$

3. 并联谐振的条件为________,其固有频率为________。(　　)

A. $\omega L-\dfrac{1}{\omega C}=0$; $f_0=\dfrac{1}{2\pi\sqrt{LC}}$　　B. $\omega C-\dfrac{1}{\omega L}=0$; $f_0=\dfrac{1}{2\pi\sqrt{LC}}$

C. $\omega C-\dfrac{1}{\omega L}=0$; $f_0=2\pi\sqrt{LC}$　　D. $\omega L-\dfrac{1}{\omega C}=0$; $f_0=2\pi\sqrt{LC}$

4. 有关功率三角形,以下说法错误的是(　　)。

A. 阻抗角的邻边是有功功率,对边是无功功率

B. 三角形的斜边是瞬时功率

C. 阻抗角越小越好,可提高有功功率

D. 视在功率是电压有效值和电流有效值的乘积

5. 有关阻抗三角形,以下说法错误的是(　　)。

A. 阻抗的实部是电阻,虚部是电抗

B. 虚部是感抗和容抗之和

C. 阻抗表明了电路中电压和电流相量的关系

D. 阻抗角表明电压和电流相量的相位差

三、分析计算题

1. 已知 $C=1$ μF,$u=70.7\sqrt{2}\sin(314t-30°)$ V,求 i,I。

2. 如图 4.20 所示电路,$\dot{U}=10\angle 60°$ V,求 $\dot{I}$。

3. RLC 并联电路中。已知 $R=5$ Ω,$L=5$ μH,$C=0.4$ μF,电压有效值 $U=10$ V,$\omega=10^6$ rad/s,求总电流 i,并说明电路的性质。

4. 如图 4.21 所示电路,$\dot{U}=8\angle 20°$ V,$R_1=5$ Ω,$R_2=4$ Ω,$X_{L_1}=6$ Ω,$X_{L_2}=8$ Ω,$X_C=5$ Ω,求 $\dot{I}_1$。

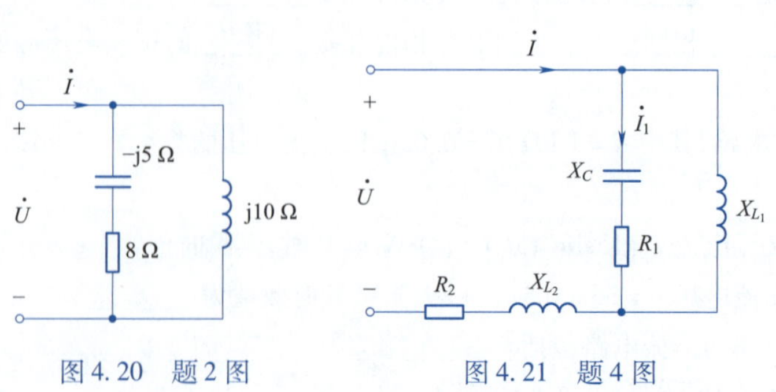

图 4.20　题 2 图　　图 4.21　题 4 图

第二部分

模拟电子技术基础

第5章 半导体基础知识

引　言

大多数现代电子设备都是由半导体器件构成的，半导体器件是模拟电子电路的基本组成部分，由半导体材料制成。本章首先介绍半导体材料的导电机理，然后介绍基本的半导体器件，包括二极管和三极管等。这些器件与电源、电阻等组合连接在电路中，可以实现电压和电流的放大、控制、开关等作用。半导体器件在现代电子技术中发挥着核心作用，它们是各种电子设备和系统的基础，广泛应用于通信、计算机、汽车、医疗、军事等领域。

学习目标

读者通过对本章内容的学习，应该能够做到：

了解：半导体材料的特性，自由电子、空穴等载流子的形成原理，本征半导体、P型半导体、N型半导体等的导电性质。

理解：PN结的组成原理，二极管和三极管的外形、结构及导电特性。

应用：掌握本章所介绍的二极管、三极管电路分析的思路和方法，并能够在实践中灵活运用；掌握二极管、三极管电路的作用和应用场景。

5.1 半导体材料

5.1.1 本征半导体

根据导电性能，物质一般可分为导体、绝缘体和半导体三类。导体是指电阻率较低、易于传导电流的物质，如金属、人体、大地等。导体一般为低价元素，其最外层的电子受原子核的束缚力很小，非常容易挣脱原子核的束缚力而产生大量的自由电子。当外加电场作用时，这些自由电子可以迅速定向移动形成电流。绝缘体是指电阻率较高、不易传导电流的物质，如橡胶、陶瓷、玻璃等。绝缘体内部的电子被紧密束缚在原子核周围，无法自由移动，即使外加电场力也难以形成电流。半导体的导电性能介于导体和绝缘体之间。半导体材料通过掺杂、光照等，还可以人为控制其导电性能。因此半导体材料广泛用于制作各种功能的电子器件和电路，产生符合要求的电压、电流及电功率等物理量。

硅(Si)和锗(Ge)都是常见的半导体材料，主要是由它们是+4价元素决定的。以硅为例，硅原子位于元素周期表第Ⅳ主族,它的原子序数为14,核外有14个电子。电子在原子核外,按能级由低到高,由里到外,层层环绕。硅原子的核外电子第一层有2个电子,第二层有8个电子,达到稳定态。最外层有4个电子即为价电子,它对硅原子的导电性等方面起着主导作用。原子简化模型如图5.1所示。最外层的4个价电子使硅原子相互之间以共价键结合,因此硅晶体中的自由电子浓度极低,能导电,但导电率不及金属,且随温度升高而增加。纯净的半导体材料称为本征半导体。

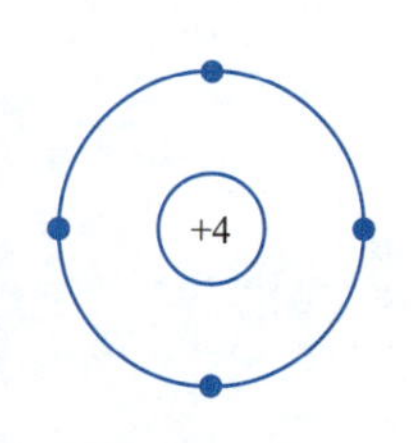

图5.1 原子简化模型

具体而言,相邻原子的最外层价电子相互作用,形成共价键,电子受共价键束缚,不能移动,不能形成电流,如图5.2所示。半导体中的价电子不完全像绝缘体中价电子所受束缚那样强,如果能从外界获得一定的能量,如光照、温升、电磁场激发等,一些价电子就可能挣脱共价键的束缚而成为自由电子,同时产生出一个空穴,这就是本征激发。在本征半导体中,自由电子和空穴总是成对出现的,如图5.3所示。

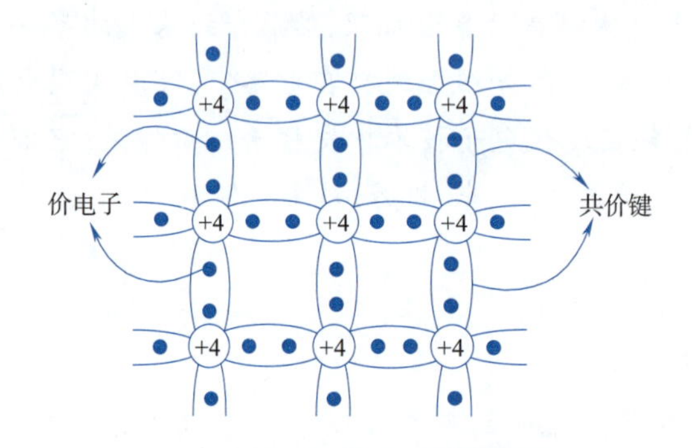

图5.2 本征半导体结构示意图

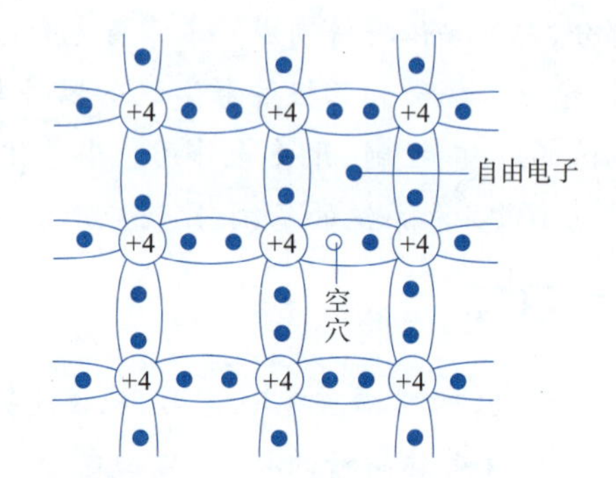

图5.3 电子空穴对示意图

室温下,本征半导体中有少量自由电子,自由电子带一个负电荷。相应地,空穴带一个正电荷。自由电子不受共价键的束缚,可以随意移动。而空穴也是可以移动的,空穴相当于电子逃出共价键后留下的空位,其他共价键上的电子很容易填补这个空位而在原来的位置上又留下一个空穴,即空穴移动到了其他共价键上,这个过程不断重复发生,就好像空穴一直在移动。可以想象一群人占座位,有一个人起身离开了,留下一个空位。起身离开的人就好像自由电子,可以自由移动。空位就好像空穴,而旁边座位上的人认为这个位置比较好,换到这个座位上,空位就转移到旁边。

在没有电场力的情况下,自由电子和空穴的移动都没有固定方向,杂乱无章,对外不显电性。能够移动的自由电子和空穴都是导电的载体,称为载流子。在固定电场力的作用下,自由电子和空穴就会产生定向移动,空穴从电场的正极向负极移动,自由电子从负极向正极移动,这样就产生了电流。电流的方向与空穴移动的方向一致,与自由电子移动的方向相反。

自由电子在运动过程中,也可能失去一些能量,又被拉回到共价键的束缚中,这样自由电子和空穴就成对消失了。而另一些价电子又可能挣脱共价键形成新的自由电子和空穴对。按上面的例子,就像随意走动的人又找到空位子坐下,而有些有位子的人又离开座位随意走动起来。在一定的温度下,自由电子和空穴对的数量是固定的,处于动态平衡状态。温度越高,电子越活跃,自由电子和空穴对的数量就越多。

5.1.2　杂质半导体

本征半导体中,通过本征激发形成的自由电子和空穴对数量有限,因此其导电能力很弱。在本征半导体中掺入少量杂质,其导电性能就会发生显著变化。根据掺入杂质的不同,可以大幅度增加自由电子或者空穴的数量,相应地,能够增加自由电子数量的杂质半导体称为 N 型半导体,增加空穴数量的杂质半导体称为 P 型半导体。

1. N 型半导体

在本征半导体中掺入少量的五价元素杂质,如磷、砷等,就形成了 N 型半导体。如图 5.4 所示,五价元素掺入后,与周围的硅原子组成共价键时,多了一个自由电子。自由电子游离五价元素后,五价原子就变成一个不能移动的正离子。正离子不能移动,不能形成电流。整体而言,N 型半导体对外呈电中性。

掺入五价元素后,产生了数量较多的自由电子,但并没有产生新的空穴。此时也存在因本征激发而导致的自由电子和空穴对,能够参与导电的元素有多数的自由电子和少数空穴,自由电子为多子,空穴为少子。控制掺入杂质的浓度,就可以控制自由电子的数量,从而达到控制电流大小的目的。

2. P 型半导体

在本征半导体中,掺入少量的三价元素杂质,如硼、铟等,就形成了 P 型半导体。如图 5.5 所示,三价元素由于最外层只有三个价电子,在与周围的硅原子组成共价键时,就会形成一个空位,相邻共价键上的电子就有可能填补这个空位,失去电子的硅原子处就产生了一个空穴。就好像为某一桌的三个人准备了四个位子,自然而然有一个位子是空的。而相邻桌有座位的人觉得这个空位好,换到了这个位子,自己的位子反而空出来,就形成了空穴。这一桌多了一个人(三价原子得到一个电子), 对外就呈 -1 的电性,形成不能移动的负离子。负离子虽然带电,但不能移动,不能形成电流。P 型半导体对外仍呈电中性。

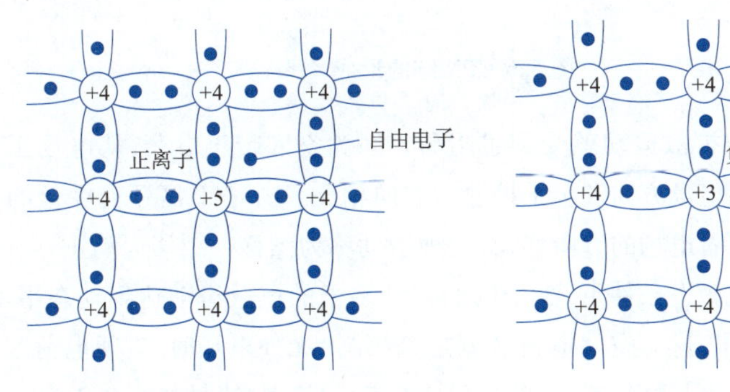

图 5.4　N 型半导体结构示意图　　　图 5.5　P 型半导体结构示意图

掺入三价元素后,产生了数量较多的空穴,并没有产生新的自由电子。在这种情况下,仍然存在因本征激发而导致的自由电子和空穴对,因此可参与导电的元素有多数的空穴和少数的自由电子,空穴称为多子,自由电子称为少子。同样,控制掺入三价杂质的浓度,可以控制空穴的数量。

N 型半导体和 P 型半导体各含有一种多数载流子,构成了导电的基础。但是它们一般不单独使用,而是组合起来形成 PN 结,再由 PN 结制成各种半导体器件。通过控制 PN 结中的电荷流动,来实现电路的开关、放大和调节等功能。

5.2 PN 结原理及特性

5.2.1 PN 结原理

P 型半导体中含有多子空穴和少子自由电子,以及得到一个电子形成的负离子。N 型半导体中含有多子自由电子和少子空穴,以及失去一个电子形成的正离子。将 P 型和 N 型半导体贴合到一起,由于各种粒子电性的不同和浓度的差别,其交界处会产生一些变化。

如图 5.6(a)所示,P 区空穴多,自由电子少;N 区空穴少,自由电子多,浓度的差别使得它们都从浓度高的地方向浓度低的地方扩散。P 区的空穴向 N 区扩散,留下负离子,N 区的自由电子向 P 区扩散,留下正离子。正离子和负离子都是不能移动的。多数空穴和自由电子在扩散的过程中会复合掉,留下负离子和正离子集中在交界处附近,形成一个很薄的空间电荷区,也就是形成了一个微弱的电场,如图 5.6(b)所示。电场是内部载流子扩散形成的,与外部电压没有关系,因而被称为内电场。内电场方向从带正电荷的 N 区指向带负电荷的 P 区。扩散作用越强,空间电荷区越宽。

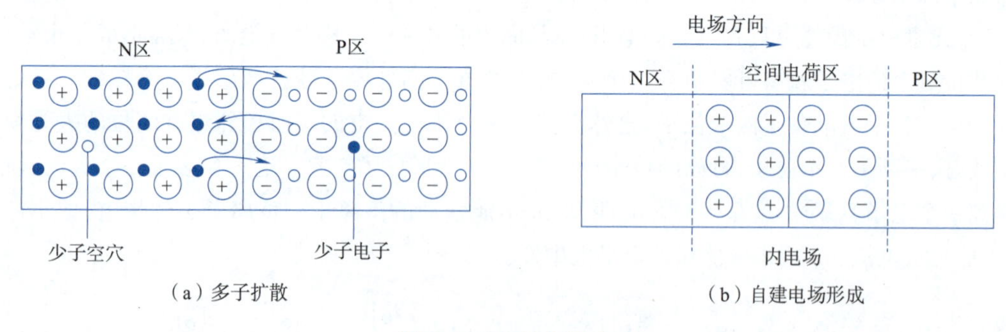

图 5.6 PN 结的形成

内电场形成后,多子的扩散运动就受到了阻碍。因为空穴带正电荷,从电场正极往负极移动,自由电子则相反。而内电场方向和多子扩散的方向相反。同时,P 区还有少量的自由电子,N 区有少量的空穴,少子会沿着电场的方向移动,这种运动称为漂移。漂移运动正好和扩散运动方向相反,在无外电场和其他激发条件下,少子的漂移和多子的扩散运动达到动态平衡。平衡后,空间电荷区的宽度就稳定了,这个空间电荷区就是 PN 结。无外电场时,空间电荷区有一定的电位差,空间电荷区电位差大小与材料有关,硅材料为 0.5 ~ 0.7 V,锗材料为 0.2 ~ 0.3 V。P、N 交界处也就是 PN 结中,几乎只有不能移动的正负离子,自由电子和空穴几乎没有,载流子很少,电流几乎为零。因此 PN 结又称阻挡层。

5.2.2 PN 结的特性

当在 PN 结两端外加电压后,在外电场力大于内电场力的情况下,PN 结的载流子扩散和漂移运动就被破坏了,PN 结将有电流流过。但 PN 结的电流大小不仅与外加电压的大小有关,和电压的方向也有很大的关系。具体而言，PN 结的主要导电特性就是单向导电，即外加电压时具有“正向导通，反向截止”特性。这也是半导体器件的主要特性。

1. 正向导通

PN 结外加正向电压，即 PN 结处于正向偏置状态，如图 5.7 所示。此时 P 区接电源正极，N 区接电源负极。外加的电压方向和内电场方向相反，也就是外电场的方向和多子扩散的方向一致。在外电压大于内电场的情况下，P 区的多子空穴和 N 区的多子自由电子都沿着外电场方向移动，整个回路中就形成了较大的电流。一部分多子在移动过程中会中和掉正离子和负离子，PN 结就变窄了，内电场作用减弱。此时多子的扩散作用增强，少子的漂移作用减弱，电流较大，即外加正向电压时，PN 结正向导通。

2. 反向截止

当 N 区接电源正极，P 区接电源负极时，PN 结反向偏置。此时外电场与内电场方向一致，多子的扩散运动进一步被抑制，少子的漂移运动加强了。如图 5.8 所示，PN 结也随之变宽。但少子的数量非常少，因此回路中只有很少的反向电流流过。当外加的反向电压超过零点几伏时，少子几乎在电场的作用下全部参与导电，此时再增加反向电压的大小，电流也不会再增加了。因此反向电流又被称为反向饱和电流。通常情况下，反向电流可以忽略，因此可认为 PN 结外加反向电压时处于截止状态。

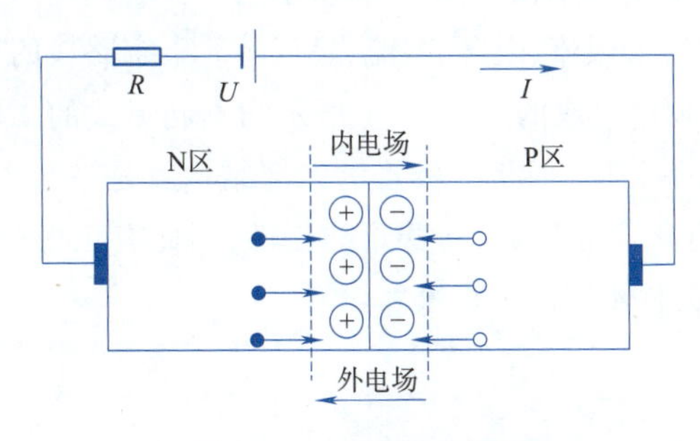

图 5.7　PN 结正向偏置

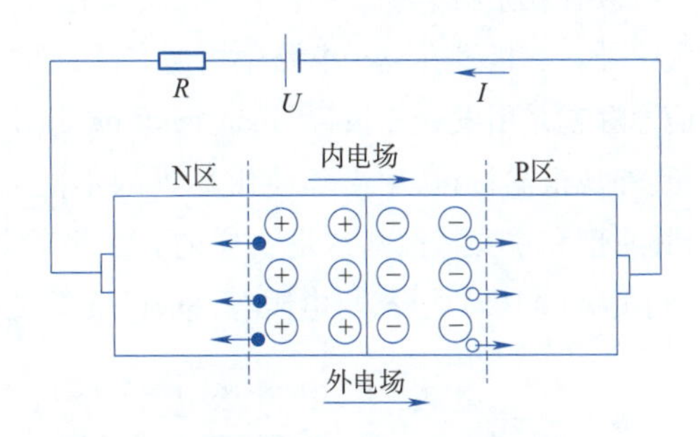

图 5.8　PN 结反向偏置

将 PN 结所加的外电压和其形成的电流的大小关系即伏安关系表示出来，如图 5.9 所示。伏安关系方程为

$$i = I_S\left(e^{\frac{qu}{kT}} - 1\right) \qquad (5.1)$$

式中，I_S 为反向饱和电流；q 为电子的电荷量；u 为外加电压；k 为玻耳兹曼常量；T 为热力学温度。

令 $\frac{kT}{q} = U_T$，有

$$i = I_S\left(e^{\frac{u}{U_T}} - 1\right) \qquad (5.2)$$

常温下，即当 $T = 300$ ℃时，$U_T \approx 26$ mV。

PN 结根据外加电压的正负表现出相应的正向特性和反向特性。图 5.9 显示了 PN 结正向导通时，外加电压需先克服 PN 结内电场力才能产生电流。大于内电场电压后，一点

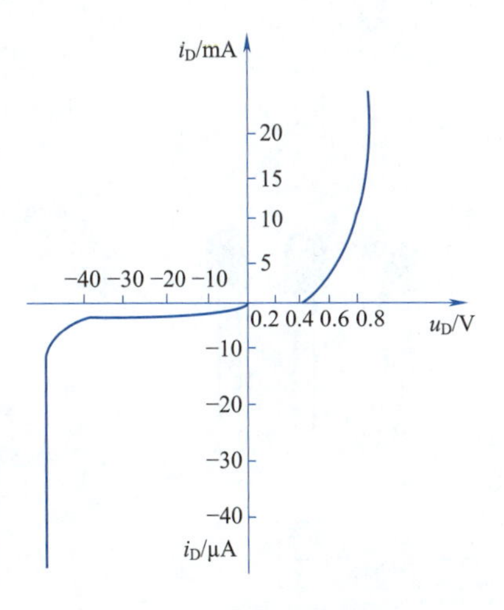

图 5.9　PN 结伏安特性

点的电压增加就会引起很大的电流。从式(5.1)、式(5.2)也可看出,电流的增加和电压的大小呈指数关系。反向偏置时,反向电流是少子的漂移产生的,一般很小,可以忽略。当反向电压增大时,电流几乎不变。但当所加的反向电压继续增大到阈值时,PN 结就会被击穿,产生很大的反向击穿电流。

反向击穿包括雪崩击穿和齐纳击穿两种类型。雪崩击穿是指反向电压达到某一值时,在内外电压的共同作用下,做漂移运动的少子获得足够大的能量,把共价键中的价电子撞击出来,形成新的电子-空穴对。新的载流子在内电场中漂移又去撞击其他共价键,造成少子数量雪崩式的激增,反向电流迅速增大。齐纳击穿是指高掺杂情况下,空间电荷区很薄,较小的反向电压就能形成很强的电场,把价电子从共价键中拉出来,增大反向电流。雪崩击穿和齐纳击穿都是可逆的,电压降低时即可恢复较小的反向电流。但是一旦产生的电流过大,PN 结的功率过大,就会将 PN 结永久性损坏,此时称为热击穿,热击穿是不可逆的,一旦 PN 结烧坏就不能恢复了。

5.3 半导体二极管

5.3.1 外观及符号

二极管就是将一个 PN 结用外壳封装起来再加上电极引线。图 5.10 所示为二极管结构示意图及符号。二极管在电子电路中用途广泛,通常被用来限流、限压、整流、稳压等。十字路口的交通信号灯就是由发光二极管(light emitting diode,LED)组成的。图 5.11 所示为不同形式的二极管,其外观根据材料、用途和使用场景的不同而大不相同,但是二极管的内部结构就是一个 PN 结,其原理和主要特性基本是一样的。二极管具有正向导通、反向截止的特性,因此有正极(阳极)和负极(阴极)之分,与电阻等一般的无源二端元件不同。

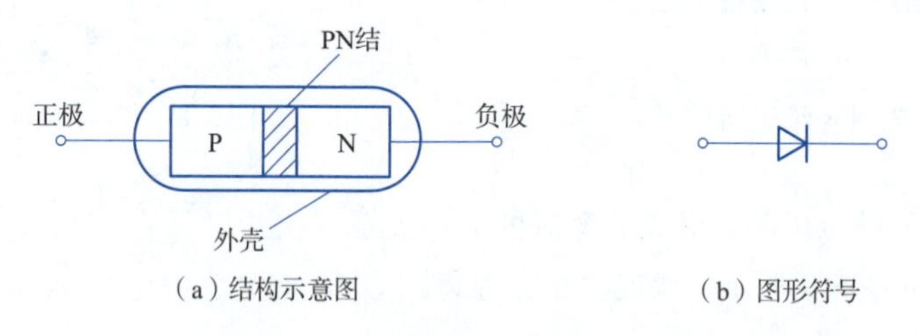

(a)结构示意图　　(b)图形符号

图 5.10　二极管结构示意图及图形符号

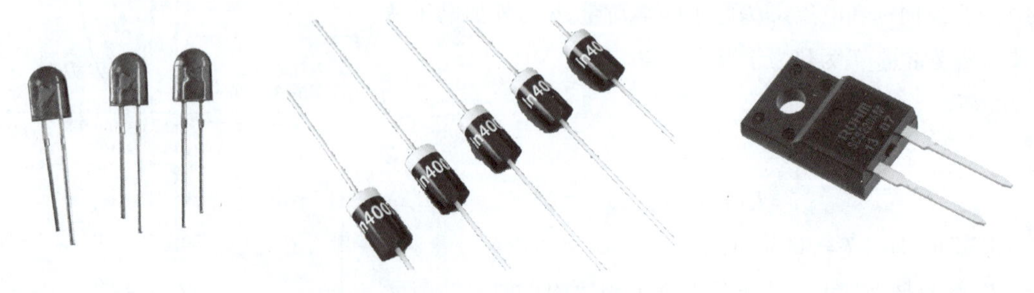

图 5.11　不同形式的二极管

5.3.2 导电特性

二极管的本质是 PN 结，其伏安特性与 PN 结一致，如图 5.12 所示。图中第 1 段表示二极管外加正向电压，电压只需零点几伏，二极管即可导通，且电流值很大，与电压的变化呈指数级规律变化。第 2 段表示电压必须大于 PN 结内电场时，才有明显的正向电流。外加电压的阈值称为死区电压，此时二极管对外呈现大电阻的特性。死区电压的大小与二极管材料有关，一般硅管为 0.5 ~ 0.7 V，锗管为 0.2 ~ 0.3 V。第 3 段表示二极管外加反向电压时，反向电流很小，在一般的电路分析中，可近似认为反向电流为零。实际上，硅管的反向电流比锗管还小得多。第 4 段表示当二极管的反向电压大到一定值时，二极管就会被击穿，反向电流急剧增大。普通的二极管一般不允许反向击穿，以免二极管烧坏。但有一种特殊工艺制造的二极管主要工作在反向击穿区，这种二极管称为稳压二极管。

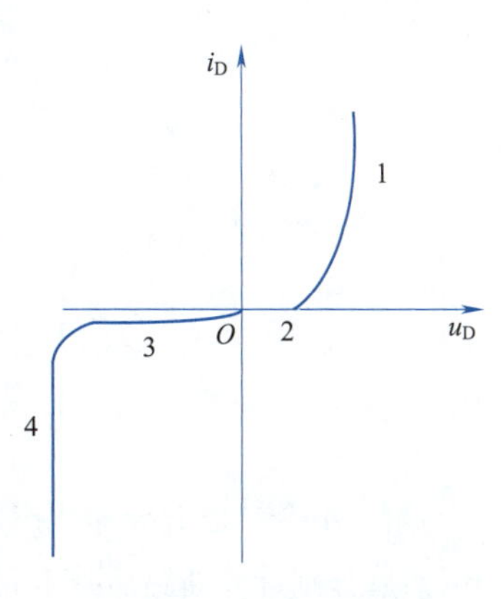

图 5.12　二极管伏安特性

5.3.3 等效模型

由二极管的伏安特性曲线可知，二极管的电压和电流之间存在非线性关系，若要精确分析计算二极管应用电路极为困难。因此，在误差允许范围内，通常将二极管的伏安特性简化为线性关系进行分析，简化后的元件称为二极管的等效模型，较为简化且常用的两种模型有理想二极管模型和恒压降模型，如图 5.13 所示。

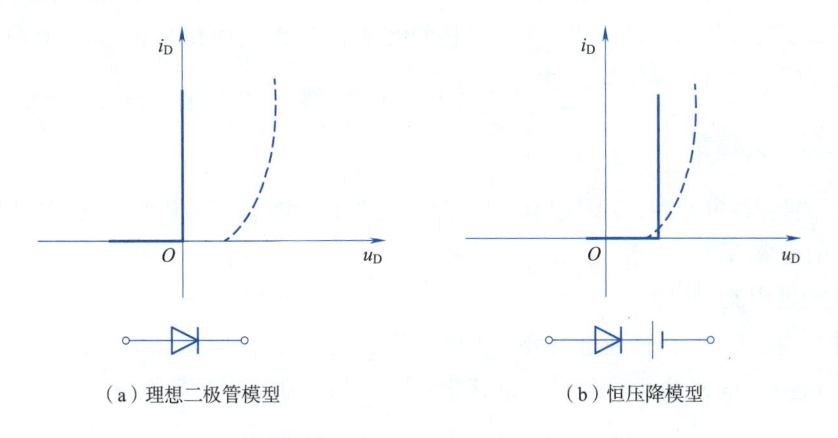

（a）理想二极管模型　　（b）恒压降模型

图 5.13　二极管等效模型

理想二极管模型相当于开关模型，忽略 PN 结的内电场产生的管压降，二极管正向偏置后即可认为其导通，此时其作用类似于开关闭合；反向偏置后电流为零，类似于开关断开。在实际电路中，当电源电压远大于二极管的管压降时，利用此模型分析是可行的。恒压降模型则考虑 PN 结内电场产生的管压降，二极管正向导通后，其两端的电压降等于死区电压。此时二极管相当于理想二极管串联一个电压源 U_D。硅管的 U_D 一般取 0.7 V，锗管取 0.2 V。

例 5.1　电路如图 5.14 所示。图 5.14(b)所示电路分开关打开和闭合两种情况。分别计算二极管为理想二极管和采用恒压降模型时输出电压 U_o 的值。

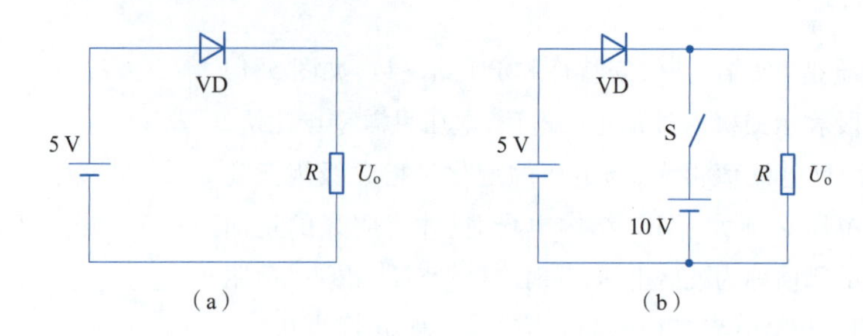

图 5.14　例 5.1 图

解　单个二极管导通状态的判断可通过以下步骤:首先将二极管的两端与外电路的连接断开,然后分别计算断路后外电路在这两个端点的电位。如果二极管阳极处的电位高于阴极处的电位,那么说明二极管接通后是正向偏置的,二极管导通。相反,如果二极管阳极处的电位等于或低于阴极处的电位,二极管截止。

图 5.14(a)中,断开二极管后,电路中没有电流,电阻不分压,若将电压负极接地,则二极管阴极处端点的电位为零,阳极处端点的电位为 5 V,二极管正向偏置,处于导通状态。此时整个电路导通,二极管为理想状态时,可看作闭合的开关,电源电压全部加在电阻上,因此 $U_o=5$ V。二极管为恒压降模型时,二极管两端有电压降 0.7 V,则 $U_o=4.3$ V。

图 5.14(b)中,开关打开时,10 V 电压源没有接到电路中,此时电路等同于图 5.14(a)所示电路。开关闭合时,10 V 电压源接入电路中,此时将二极管断开,并将两个电压源的公共负极接地,则二极管阴极处端点的电位 10 V,阳极处端点的电位为 5 V,二极管反向偏置,处于截止状态。此时二极管相当于打开的开关,5 V 电压源没有接到电路中,10 V 电源和电阻组成闭合回路,无论二极管是理想模型还是恒压降模型,都有 $U_o=10$ V。

5.3.4　二极管的参数

由于二极管器件的特性,若要使用时达到期望的作用,避免损坏,应当熟悉所选用二极管的参数。主要的参数如下:

1. 最大整流电流 I_F

二极管长期运行时,允许通过的最大正向平均电流。因为 PN 结正向导通后会发热,电流越大,发热量越大,超过限度就会将二极管烧坏。例如 2AP1 二极管的最大整流电流规定为 16 mA。

2. 反向击穿电压 U_{BR}

二极管反向击穿时的电压值。二极管反向击穿后,反向电流急剧增大,单向导电性被破坏,甚至会因电流过大而烧坏。一般规定二极管的最高反向工作电压为反向击穿电压的一半。例如 2 AP1 二极管反向击穿电压为 40 V 左右,规定其最高反向工作电压为 20 V。

3. 反向电流 I_R

二极管反向工作电压小于击穿电压时的反向电流值。该值很小一般被忽略,但实际上的二极管反向电流不为零。实际上,该值越小,二极管的单向导电性能就越好。由于反向电流是本征激发产生的少子参与导电产生的，而本征激发受温度影响很大，因此二极管的使用要注意允许的温度范围。

二极管还有一些其他参数，不同型号的二极管参数值有很大不同，一般器件手册都会给出。

5.3.5　特殊二极管

二极管除了一般的正向导通、反向截止特性外，还有很多种特殊二极管，如稳压二极管、光电二极管、发光二极管、变容二极管、激光二极管等。

1. 稳压二极管

稳压二极管简称稳压管，图形符号如图 5.15（a）所示。其特性曲线和普通二极管一致，但稳压管主要工作在反向击穿状态。如图 5.15（b）所示，加在稳压管两端的反向电压超过击穿电压的阈值时，反向电压稍一变化，反向电流的变化就非常大。反过来，稳压管一旦处于击穿状态，反向电流不管怎么变化，其两端电压值的变化几乎可以忽略，这就是稳压管的稳压原理。

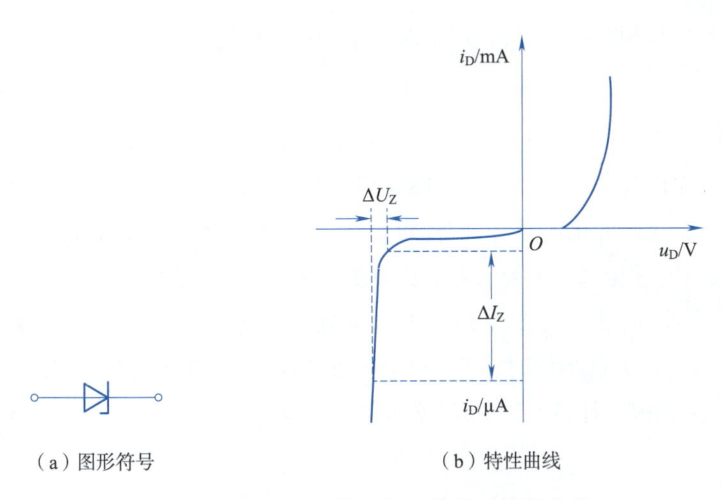

（a）图形符号　　（b）特性曲线

图 5.15　稳压二极管的图形符号及特性曲线

稳压管的稳压参数主要有稳定电压 U_Z 和稳定电流 I_Z。U_Z 是稳压管在反向击穿状态时的稳定工作电压。U_Z 一般是在稳定电流 I_Z 时测得的。稳定电流不能超过上限值，否则会造成稳压管永久性击穿。

2. 光电二极管

光电二极管由对光敏感的半导体材料制成，其中的少数载流子随着光照强度的增加而显著增加。反映在特性曲线上，就是反向电流随光照强度而变化。光电二极管的图形符号和特性曲线如图 5.16 所示。

3. 发光二极管

发光二极管的发光颜色取决于所用材料，目前有红、绿、黄、橙、蓝等颜色。发光二极管的特性和普通二极管差不多，但是开启电压比普通二极管大，一般为 1.6～2 V。正向电流越大，发光越强。其图形符号如图 5.17 所示。

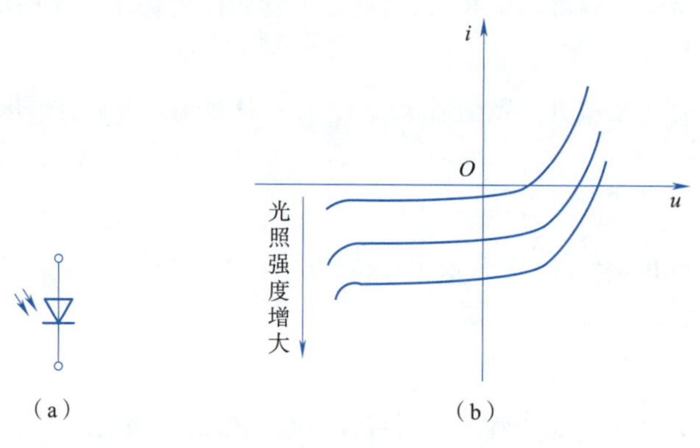

图 5.16　光电二极管的图形符号及特性曲线

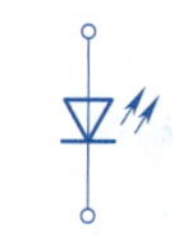

图 5.17　发光二极管的图形符号

5.3.6　二极管典型应用

二极管在电路中应用范围很广，利用单向导电性和一些特殊二极管，可以起到整流、限幅、稳压等多种作用。

1. 整流电路

利用二极管的单向导电性将交流电转换为直流电的电路，称为整流电路。在整流电路中，由于电源电压远大于二极管的正向压降，因此可以将二极管视为开关，加正向电压时开关闭合，加反向电压时电路断开。如图 5.18 所示为半波整流电路，u_i 为正半周时二极管导通，$u_o = u_i$；u_i 为负半周时，二极管截止，u_o 为零。图 5.19 为桥式全波整流电路。u_i 为正半周时，VD_1、VD_3 导通，D_2、VD_4 截止，$u_o = u_i$；u_i 为负半周时，VD_2、VD_4 导通，VD_1、VD_3 截止，$u_o = -u_i$。无论是正半周还是负半周，电阻 R 上的电压都是上正下负，实现了全波整流。

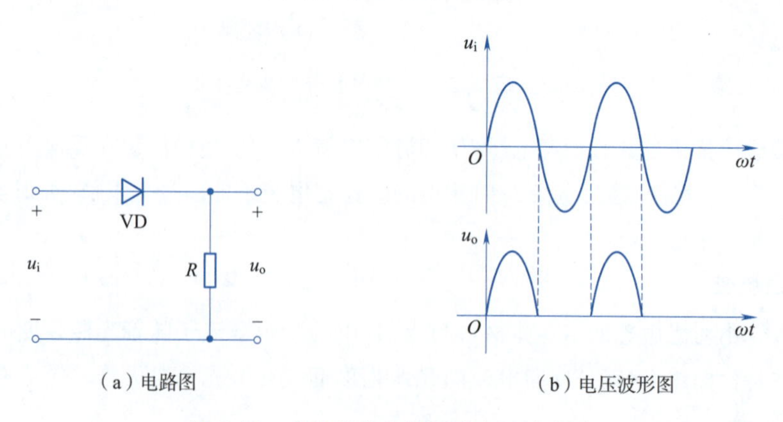

图 5.18　半波整流电路图及电压波形图

2. 限幅电路

图 5.20 为限幅电路图及电压波形图。在电子电路中，常用限幅电路对各种信号进行处理。它是用来让信号在预置的电平范围内，有选择地传输信号波形的一部分。

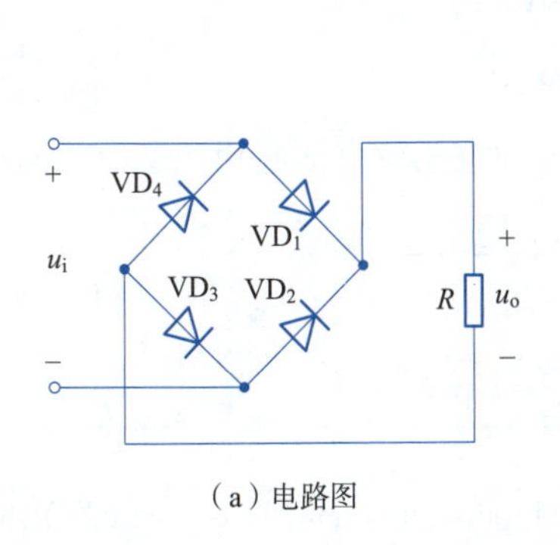

（a）电路图

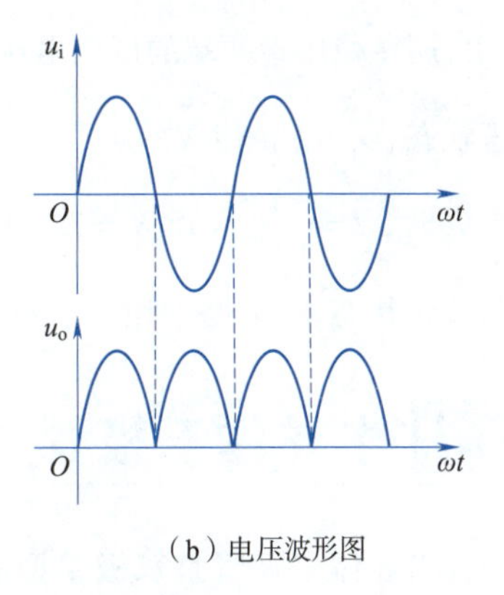

（b）电压波形图

图 5.19　桥式全波整流电路图及电压波形图

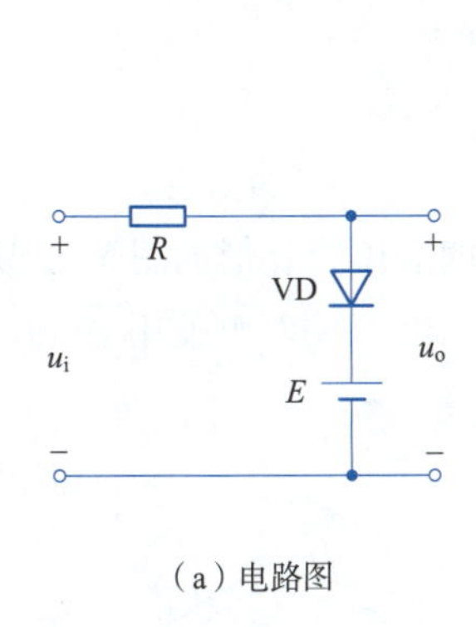

（a）电路图

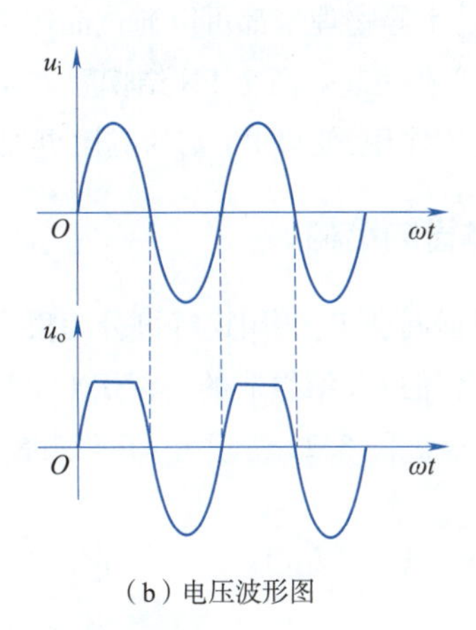

（b）电压波形图

图 5.20　限幅电路图及电压波形图

3. 稳压电路

稳压电路在输入电压波动或负载发生改变时仍能保持输出电压基本不变。稳压作用一般是在需要稳压的负载两端并联稳压二极管实现的，如图 5.21 所示。U_i 一般为直流稳压电源，D_Z 为稳压管，R 为限流电阻，它的作用是使电路有一个合适的工作状态，并限定电路的工作电流。负载 R_L 与稳压管 D_Z 两端并联在一起，因而称为并联式稳压电路。

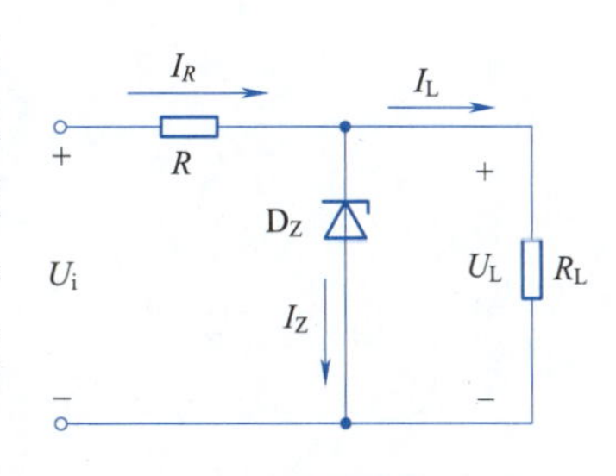

图 5.21　简单的稳压电路

例 5.2　如图 5.21 所示，输入电压 $U_i=15$ V，稳压管的稳定电压 $U_Z=8$ V，$R=5\ \Omega$，$R_L=10\ \Omega$，求负载电压 U_L；当 $R_L=5\ \Omega$ 时，U_L 又是多少？

解　判断稳压管工作状态的原理与二极管是一样的。首先断开稳压管的两端，如果阳极处的电位高于阴极处的电位，那么稳压管导通；如果阳极处的电位等于或低于阴极处的电位且电位差小于稳压管的反向击穿电压，此时稳压管截止；如果阳极处的电位等于或低于阴极处的电位且电位差大于或等于稳压管的反向击穿电压，则稳压管处于稳压状态。稳压状态时，稳压管两端的电压就等于反向击穿电压。

图5.21中，加在稳压管两端的反向电压 $U=\frac{10}{5+10}\times 15\ \text{V}=10\ \text{V}$，高于它的反向击穿电压，稳压管处于稳压状态，$U_L=U_Z=8\ \text{V}$。

当 $R_L=5\ \Omega$ 时，$U=\frac{5}{5+5}\times 15\ \text{V}=7.5\ \text{V}$，此时外加电压没有达到稳压管的反向击穿电压，稳压管处于反向截止状态，在电路中相当于开路，此时 $U_L=U=7.5\ \text{V}$。

5.4 半导体三极管

常见的一种半导体三极管是双极结型晶体管（bipolar junction transistor，BJT），简称晶体管。晶体管由于其结构组成，在电路中属于三端元件。晶体管的主要作用是放大，有时也作为开关。电流、电压和功率等物理量都可以通过晶体管进行放大。晶体管是通过一定的工艺，将两个背靠背的PN结结合在一起。两个PN结偏置方向相反，掺杂浓度、厚度等都有所区别，从而相互作用，能产生电流放大作用，使得PN结的应用更加广泛。

5.4.1 晶体管的结构

晶体管根据制造工艺、用途等可分为很多类型。常见的晶体管外形如图5.22所示。晶体管是由两个背靠背的PN结组成的，有NPN和PNP两种类型。由于NPN型使用更为广泛，本章主要介绍此类晶体管。图5.23所示为NPN型晶体管结构示意图。

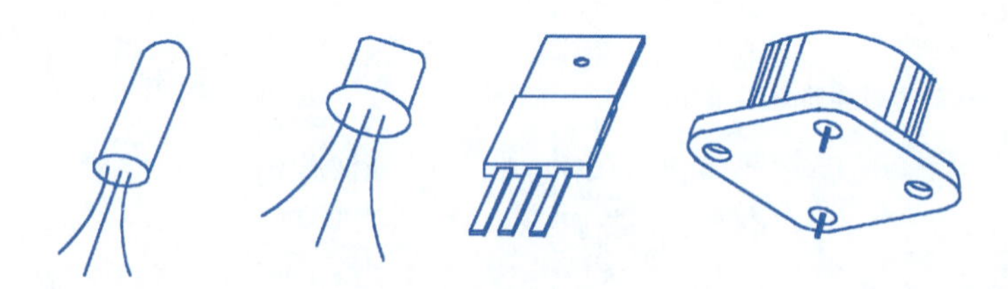

图5.22 常见的晶体管外形

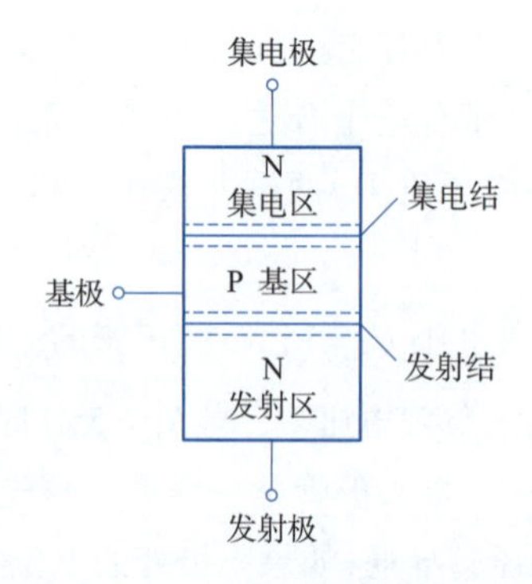

图5.23 NPN型晶体管结构示意图

组成两个PN结的三个区包括集电区、基区和发射区，基区是两个PN结的公用区，相应形成的两个PN结是集电结和发射结。从三个区分别引出连接外电路的引线，就形成了三个电极：集电极（c）、基极（b）和发射极（e）。NPN型和PNP型晶体管的图形符号如图5.24所示。发射极的箭头表示流经发射极的电流的方向,是区分两种类型晶体管的关键。

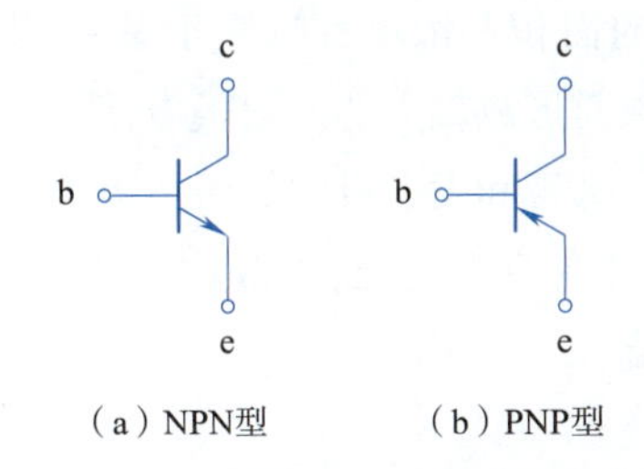

图 5.24　NPN 型和 PNP 型晶体管图形符号

并不是两个普通的 PN 结靠在一起就可以形成晶体管,而是要满足如下条件:

①发射区掺杂浓度远大于集电区掺杂浓度,集电区掺杂浓度大于基区掺杂浓度。一般发射区杂质浓度比基区高几百倍。

②基区很薄,一般只有几微米。这使得两个 PN 结的载流子很容易相互穿透。

从名称可以看出,发射区的主要作用是发射电子,集电区的主要作用是收集电子。以上两个条件使得发射区发射电子和集电区收集电子非常容易,从而形成相应的电流。晶体管的电流主要是这两个因素决定的。

5.4.2　晶体管的放大作用

晶体管要实现放大作用,除了满足结构上各区的面积和浓度要求外,还要有满足条件的外部电压。晶体管共基接法如图 5.25(a)所示。发射结加正向电压,即基极(P 区)接电压正极,发射极(N 区)接电压负极;集电结加反向电压,即集电极接电压正极,基极接电压负极。此种接法中,基极为两个电压的公共端,因此称为共基接法。

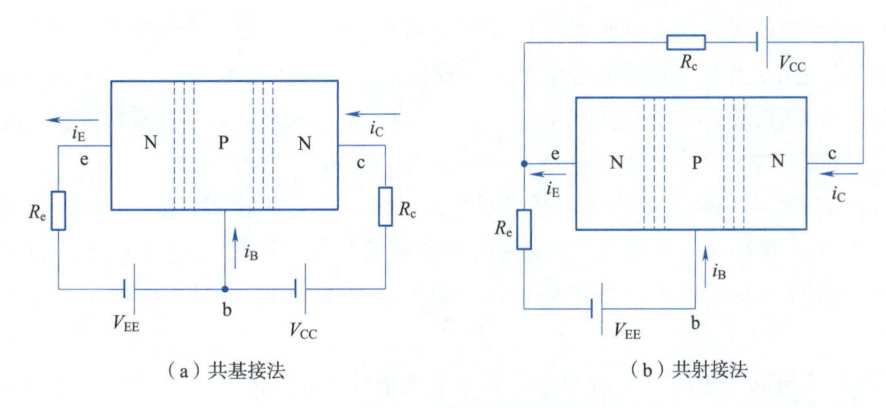

图 5.25　晶体管共基、共射接法

更常用的接法是共射接法,如图 5.25(b)所示。以发射极为公共的电压负极,基极和集电极分别接两个电压的正极。从电位的角度分析,只要 c、e 间的电压 u_{CE} 大于 b、e 间的电压 u_{BE},c 点的电位就高于 b 点的电位,$u_{BC} < 0$,则 b、c 间的集电结就相当于加了反向电压。共射接法和共基接法对晶体管内部的作用是一致的。

下面以共射接法的 NPN 型晶体管为例,介绍其电流放大原理。

如图 5.26 所示，发射结加正向电压后，发射区的多子自由电子就要向基区扩散，基区的多子空穴也向发射区扩散，但发射区的面积和浓度都远大于基区，因此基区的多子扩散作用可以忽略，主要由发射区的自由电子扩散而形成较大的发射极电流 i_E。自由电子扩散到基区后，由于基区很薄，只有一小部分电子会沿着基极和发射极间的回路运动，形成基极电流 i_B，更多的自由电子扩散到集电结附近。而集电结加的是反向电压，扩散过来的自由电子被该电场强烈吸引而漂移至集电极，形成较大的集电极电流 i_C。

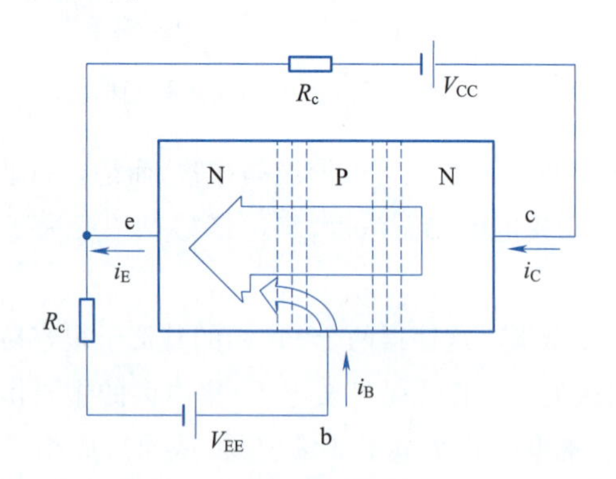

图 5.26　晶体管内部电流关系

这样，射极电流 i_E 就分成了较小的 i_B 和较大的 i_C 两部分。而在晶体管参数一定的情况下，i_B 和 i_C 的大小关系是固定的，即 $i_C=\beta i_B$。β 的大小由晶体管各区掺杂浓度和器件结构决定，一般在几十到几百之间。晶体管内部电流关系可由以下两式表示：

$$i_E=i_B+i_C \tag{5.3}$$

$$i_C=\beta i_B \tag{5.4}$$

由此可得出晶体管的电流分配关系。由电流分配关系可看出，三个极电流有大有小，其中 i_E 和 i_C 差不多，都比 i_B 大 β 倍。通常情况下，i_B 大小为几十微安，i_E 和 i_C 为几毫安。利用这一点，可以让晶体管实现放大作用。把需要放大的电压或电流信号接在基极，形成一个较小的基极电流 i_B，只要晶体管导通，集电极和发射极就会产生较大的电流 i_C 和 i_E。若将负载接在 c、e 两极中间，则负载上的电流或电压就会较大，就得到一个比原信号大得多的输出信号。

实际的晶体管内部载流子的运动情况要复杂得多。除了发射区的多子向基区扩散和向集电区漂移外，三个区的少子和基区、集电区的多子都参与导电形成一定的电流，为了突出主要作用，这些载流子形成的电流此处忽略不计。即上述的各极电流 i_E、i_B、i_C 都为近似值，β 也为近似值。

典型的放大电路接法如图 5.27 所示。由于输入信号和输出信号都有一端接在发射极，因此该接法称为共射极放大电路。另外，还有共基极和共集电极接法，下一章将详细介绍。

晶体管对于电流的放大作用，其本质是控制，即较小的基极电流 i_B 控制较大的 i_C 或 i_E。产生一个微弱的 i_B 电流，改变 i_B 的大小，输出端的 i_C 和 i_E 就会相应改变。这种通过一个量的变化来控制另外一个或多个量的思想，是设计许多控制电路和其他控制系统的重要思想。

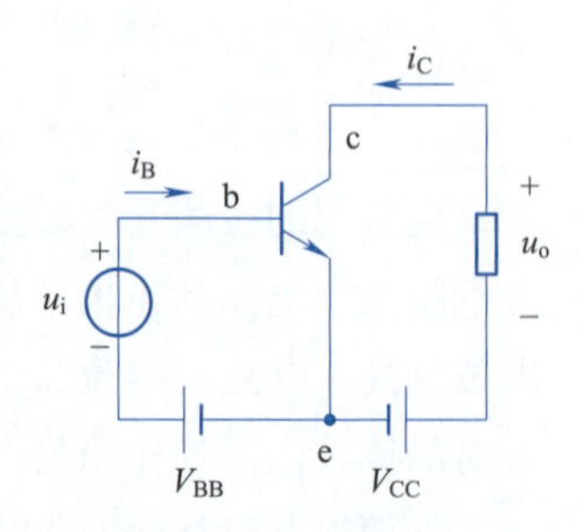

图 5.27　共射极放大电路

5.4.3　晶体管的特性曲线

晶体管是三端元件，且 PN 结的电阻值是非线性的，三个极所接的电压和电流之间的关系比二端元件复杂很多。分析和设计晶体管电路，必须正确了解晶体管的输入特性、输出特性。输入特性、输出特性即输入回路和输出回路的电压、电流关系。

以共射接法为例，输入端接在 b、e 两端，这两端称为输入端，输入端的电压 u_{BE} 和电流 i_B 的关系称为输入特性。输出端接在 c、e 两端，输出端的 u_{CE} 和 i_C 的关系称为输出特性。分析时，可将晶体管输入端 b、e 之间，输出端 c、e 之间分别等效为非线性元件，如图 5.28 所示。u_{BE} 和 i_B、u_{CE} 和 i_C 存在非线性关系。

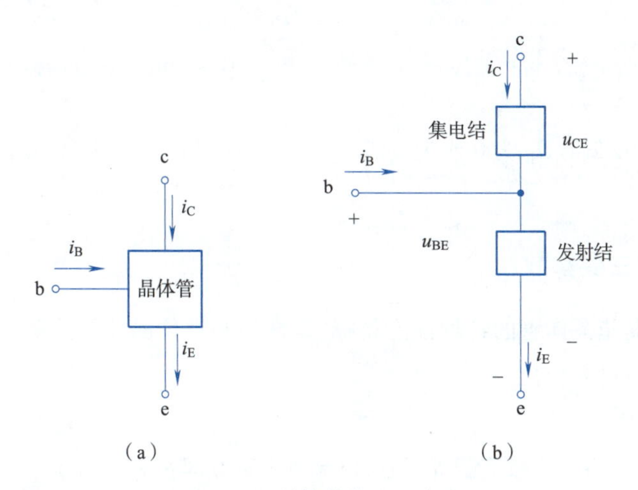

图 5.28　晶体管简化示意图

在晶体管内部，b、e 两端就是一个正偏的 PN 结，因此其输入特性和 PN 结特性相同。正向电压克服内电场的门槛电压后，只要 u_{BE} 增加一点点，电流就会增大很多。

要注意的是，u_{CE} 的大小也会影响 i_B 的大小。当 u_{CE} 从 0 V 慢慢增加到 1 V 时，集电结将由正偏变为反偏。集电极就能收集发射极扩散过来的大部分电子，此时基极电流将会减小，如图 5.29 所示，即曲线往右移。当 u_{CE} 从 1 V 再增大时，其收集电子的能力基本饱和，电流变化就不大了。

晶体管的输出特性曲线如图 5.30 所示。由于 i_C 的大小不仅和 u_{CE} 相关，由于 $i_C=\beta i_B$，可知 i_C 和 i_B 关系更大，从图 5.30 中可以看出，输出特性曲线不是一条，而是一簇，每一条曲线的高度由 i_B 决定。因此，研究输出特性必须将 i_B 固定。

从图 5.30 中可以看出，在 i_B 一定的情况下，随着反向偏置的 u_{CE} 从 0 开始变大，i_C 的增大并不是很多，曲线呈微微上扬的趋势，说明 i_C 和 u_{CE} 关系不是很大。而 i_B 的值变大后，i_C 就有显著的变化。曲线从下面的一条移动到上面。这说明 i_C 的大小主要是受 i_B 控制的。

晶体管只有加上正向偏置的 u_{BE} 和反向偏置的 u_{CE}，才能发挥放大作用，即图 5.30 中的放大区。除此之外，晶体管还有饱和状态和截止状态，分别对应了图中的饱和区和截止区。

当 u_{BE} 和 u_{CE} 都是正偏且 u_{CE} 不大时，u_{CE} 增大一点点，即 u_{CE} 由正偏向反偏转变，此时 u_{CE} 略微增大，收集的集电结边界的电子就可大大增加，i_C 迅速增大。此时 i_C 的输出不受 i_B 的控制，虽然晶体管有电流流通，但 i_C 和 i_B 的放大关系不再满足 $i_C=\beta i_B$，晶体管处于饱和状态。

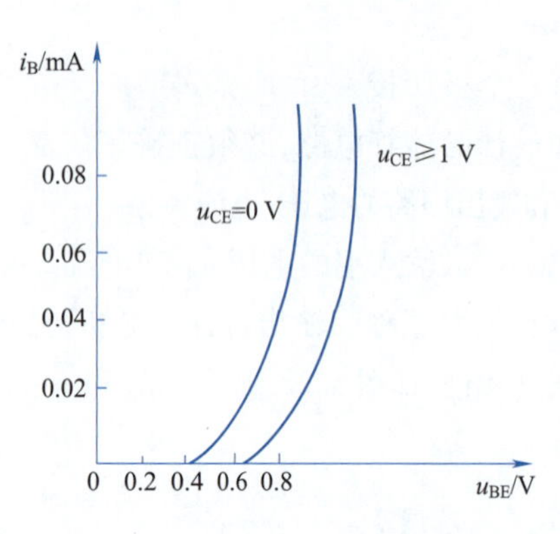

图 5.29 晶体管的输入特性曲线

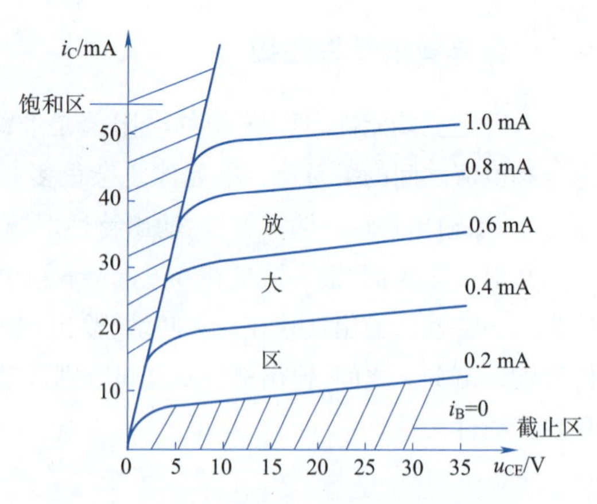

图 5.30 晶体管的输出特性曲线

当 u_{BE} 很小或为反偏时，i_B 为 0 或为负值，i_C 几乎为 0，此时可认为晶体管并没有导通，属于截止状态。

5.4.4 晶体管的主要参数

晶体管的参数是指晶体管的各种性能指标，是选用和评价晶体管优劣的依据。在设计晶体管电路时必须清楚各种参数。

1. 电流放大系数

按照上述分析，忽略少数载流子等因素，电流放大系数即 β，就是在 u_{CE} 一定时，集电极电流 i_C 和基极电流 i_B 的比值，即

$$\beta = \frac{i_C}{i_B} \tag{5.5}$$

如图 5.30 所示，β 可以从输出特性曲线上找到相应的点对应的 i_C 和 i_B 来求出。

2. 极间反向电流

极间反向电流包括两个参数：集电极-基极反向饱和电流 I_{CBO} 及穿透电流 I_{CEO}。I_{CBO} 是指发射极开路时，集电极与基极之间加反向电压时产生的电流。I_{CEO} 是指基极开路时，集电极与发射极间加反向电压时的集电极电流。

3. 极限参数

晶体管有一些极限参数，在实际使用时应当注意不能超过其允许的限度。主要的极限参数有：

(1)集电极最大允许电流 I_{CM}。集电极电流超过 I_{CM}，电流放大系数会显著下降，且晶体管有烧坏的风险。

(2)反向击穿电压。发射结和集电结加反向电压时，如果超过反向击穿电压，PN 结将被反向击穿，严重时晶体管将会被损坏。

(3)集电极最大允许耗散功率 P_{CM}。集电极电流 i_C 和电压 u_{CE} 的乘积称为集电极耗散功率，P_{CM} 过大，集电结将会升温，晶体管性能将变坏。

5.4.5　晶体管的主要应用

1. 放大电路

晶体管主要用于放大。根据不同的电路接法，晶体管可做到电压放大、电流放大和功率放大。多个晶体管以及 NPN、PNP 型晶体管组合连接，还可以构成互补功率放大电路、克服温漂的差分放大电路、增强放大倍数的多级放大电路等，后续章节将会详细介绍。

2. 开关电路

晶体管发挥开关作用时工作在饱和区和截止区。当发射结正偏、集电结也正偏时，晶体管的基极电流大到一定程度，集电极电流不再随基极电流的增大而按倍数放大，而是稳定在某一固定值，此时集电极和发射极之间就像是开关导通状态。当发射结外加反向电压或无电压时，基极电流为零，晶体管不导通，处于截止状态，相当于开关断开。

3. 驱动电路

晶体管可用于功率驱动等电路。图 5.31 所示为单片机驱动蜂鸣器电路。晶体管复合为达林顿管时，还可以驱动 LED 智能显示屏、小型继电器、电机调速等。

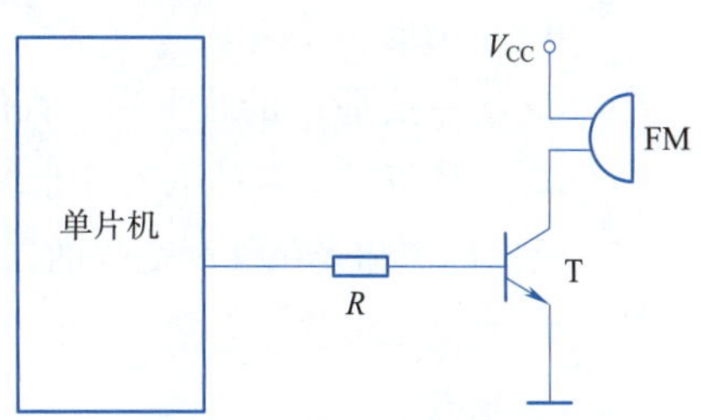

图 5.31　单片机驱动蜂鸣器电路

习　题

一、填空题

1. N 型半导体中掺杂______价元素，形成的多数载流子是______，少数载流子是______。
2. P 型半导体中掺杂______价元素，形成的多数载流子是______，少数载流子是______。
3. 理想二极管导通后，其两端的电压为________V。
4. 晶体管的两个 PN 结分别称为________和________。
5. 晶体管的三个极分别是________、________和________。
6. 晶体管的输出特性曲线分为放大区、________和________。
7. 二极管的恒压降模型，硅二极管导通后，其两端的电压为________V。锗二极管导通后，其两端的电压为________V。

二、选择题

1. 成对的载流子是(　　)产生的。

　A. 掺三价元素　　B. 掺五价元素　　C. 本征激发　　D. 多子和少子结合

2. PN 结外加正向电压时，电压的接法是(　　)。

　A. 正极接 N 区、负极接 P 区　　B. 正极接 P 区、负极接 N 区

　C. 正极接 N 区、负极接地　　D. 正极接 P 区、负极接地

3. 从 PN 结的伏安特性曲线可以看出，PN 结具有(　　)特性。

　A. 正向导通，反向截止　　B. 正向截止，反向导通

C. 正向反向都导通　　D. 正向反向都截止

4. 从二极管的伏安特性曲线可以看出,二极管具有(　　)特性。

A. 正向导通,反向截止　　B. 正向截止,反向导通

C. 正向反向都导通　　D. 正向反向都截止

5. 稳压二极管工作在(　　) 状态。

A. 正向导通　　B. 反向截止　　C. 反向击穿　　D. 正向击穿

6. 关于晶体管的电流分配关系,说法错误的是(　　)。

A. $i_E = i_B + i_C$

B. $i_C = \beta i_B$

C. i_C 一般是 i_B 的几十到几百倍

D. 晶体管三个极的电流大小关系由外电路决定

7. 反向电流随光照强度变化的二极管属于(　　)。

A. 发光二极管　　B. 稳压二极管

C. 光电二极管　　D. 所有二极管都具有这个特性

8. 有关本征激发,说法错误的是(　　)。

A. 与温度有很大关系　　B. 温度升高,少子数量会增加

C. 温度升高,多子数量会增加　　D. 本征激发只在本征半导体中发生

9. 有关晶体管饱和区的说法,正确的是(　　)。

A. u_{CE}很小,接近 0 V　　B. $i_C = \beta i_B$

C. 饱和区晶体管的放大作用很强　　D. 饱和区在输出特性曲线图的靠下部分

10. 有关晶体管放大区和截止区的说法,错误的是(　　)。

A. 放大区 $i_C = \beta i_B$,i_C 仅与 i_B 有关　　B. 截止区 i_B 几乎为 0

C. 放大区 u_{CE}越大,i_C 越大　　D. 截止区 i_C 几乎为 0

三、分析计算题

1. 判断图 5.32 中二极管是导通还是截止,并求各电阻上的电压。

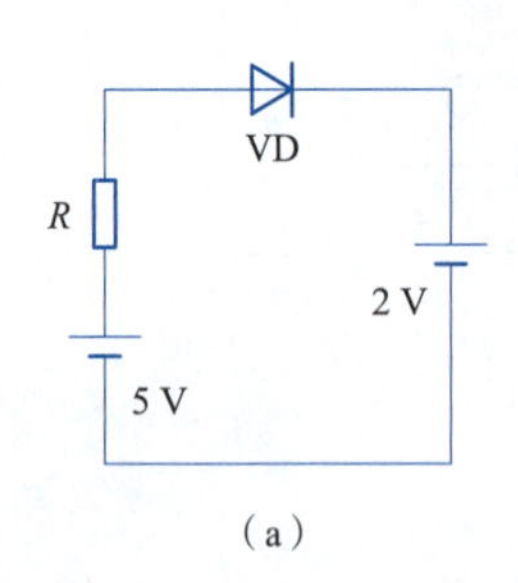

(a)

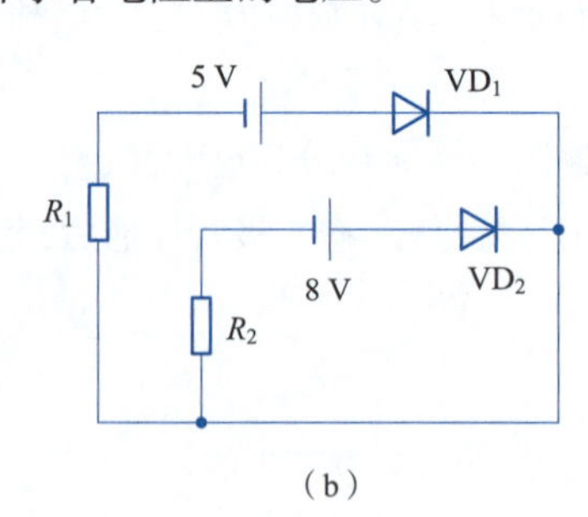

(b)

图 5.32　题 1 图

2. 图 5.33 中稳压管的稳定电压为 5 V,当电压 U 为 3 V 时,求电阻 R 上的电压 U_R。当 U 为 10 V 时 U_R 为多少?

3. 如图 5.34 所示二极管电路,输入电压 u_i 是幅值 12 V 的正弦交流电,试画出输出电压 u_o 的波形。

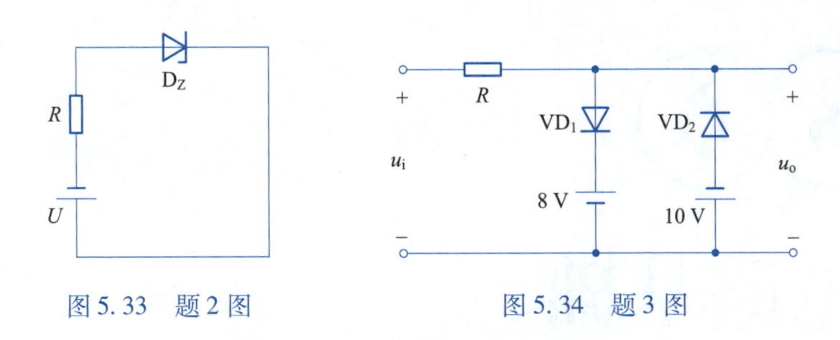

图 5.33　题 2 图　　　图 5.34　题 3 图

4. 判断图 5.35 中，各晶体管是工作在放大区、饱和区还是截止区？

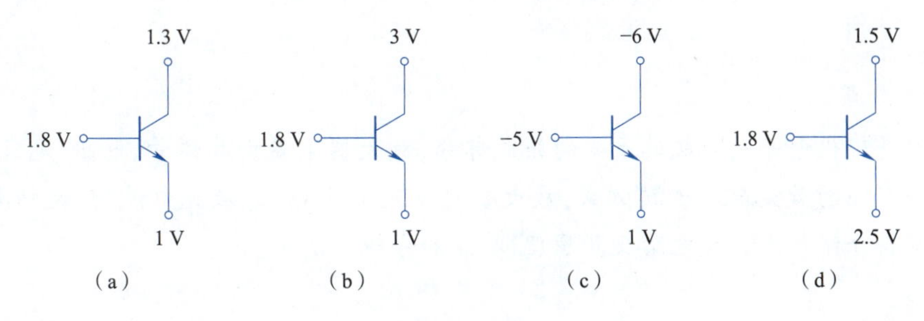

图 5.35　题 4 图

5. 晶体管要发挥放大作用，必须满足哪些内部条件和外部条件？

6. 放大电路中有一 NPN 型晶体管，测得其三个极对地电位分别是 $U_1 = 6$ V，$U_2 = 8$ V，$U_3 = 6.7$ V，试确定 1、2、3 三个极各是晶体管的什么极？

7. 图 5.36 所示为硅二极管，求电路的电流和电压 U_o。

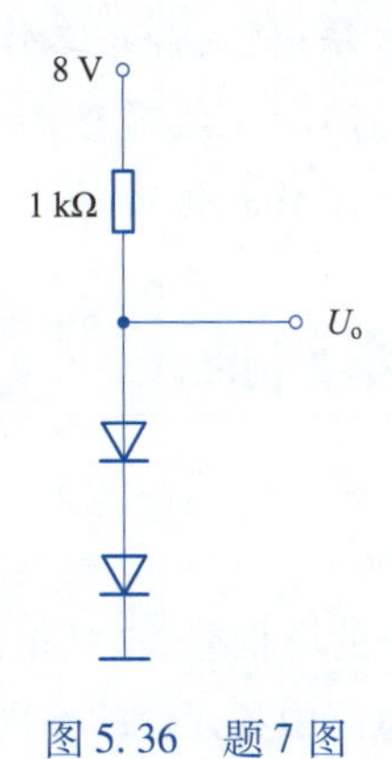

图 5.36　题 7 图

放大电路基础

引 言

放大器是现代电子设备极其重要的组成部分,放大器主要由晶体管、电阻、电容、电源等组成。根据不同的放大电路连接方式,放大器可实现放大电压、放大电流、放大功率等不同作用。本章将介绍基本放大电路及其原理、特点和分析方法等。

学习目标

读者通过对本章内容的学习,应该能够做到:

了解:放大电路的基本结构和作用,多种不同放大电路的性能对比;多级放大电路的连接方式和求解方法。

理解:放大电路的性能指标,共射极、共基极、共集电极放大电路的电路连接方式和分析方法,非线性失真的产生原因和解决方法;稳定静态工作点放大电路的分析方法;

应用:掌握各种放大电路的直流通路和交流通路的分析方法;会在不同的放大电路中计算静态工作点、输入电阻、输出电阻、电压放大倍数等性能指标。

6.1 放大电路基本组成

6.1.1 放大电路的结构及作用

放大电路的主要作用就是放大较小的电信号,包括电压、电流、电功率。整个电路的放大系数不等于晶体管的电流放大系数β,和电路中各元件的参数和连接结构有很大关系。放大电路的输出端可连接负载,即终端执行元件,如扬声器、继电器等。放大电路功能框图如图6.1所示。图中,U_S为需要放大的小电压信号。U_S连接到放大器的输入端,输入端的两个端口其中一端接基极,产生微弱的基极电流信号。输出端接负载,负载可看作电阻,电阻上流过的电流为集电极电流或发射极电流,比基极电流大几十到几百倍,具有电流放大效果。在阻值较大的情况下,电压也可放大相应的倍数。

放大器还要外接电源。作为输入信号的电压源一般很小,且很多时候为交流值,不能做放大器的偏置电压。因此需外接直流电源为晶体管提供偏置电压,让晶体管的发射结正向偏置,集电结反向偏置。

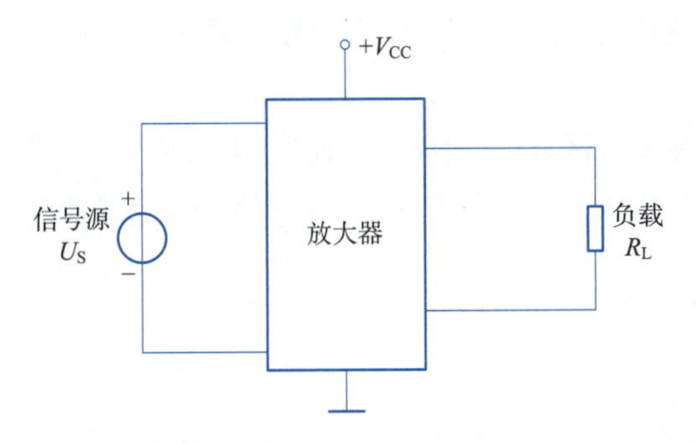

图 6.1　放大电路功能框图

根据能量守恒定律，输入端的小信号电压、电流到输出端被放大后的电压和电流，能量放大了很多倍，而放大器本身并不提供能量，因而外接的直流电源还负责提供能量。换言之，放大器就是在输入信号的控制下，把直流电源的能量转换为输出信号能量的装置。放大器实质是一个控制器。

实际应用中的小信号电压是多种多样的，负载类型也很多。以扩音机为例，输入的小信号源是传声器收集的声音信号转化为电信号，而声音是由声带的震动产生的，声带的震动轨迹可看作正弦曲线，因此输入信号是典型的正弦交流小信号电压。输出端是扬声器，可看作电阻。故本章选择具有典型意义的正弦电压作为输入小信号，用电阻来表示负载，以此来讨论基本放大电路。如图 6.2 所示为一种放大电路的连接方式，称为共射极放大电路，电路中各元件及其作用如下：

(1) NPN 型晶体管是起放大作用的关键元件，输入信号在基极产生一个极小的电流 i_B，根据晶体管的电流放大关系 $i_C=\beta i_B$，输出端将产生放大数十或数百倍的 i_C 和 i_E。

(2) 直流电源 V_{BB} 通过电阻 R_b 连接在晶体管的输入端，提供发射结的正向偏置电压。R_b 称为基极偏置电阻，调节 R_b 可调节发射结的正向偏置电压 U_{BE} 和基极电流 i_B 的大小。

(3) 直流电源 V_{CC} 通过电阻 R_c 接在晶体管的输出端，为集电结提供反向偏置电压。同时，流经 V_{CC} 的电流较大，将使得 V_{CC} 产生较大的能量提供给外部电路。R_c 称为集电极偏置电阻。

(4) R_L 为外接的负载。负载和放大电路的输出电阻共同决定了输出电压的大小。

此放大电路的输入端接在基极 b 和发射极 e 之间，输出端接在集电极 c 和发射极 e 之间，发射极为输入和输出回路的公共端，因此该电路称为共射极放大电路，简称射极放大电路。

注意：由于放大电路包含直流分量和交流分量两部分，在此对相关的电压、电流等物理量的大小写做以下说明。以基极电流为例，i_B 表示包含直流分量和交流分量的总电流瞬时值；I_B 表示只包含直流分量，i_b 表示只包含交流分量瞬时值，$i_B=I_B+i_b$。$\dot{I}_b$ 表示交流分量的相量形式。

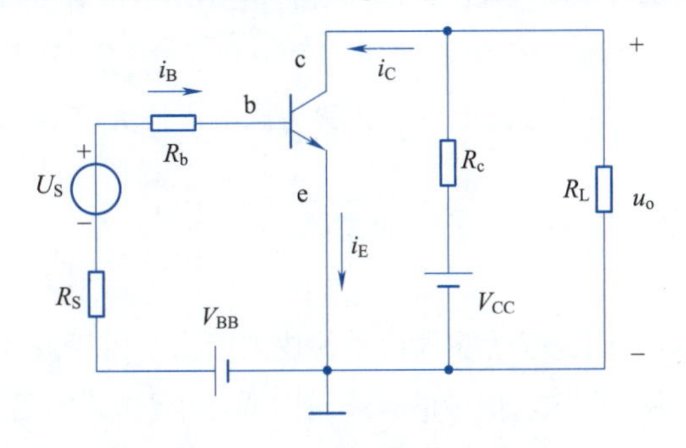

图 6.2　共射极放大电路

放大电路的核心部件是晶体管。根据晶体管的导通原理和输入、输出特性,放大电路的组成必须满足如下原则:

(1)晶体管必须工作在放大区,即发射结正向偏置,集电结反向偏置。

(2)电路中各元器件的连接必须保证输入信号得到足够的放大和顺利传送。

6.1.2 放大电路性能指标

1. 电压放大倍数 A_u

电压放大倍数也称为增益,表征放大电路放大电压信号的能力,其定义为输出电压 U_o 与输入电压 U_i 之比,即

$$A_u = \frac{U_o}{U_i} \tag{6.1}$$

若考虑正弦信号,则还要考虑相位的变化,用相量表示为

$$\dot{A}_u = \frac{\dot{U}_o}{\dot{U}_i} = A_u \angle \varphi_o - \varphi_i = A_u \angle \varphi \tag{6.2}$$

2. 电流放大倍数 A_i

电流放大倍数定义为输出电流 I_o 与输入电流 I_i 之比。考虑正弦量相位的变化,同样有

$$\dot{A}_i = \frac{\dot{I}_o}{\dot{I}_i} \tag{6.3}$$

3. 输入电阻 R_i

输入电阻 R_i 定义为输入电压 U_i 与输入电流 I_i 之比。R_i 表征放大电路对信号源的影响程度。放大器相当于信号源的负载电阻,与信号源内阻串联,因此 R_i 越大,内阻分得的电压越小,加在输入端的电压 U_i 就越大,放大效果越好。一般放大器都要求有较大的输入电阻。

4. 输出电阻 R_o

从放大电路的输出端看进去,其等效电阻就是 R_o。R_o 表征放大电路带负载的能力。R_o 和负载 R_L 是并联关系,R_o 越小,并联负载后的等效电阻就越接近 R_o,基本不随负载大小变化。一般放大器都要求有较小的输出电阻。

5. 源电压放大倍数 A_{us}

考虑信号源的内阻时,加在放大电路输入端的输入电压 U_i 和信号源电压 U_S 是不相等的,此时,信号源的内阻和放大电路的输入电阻相当于串联分压关系,信号源内阻会分掉一部分电压,如图 6.3 所示。此时输出电压与信号源电压之比称为源电压放大倍数,即

$$A_{us} = \frac{U_o}{U_S} \tag{6.4}$$

6. 通频带 f_{bw}

通频带表征放大电路对不同频率的输入信号的放大能力。由于放大电路中电容、电感、晶体管的 PN 结电容等因素的影响,在输入信号的频率过大或过小时,放大倍数会降低,相位也会产生一定的位移,如图 6.4 所示。因此,放大电路只适用于一定频率范围的输入信号。放大倍数不低

于 70% 的频率范围，称为通频带。放大倍数降低到 70% 以下，一般就认为信号放大性能很差了。

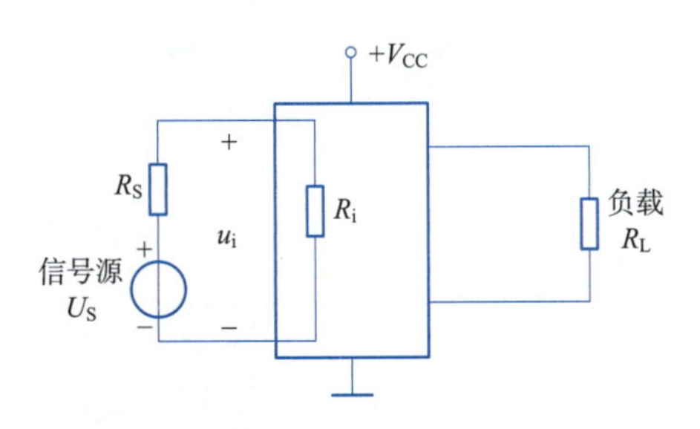

图 6.3　信号源内阻对放大电路的影响

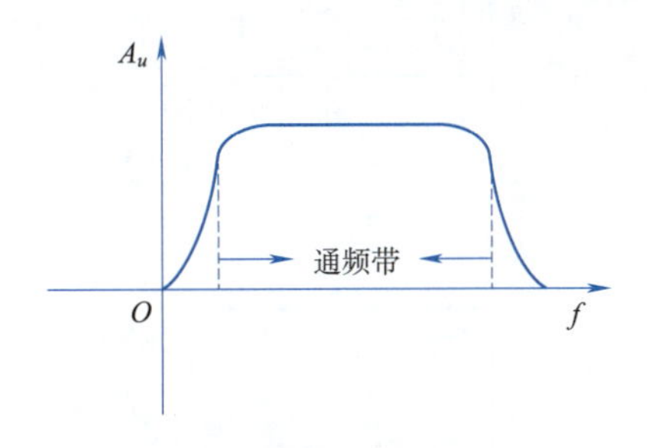

图 6.4　通频带

6.2　共射极放大电路

6.2.1　电路基本结构

本节主要以共射极放大电路为例，分析放大电路的组成、原理及性能指标。除图 6.2 所示的共射极放大电路外，另一种常用的共射极放大电路为输入和输出端串联耦合电容，如图 6.5 所示。放大电路中既有直流分量又有交流分量，电容可起到“通交隔直”作用。对于直流信号，电容相当于断路；对于交流信号，电容相当于短路，使得直流量和交流量流经不同的通路，达到放大相应信号的目的，亦可保证直流分量不受其他电路影响。另外，图 6.5 中输入端与输出端采用同一偏置电源及惯用的电位标示法。

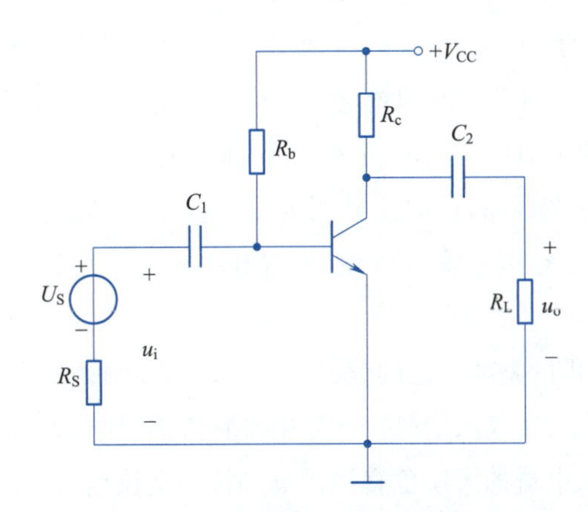

图 6.5　共射极耦合电容放大电路

放大电路必须首先接通直流偏置电源，使晶体管导通，为放大交流小信号做好准备。无交流输入信号时，放大电路中各部分电压和电流都是直流电，且符合晶体管的电流分配关系。图 6.6 所示为 I_B、I_C 和 U_{CE}/U_o 波形图。接入交流输入信号后，放大电路中的各部分电压和电流就包含直流分量和交流分量两部分，是交流分量在直流分量上的叠加，如图 6.7 所示。从电流和电压的波形可以看出，如果放大电路不接直流电源，即没有直流分量的“抬高”作用，交流分量为负半周时，不满足晶体管的导通条件，放大电路不起作用。

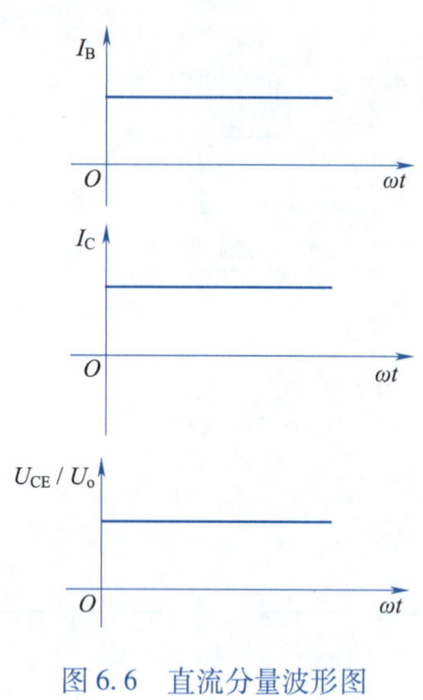

图 6.6　直流分量波形图

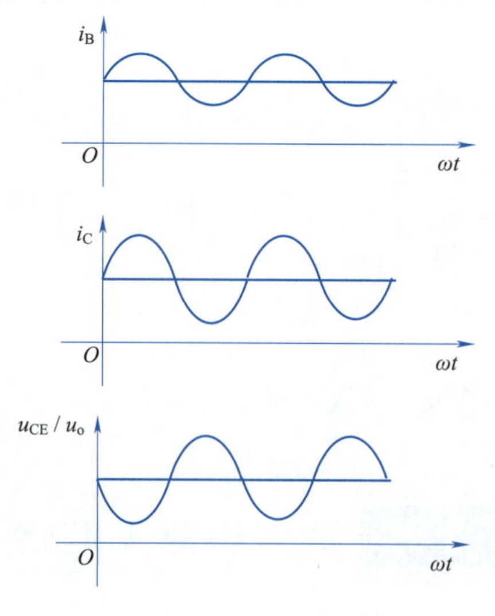

图 6.7　直流交流叠加波形图

6.2.2　直流通路

直流电和交流电特性不同,放大电路中的直流分量和交流分量所流经的具体电路分别称为直流通路和交流通路。如果输入回路和输出回路都不接电容,那么直流电源产生的电流也将通过输出回路流到负载上,以扬声器为例,负载所得到的放大信号就不单是被放大的声音信号,还要叠加直流分量,容易造成失真。因此,通常放大作用是针对正弦小信号的放大,因此主要研究回路中接电容进行"通交隔直"的放大电路。当然,不接电容的放大电路也是存在的。

放大电路不接信号源 U_S,只在直流偏置电压的作用下,所产生的电流流经的通路称为直流通路。图 6.5 所示的共射极放大电路的直流通路如图 6.8 所示,电容对于直流分量相当于开路。直流通路也称为放大电路的静态通路,此时主要用 I_B、U_{BE}、I_C、U_{CE} 四个物理量描述直流静态值。这四个量用来表述晶体管输入特性和输出特性,求解静态电路也是通过输入回路和输出回路来分析。

放大电路的静态分析,指的是在一定的偏置电压下,对直流通路中 I_B、U_{BE}、I_C、U_{CE} 四个物理量的分析。此时放大电路并没有接输入信号。电路中接直流偏置电源是放大电路能够导通和放大的基础,产生的各部分电压、电流的大小也直接影响到接入交流信号后的各个参数。从图 6.7 可以看出,放大电路各部分的电压和电流是交流波形叠加直流量的综合值,如果直流量太小,导致叠加后交流值的负半周还处于负值,则晶体管根本不能导通,此时容易产生截止失真。如果直流量太大,则叠加后的交流值"抬高"太多,此时容易产生饱和失真,失真问题将在 6.5 节详细分析。因此对放大电路的静态分析是极其重要的。

图 6.9 所示为输入回路电流流向示意图。可看出,输入回路包含电源 V_{CC}、基极偏置电阻 R_b,以及晶体管的发射结。由于晶体管的 PN 结属于非线性元件,将 PN 结简化为黑盒处理,只看其两端电压 U_{BE},如图 6.10 所示。

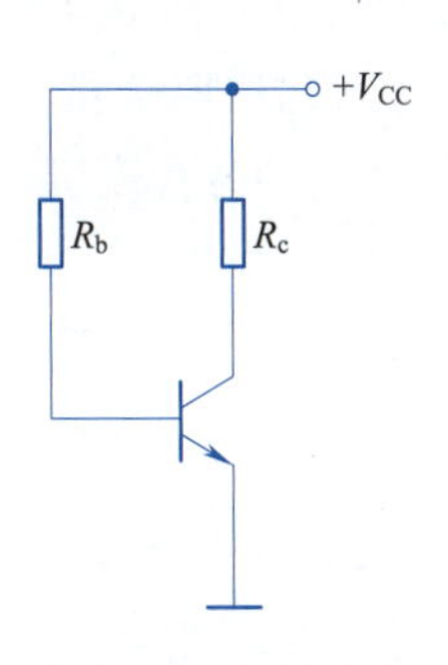

图6.8　直流通路

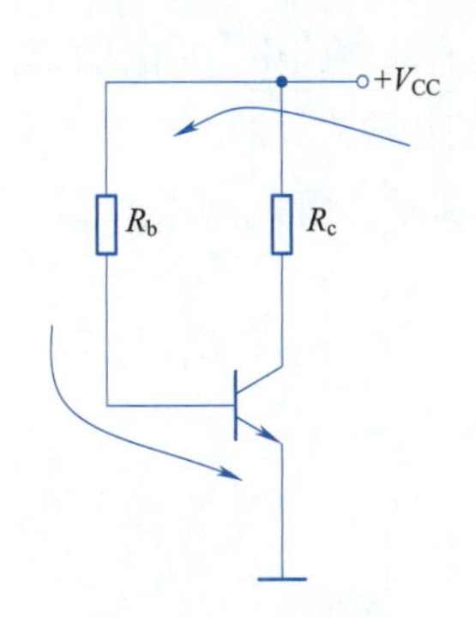

图6.9　晶体管输入回路电流流向示意图

如图6.11所示为晶体管输出回路电流流向示意图。输出回路包含电源 V_{CC}、集电极偏置电阻 R_c，以及晶体管的两个PN结(集电结和发射结)。同样，由于非线性因素，不管两个PN结之间的伏安关系，将两个PN结看作黑盒，只看其两端电压 U_{CE}，如图6.12所示。这样可方便运用基尔霍夫电压定律求解输入回路和输出回路。

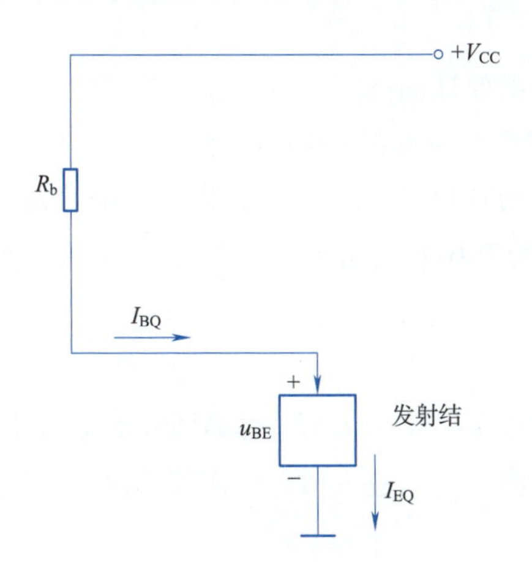

图6.10　输入回路等效图

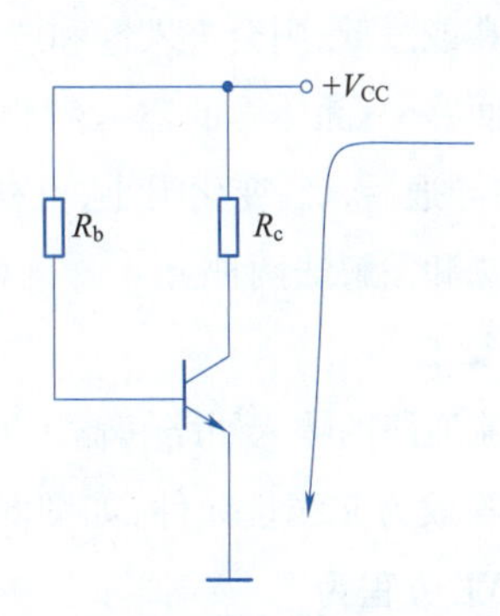

图6.11　晶体管输出回路电流流向示意图

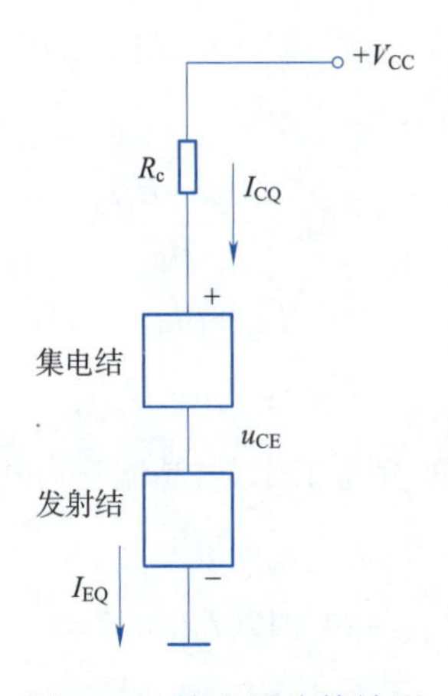

图6.12　输出回路等效图

如图 6.8 所示的直流电路中，在输入回路 b、e 两端有 I_B、U_{BE}两个物理量，在输出回路中有 I_C、U_{CE}两个物理量。它们在输入、输出特性曲线上分别对应一个点，因此这四个量的取值称为静态工作点 Q，如图 6.13 所示。用 I_{BQ}、U_{BEQ}、I_{CQ}、U_{CEQ}表示静态工作点对应的各直流量。

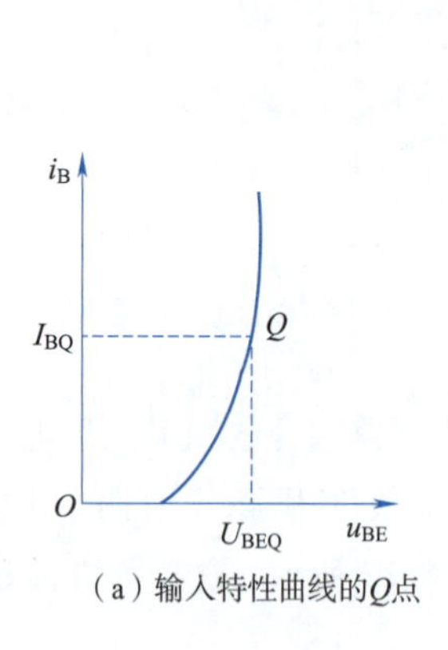

（a）输入特性曲线的Q点

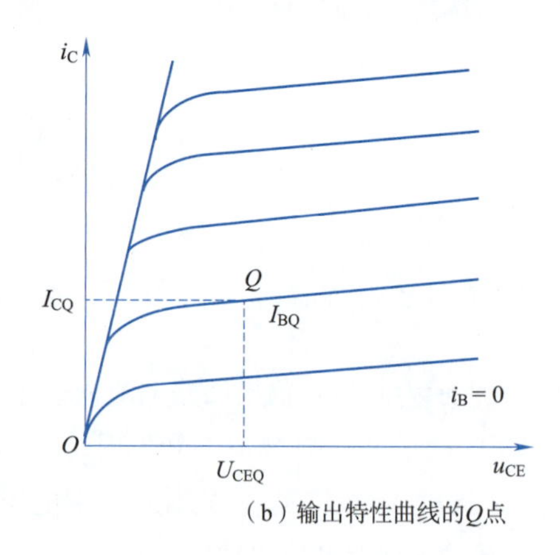

（b）输出特性曲线的Q点

图 6.13　静态工作点

静态工作点必须取得合适，叠加交流小信号后才能保证晶体管一直工作在放大状态。静态工作点过高或过低，则会进入饱和或截止状态，相应出现饱和失真或截止失真。

输入回路中，晶体管的输入特性可等效为 PN 结的特性，因此 U_{BE}就是发射结的导通电压。PN 结正向导通后，U_{BE}变化很小，可视为常数，一般硅管取 0.7 V，锗管取 0.2 V，另外三个量的求取有计算法和图解法两种。

1. 计算法

从直流通路的输入回路和输出回路分析，两个回路满足 KVL 方程。将晶体管的输入端和输出端分别等效为非线性元件，如图 6.14 所示。按逆时针方向，输入回路电压降依次为 $-V_{CC}$、$I_{BQ}R_b$、U_{BE}，KVL 方程为

$$-V_{CC}+I_{BQ}R_b+U_{BEQ}=0 \tag{6.5}$$

输出回路电压降依次为 $-V_{CC}$、$I_{CQ}R_c$、U_{CEQ}，KVL 方程为

$$-V_{CC}+I_{CQ}R_c+U_{CE}=0 \tag{6.6}$$

可求得静态工作点 Q 的取值为

$$I_{BQ}=\frac{V_{CC}-U_{BEQ}}{R_b} \tag{6.7}$$

$$I_{CQ}=\beta I_{BQ} \tag{6.8}$$

$$U_{CEQ}=V_{CC}-I_{CQ}R_c \tag{6.9}$$

例 6.1　求图 6.15 所示电路的静态工作点，晶体管为硅管。

解　由输入回路可得

$$-24+120I_B+0.7=0$$

$$I_B=0.19\ \text{mA}$$

$$I_C=\beta I_B=9.5\ \text{mA}$$

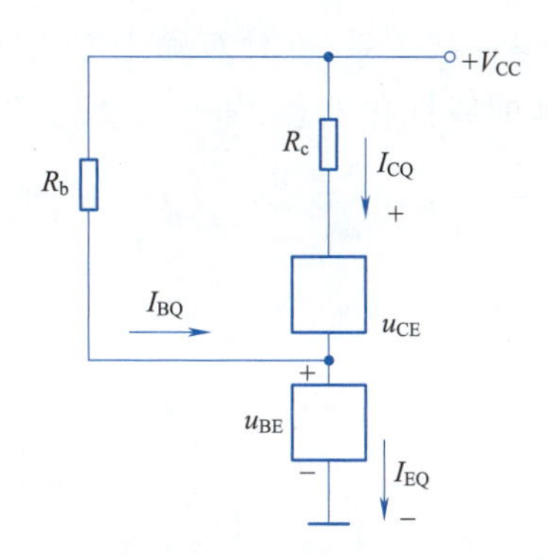

图 6.14　直流通路等效图

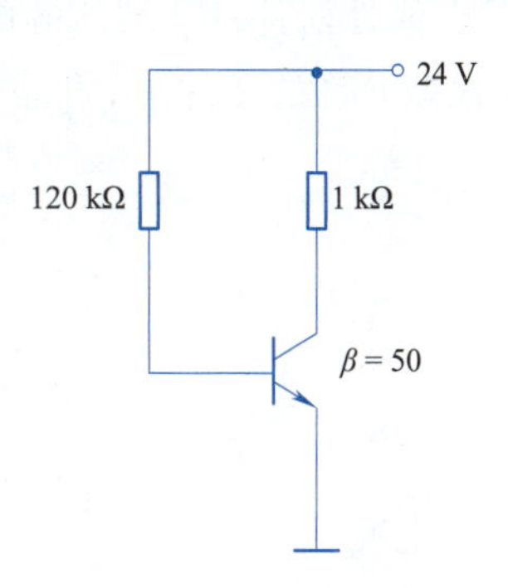

图 6.15　例 6.1 电路图

由输出回路可得

$$-24 + 1I_C + U_{CE} = 0$$

$$U_{CE} = 14.5\ \text{V}$$

2. 图解法

需要求取的三个量都反映在输出特性曲线上，因此可在输出特性曲线图上进行求解，如图 6.16 所示。首先根据输出回路的 KVL 可得 I_C 和 U_{CE} 的关系式 $U_{CE} = V_{CC} - I_{CQ}R_c$，根据该式可在图中做一条直流负载线，与横轴交于点 V_{CC}，与纵轴交于 V_{CC}/R_c。而 I_C 和 U_{CE} 的关系也必然满足晶体管输出特性曲线。因此输出特性曲线和直流负载线的交点，就是相应的 I_{CQ}、U_{CEQ}、I_{BQ} 的取值。具体是哪条特性曲线，可由 I_{BQ} 的值确认。I_{BQ} 则根据输入回路的方程 $I_{BQ} = \dfrac{V_{CC} - U_{BEQ}}{R_b}$ 求得。

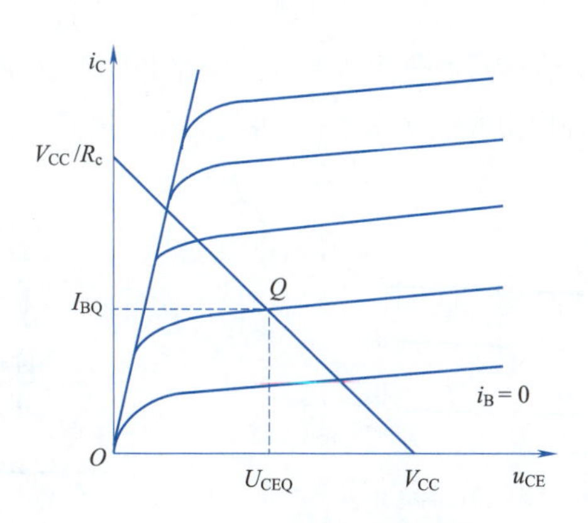

图 6.16　静态工作点的图解法

6.2.3　交流通路

将放大电路的直流偏置电压短接，只接交流小信号的情况下，交流电流流经的通路称为交流通路。图 6.5 所示电路的交流通路如图 6.17 所示，此时电容相当于短路。交流通路也称为动态通路。

放大电路的动态分析，就是在交流通路上计算交流信号的放大倍数、输入电阻、输出电阻等性能指标。

晶体管是非线性器件，PN结的端电压和电流呈曲线关系，在计算输入电压、输出电压时比较复杂，在误差允许的条件下，将晶体管做合理的线性化处理，简化计算过程，如图6.18所示。

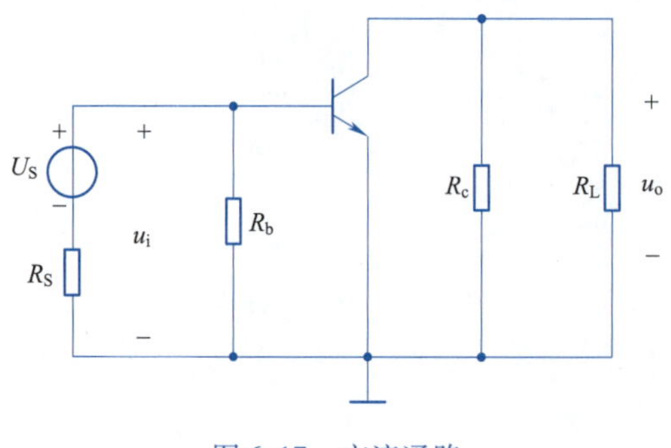

图6.17　交流通路

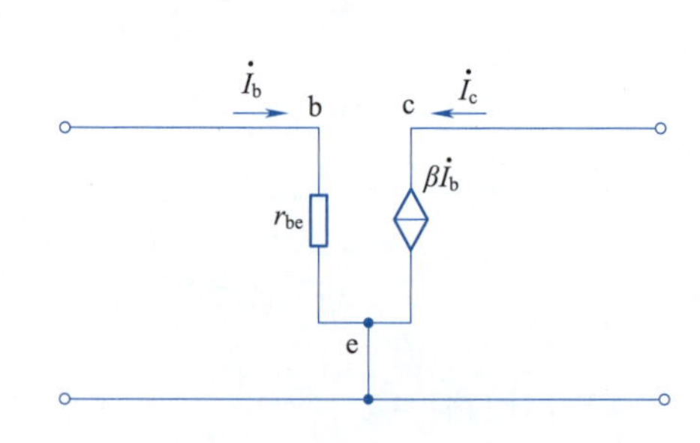

图6.18　晶体管线性化模型

图6.18中，将晶体管的输入回路用等效电阻r_{be}代替，输出回路用受控电流源代替。从输入特性上看，输入回路涉及结电压u_{be}和基极电流i_b，在u_{be}变化范围极小的情况下，i_b的变化可近似为直线，等效于电阻的作用，输入特性曲线如图6.19(a)所示。因此可近似认为$u_{be}=i_b r_{be}$。r_{be}的大小根据公式$r_{be}=300+(1+\beta)\dfrac{26(\text{mV})}{I_{EQ}}$得出。从输出特性上看，输出回路涉及$i_b$、$i_c$、$u_{ce}$三个量。在输出特性曲线上，可看出$i_c$主要由$i_b$决定，与$u_{ce}$关系不大，在放大区的小范围内，可近似认为$i_c$与$u_{ce}$大小无关，如图6.19(b)所示。因此输出特性主要体现$i_c=\beta i_b$，具有受控源的特性，可等效为电流控制电流源。

因此将图6.17所示的交流通路简化为微变等效电路如图6.20所示。将原图的晶体管三个极断开与其他元件的连接，替换为线性化模型，再将其他元件接回。

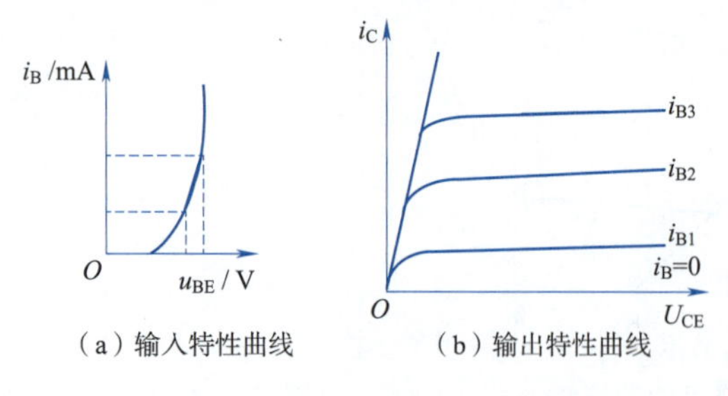

图6.19　输入、输出特性曲线

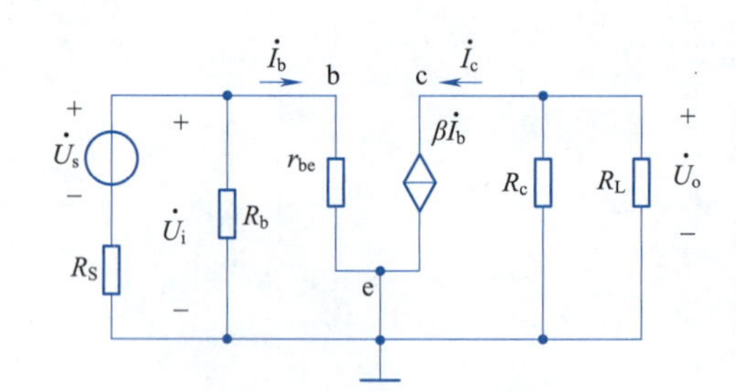

图6.20　微变等效电路

图6.20中，输出电压$\dot{U}_o=-\dot{I}_c(R_c//R_L)$，输入电压$\dot{U}_i=\dot{I}_b r_{be}$，电压放大倍数为

$$\dot{A}_u=\frac{\dot{U}_o}{\dot{U}_i}=-\frac{\dot{I}_c(R_c//R_L)}{\dot{I}_b r_{be}}=-\frac{\beta(R_c//R_L)}{r_{be}} \tag{6.10}$$

输入电阻

$$R_i=R_b//r_{be} \tag{6.11}$$

输出电阻

$$R_o = R_c \tag{6.12}$$

例 6.2　如图6.21所示放大电路，晶体管为硅管，求该电路的放大倍数、输入电阻和输出电阻。

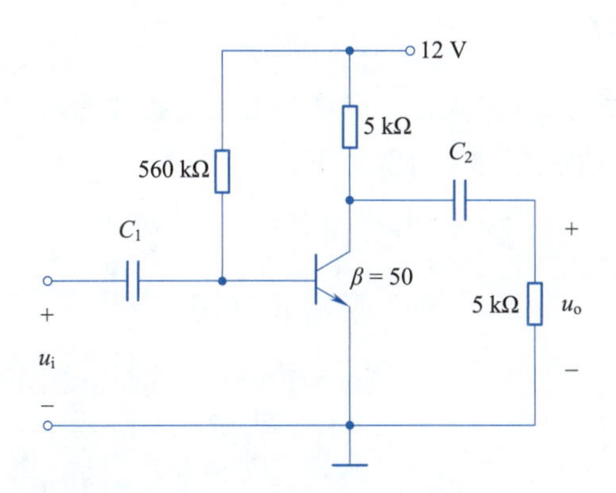

图6.21　例6.2电路图

解　电路的微变等效电路如图6.22所示。

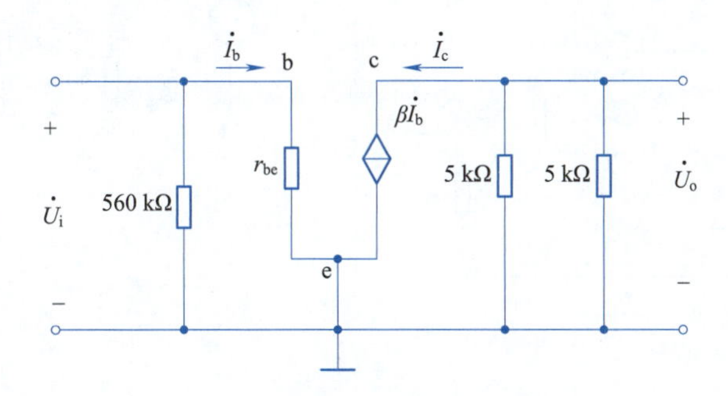

图6.22　例6.2的微变等效电路

求动态参数时，r_{be}的求解需要用到I_{EQ}，因此需先求取静态工作点I_{BQ}。

根据直流通路的输入回路，可得

$$-12 + 560 I_B + 0.7 = 0$$

$$I_{BQ} = 0.02\ \text{mA}$$

$$I_{CQ} = \beta I_{BQ} = 1\ \text{mA}$$

$$I_{EQ} \approx I_{CQ} = 1\ \text{mA}$$

则

$$r_{be} = 300 + (1+\beta)\frac{26(\text{mV})}{I_{EQ}} = (300 + 51 \times 26)\,\Omega = 1.6\ \text{k}\Omega$$

$$\dot{A}_u = -\frac{\beta(R_c//R_L)}{r_{be}} = -\frac{50 \times (5//5)}{1.6} = -78.1$$

$$R_i = R_b//r_{be} = 560//1.6\ \text{k}\Omega \approx 1.6\ \text{k}\Omega$$

$$R_o = R_c = 3\ \text{k}\Omega$$

6.3 共集电极放大电路和共基极放大电路

除共射极放大电路外，放大电路还有共集电极和共基极接法。三种放大电路性能各不相同。

6.3.1 共集电极放大电路

共集电极放大电路如图 6.23(a)所示。其微变等效电路如图 6.23(b)所示。集电极为输入回路和输出回路的公共端。静态工作点计算如下：

$$-V_{CC}+I_{BQ}R_b+U_{BEQ}+I_{EQ}R_e=0 \tag{6.13}$$

$$I_{BQ}=\frac{V_{CC}-U_{BEQ}}{R_b+(1+\beta)R_e} \tag{6.14}$$

$$I_{CQ}=\beta I_{BQ}$$

$$U_{CEQ}=V_{CC}-I_{EQ}R_e \tag{6.15}$$

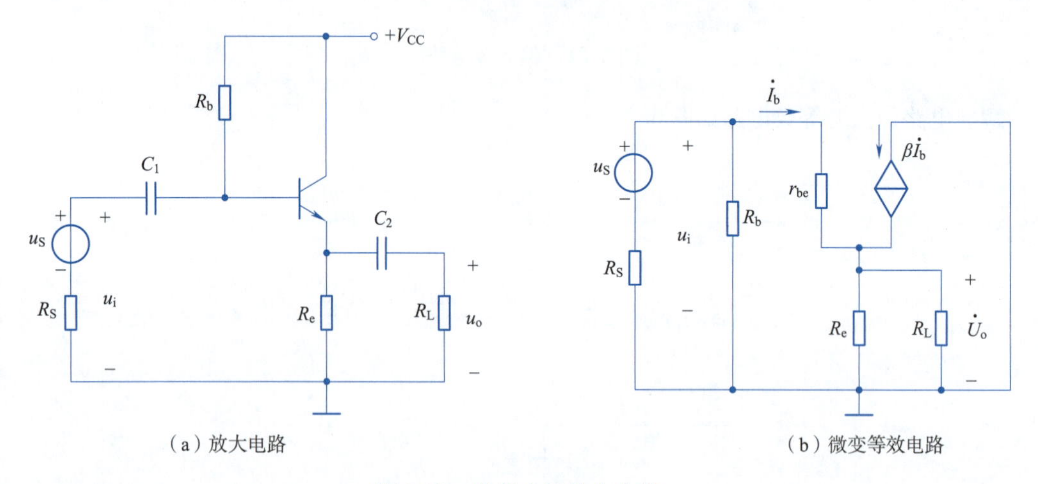

(a) 放大电路　　(b) 微变等效电路

图 6.23　共集电极放大电路

电压放大倍数为

$$\dot{A}_u=\frac{\dot{U}_o}{\dot{U}_i}=\frac{\dot{I}_e(R_e//R_L)}{\dot{I}_b r_{be}+\dot{I}_e(R_e//R_L)}=\frac{(1+\beta)(R_e//R_L)}{r_{be}+(1+\beta)(R_e//R_L)} \tag{6.16}$$

由式(6.16)可知，共集电极的电压放大倍数$\dot{A}_u$为正，输出电压与输入电压同相，且分母中 r_{be} 与后一项相比非常小，因此$\dot{A}_u$小于1且约等于1。共集电极放大电路也被称为射极跟随器。

输入电阻

$$R_i=[r_{be}+(1+\beta)(R_e//R_L)]//R_b \tag{6.17}$$

输出电阻

$$R_o=R_e//\frac{r_{be}+R_b}{1+\beta} \tag{6.18}$$

可以看出，共集电极放大电路具有输入电阻大、输出电阻小的特点。

6. 3. 2　共基极放大电路

共基极放大电路如图 6. 24(a)所示。微变等效电路如图 6. 24(b)所示,基极为输入回路和输出回路的公共端。静态工作点计算如下:

$$I_{EQ}=\frac{V_{EE}-U_{BEQ}}{R_e} \tag{6.19}$$

$$I_{BQ}=\frac{I_{EQ}}{1+\beta} \tag{6.20}$$

$$I_{CQ}=\beta I_{BQ}$$

$$U_{CEQ}=V_{CC}-I_{RC}R_c+U_{BE} \tag{6.21}$$

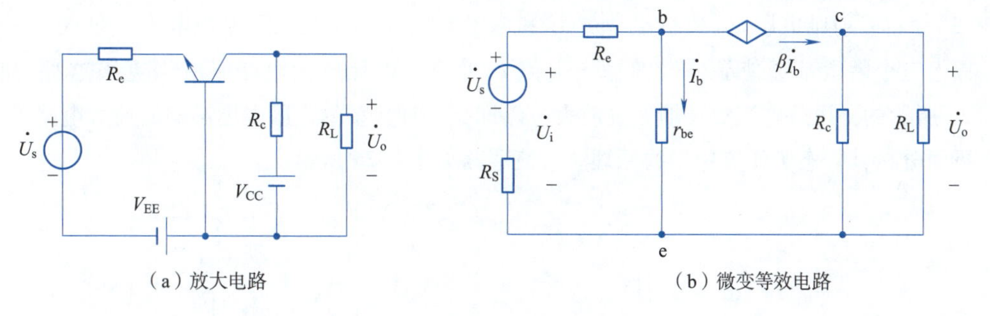

图 6. 24　共基极放大电路及微变等效电路

电压放大倍数

$$\dot{A}_u=\frac{\dot{U}_o}{\dot{U}_i}=\frac{\dot{I}_c(R_c//R_L)}{\dot{I}_b r_{be}+\dot{I}_e R_e}=\frac{\beta(R_c//R_L)}{r_{be}+(1+\beta)R_e} \tag{6.22}$$

输入电阻

$$R_i=R_e+\frac{r_{be}}{1+\beta} \tag{6.23}$$

输出电阻

$$R_o=R_c \tag{6.24}$$

6. 3. 3　三种基本放大电路对比

根据上述分析,共射极、共集电极、共基极放大电路在放大倍数、输入电阻、输出电阻等参数上各有特点。总结如下:

(1)共射极放大电路既放大电压又放大电流,输出电压与输入电压反相。输入电阻和输出电阻大小都适中,频带较窄。可应用于对输入和输出电阻无要求、低频多级放大电路的输入级、中间级或输出级。

(2)共集电极放大电路只能放大电流,不能放大电压,且有电压跟随的特点,输出电压与输入电压同相。输入电阻较大,输出电阻较小。常用于多级放大电路的输入级和输出级。

(3)共基极放大电路只能放大电压,不能放大电流,输出电压与输入电压同相。输入电阻小,输出电阻适中。但是它的频带特性好,常用于宽频带和高频带放大器。

6.4 放大电路静态工作点的稳定

通过前面章节的分析可知,静态工作点必须选取合适,否则叠加交流小信号后容易出现饱和失真和截止失真。但静态工作点所对应的电压和电流值非常容易受温度的影响。因为晶体管的本质是PN结,温度的变化对于多子和少子的数量有显著的影响,从而影响电流和电压,静态工作点就会产生偏移。因此,设计能够克服温度变化使得静态工作点稳定的放大电路是十分必要的。

温度升高对晶体管各个参数的影响主要体现在三个方面:

(1)使得反向饱和电流 I_{CBO} 增加。

(2)使得放大倍数 β 值变大。

(3)使得发射结电压 U_{BE} 减小,在外电压和偏置电阻不变的情况下,基极电流 i_B 增大。

以上三个因素都会使晶体管的输出电流 i_C 变大。设计放大电路时应当克服这种变化。图6.25所示的分压式电流负反馈偏置放大电路即是一种典型的克服温度影响的放大电路。

下面分析其静态工作点稳定的原理。直流通路如图6.26所示。

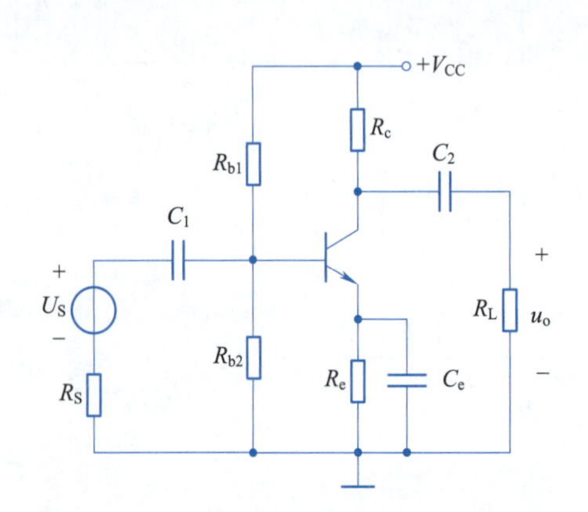

图6.25 分压式电流负反馈偏置放大电路

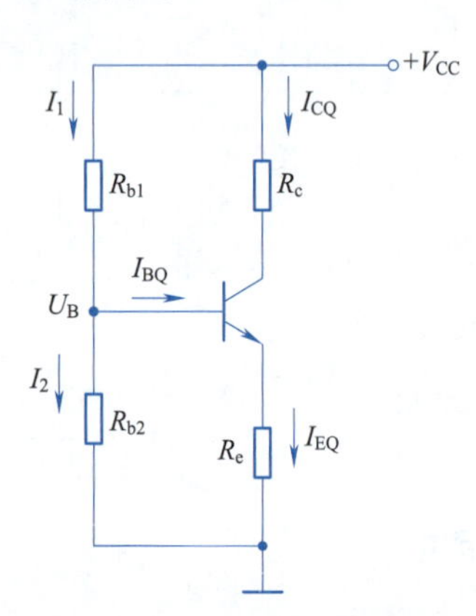

图6.26 直流通路

由KCL可得,$I_1=I_2+I_{BQ}$,选择适当的外电源 V_{CC} 和偏置电阻,使得 $I_{BQ} \ll I_1$,可近似认为 $I_1=I_2$。V_{CC}、R_{b1} 和 R_{b2} 构成闭合回路,根据分压公式,电位 $U_B=\dfrac{R_{b2}}{R_{b1}+R_{b2}}V_{CC}$。由于电阻不受温度变化影响,因此 U_B 不随温度变化,是固定值。而根据晶体管输入端的电压降,有 $U_B=U_{BE}+R_eI_{EQ}$。

根据以上关系,假设温度上升,引起电流 I_{CQ} 和 I_{EQ} 增加,由于 U_B 不变,则 U_{BE} 减小,I_{BQ} 相应减小,反过来导致 I_{CQ} 和 I_{EQ} 减小,从而抵消了温度上升带来的输出电流的增加。过程如下:

$$\text{温度}\ T\uparrow \rightarrow I_{CQ}\uparrow \rightarrow I_{EQ}\uparrow \rightarrow I_{EQ}R_e\uparrow \rightarrow U_{BE}\downarrow \rightarrow I_{BQ}\downarrow \rightarrow I_{CQ}\downarrow$$

例6.3 如图6.25所示电路,$R_{b1}=3\ \text{k}\Omega$,$R_{b2}=2\ \text{k}\Omega$,$R_c=3\ \text{k}\Omega$,$R_e=2\ \text{k}\Omega$,$R_L=1\ \text{k}\Omega$,$V_{cc}=10\ \text{V}$,$\beta=80$。试求:(1)静态工作点;(2)电压放大倍数、输入电阻、输出电阻。

解 (1)静态工作点:

$$U_B=\frac{R_{b2}}{R_{b1}+R_{b2}}V_{CC}=\frac{2}{3+2}\times 10\ \text{V}=4\ \text{V}$$

$$U_E = R_e I_{EQ} = U_B - U_{BE} = (4 - 0.7)\ \text{V} = 3.3\ \text{V}$$

$$I_{EQ} \approx I_{CQ} = \frac{U_E}{R_e} = 1.65\ \text{mA}$$

$$I_{BQ} = \frac{I_{CQ}}{\beta} = 20.6\ \mu\text{A}$$

$$U_{CE} = V_{CC} - R_c I_{CQ} - R_e I_{EQ} = 1.75\ \text{V}$$

(2)微变等效电路如图 6.27 所示。

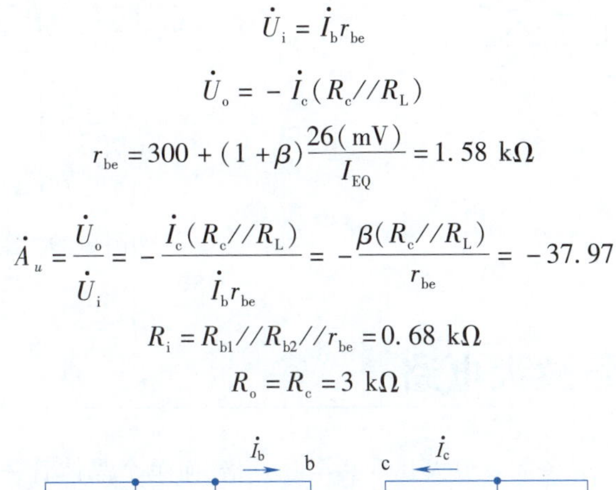

$$\dot{U}_i = \dot{I}_b r_{be}$$

$$\dot{U}_o = -\dot{I}_c (R_c // R_L)$$

$$r_{be} = 300 + (1+\beta)\frac{26(\text{mV})}{I_{EQ}} = 1.58\ \text{k}\Omega$$

$$\dot{A}_u = \frac{\dot{U}_o}{\dot{U}_i} = -\frac{\dot{I}_c (R_c//R_L)}{\dot{I}_b r_{be}} = -\frac{\beta (R_c//R_L)}{r_{be}} = -37.97$$

$$R_i = R_{b1}//R_{b2}//r_{be} = 0.68\ \text{k}\Omega$$

$$R_o = R_c = 3\ \text{k}\Omega$$

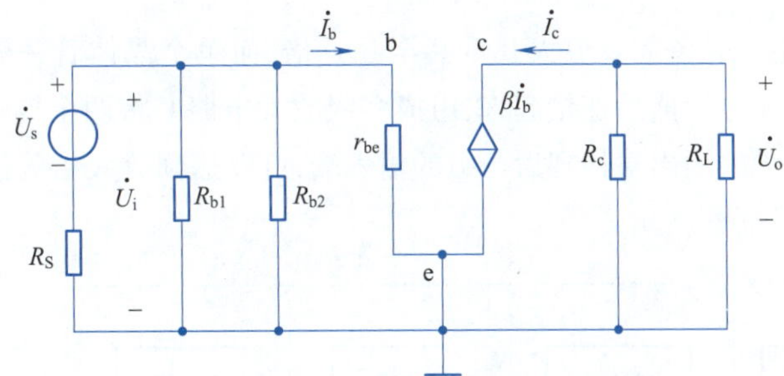

图 6.27　例 6.3 微变等效电路

6.5　非线性失真

如前所述,放大电路的输出信号是正弦交流小信号叠加静态工作点后的放大值,而晶体管要发挥放大作用必须工作在放大区。若输出信号过大或过小,就会进入饱和区或截止区,产生饱和失真或截止失真。

1. 饱和失真

若静态工作点偏高,即直流分量较大,当叠加正弦信号后,部分信号就可能进入饱和区。i_B 增大后,i_C 几乎不再增加,这样 i_C 的波形被削顶,u_{CE} 的波形被削底,这种现象就是饱和失真,如图 6.28 所示。

避免饱和失真就要降低静态工作点,即减小 i_B 或 i_C 的值。根据输入回路和输出回路的 KVL 方程,可通过增大 R_b 或者减小 R_c 来调节。

2. 截止失真

相反,若静态工作点偏低,叠加正弦信号后就可能进入截止区。此时晶体管处于不导通状态，电流 i_C 波形被削底，电压 u_{CE} 波形被削顶。这种现象就是截止失真，如图 6.29 所示。

避免截止失真，就要提高静态工作点，可通过减小 R_b 的阻值来调节。

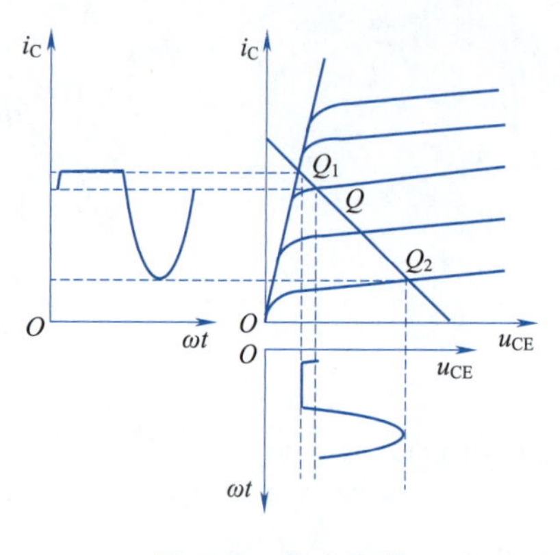

图 6.28　饱和失真

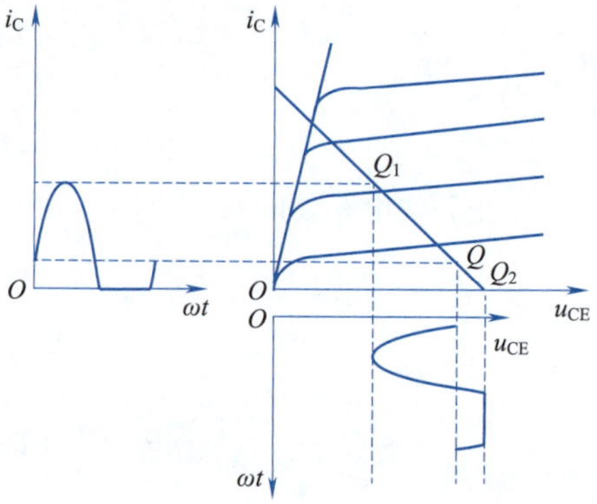

图 6.29　截止失真

6.6　多级放大电路

实际应用中很多电子设备需要放大几千甚至几万倍，而单个晶体管一般只能放大几十到几百倍，这时需要将多个晶体管前后连接起来，组成多级放大电路。将两个或多个晶体管组成的放大电路进行级联，前一级的输出端接到后一级的输入端，可以达到放大倍数倍乘的目的。图 6.30 为多级放大电路的组成框图。

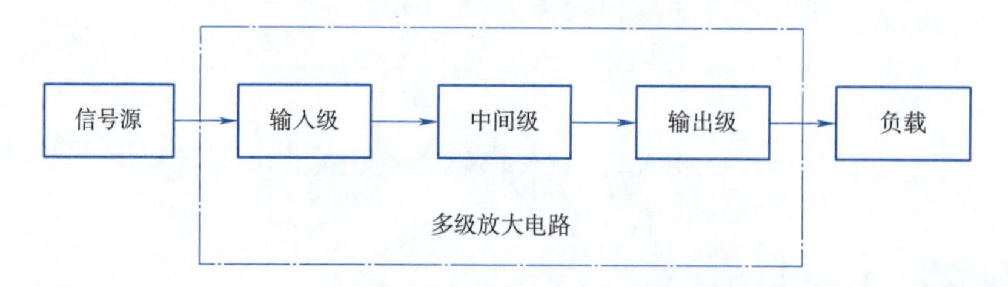

图 6.30　多级放大电路的组成框图

第一级为输入级，根据应用电路的要求可选用不同的放大电路。例如，若需要高的输入电阻，则可选用共集电极放大电路。若需要克服零点漂移、温度漂移等问题，则可选用差分放大电路。

中间级可由很多级组成，作用是提供足够大的电压放大倍数。

最后一级为输出级，与负载相连。如需要较强的带负载能力，应选用输出电阻较小的放大电路。为了得到尽可能大的不失真输出电压，也可选用互补输出级放大电路。

前后两级放大电路可以直接连接或通过电容连接，还可以通过变压器连接。相应的连接方式称为直接耦合、阻容耦合和变压器耦合。不同的耦合方式，放大电路的性能有很大不同。

6.6.1　直接耦合

图 6.31 所示为直接耦合放大电路。此电路中 R_{c1} 既作为第一级的集电极偏置电阻，又作为第二级的基极偏置电阻。R_{c1} 只要取值合适，就可兼顾前后两级的电流要求。

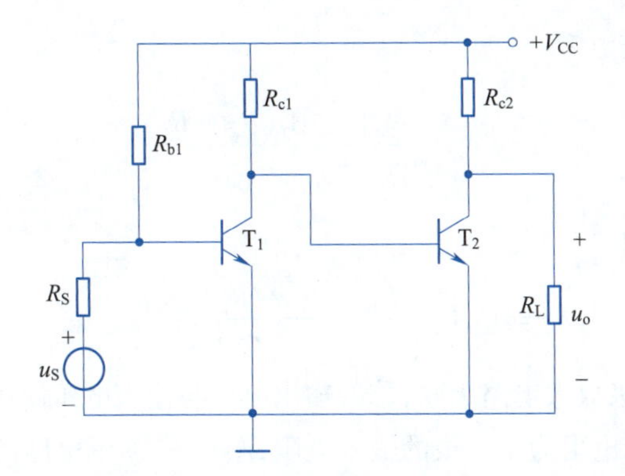

图 6.31　直接耦合放大电路

1. 静态分析

直接耦合电路前一级的直流分量会传递到下一级,因此静态工作点相互影响。分析时需将各级静态工作点的方程联立求解。图 6.31 所示两级放大电路的静态工作点可通过下列方程组求出:

$$I_{B1Q}=\frac{V_{CC}-U_{BE1}}{R_{b1}}-\frac{U_{BE1}}{R_S}$$

$$I_{C1Q}=\beta_1 I_{B1Q}$$

$$U_{CE1Q}=V_{CC}-(I_{C1Q}+I_{B2Q})R_{c1}=U_{BE2Q}$$

$$I_{C2Q}=\beta_2 I_{B2Q}$$

$$U_{CE2Q}=V_{CC}-\left(I_{C2Q}+\frac{U_{CE2}}{R_L}\right)R_{c2}$$

放大电路级数较多时,一般需要借助计算机软件进行运算。另外,如能确保前一级的集电极电流远大于后一级的基极电流,例如 $I_{C1}\gg I_{B2}$,则各级的静态工作点可单独计算。

2. 动态分析

图 6.31 所示耦合放大电路的微变等效电路如图 6.32 所示。

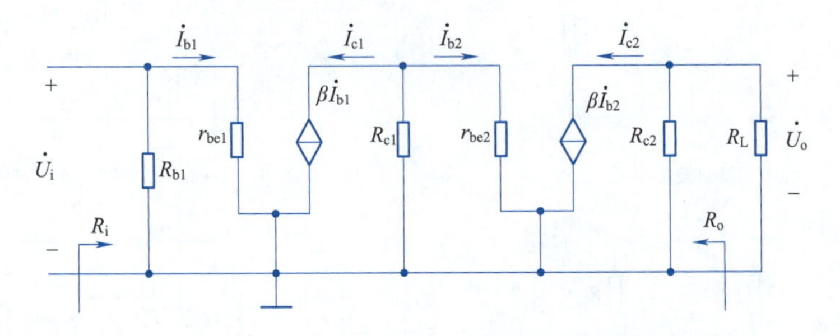

图 6.32　直接耦合放大电路的微变等效电路

计算电压放大倍数$\dot{A}_u$时,将各级放大电路的$\dot{A}_u$分别计算出来,然后相乘即可。但要注意,后一级作为前一级的负载,计算前一级的输出电压时要考虑后一级的输入电阻。

图 6.32 中,第一级的电压放大倍数为

$$\dot{A}_{u1}=\frac{\dot{U}_{o1}}{\dot{U}_i}=-\frac{\beta_1(R_{c1}//r_{be2})}{r_{be1}}$$

第二级的电压放大倍数为

$$\dot{A}_{u2}=\frac{\dot{U}_{o}}{\dot{U}_{o1}}=-\frac{\beta_2(R_{c2}//R_{L})}{r_{be2}}$$

总的电压放大倍数为

$$\dot{A}_{u}=\dot{A}_{u1}\dot{A}_{u2}=\frac{\beta_1\beta_2(R_{c2}//R_{L})(R_{c1}//r_{be2})}{r_{be1}r_{be2}}$$

可以看出,两级共射极放大电路级联,总的输出电压与输入电压同相。

多级放大电路的输入电阻为第一级的输入电阻,图6.32所示电路的输入电阻为

$$R_{i}=R_{i1}=R_{b1}//r_{be1}$$

有些放大电路的后一级电路会影响前一级的输入电阻,例如第一级为共集电极放大电路,分析微变等效电路时应当注意。

多级放大电路的输出电阻为最后一级的输出电阻。图6.32所示电路的输出电阻为

$$R_{o}=R_{c2}$$

同样,也存在一些放大电路的前一级电路会影响后一级的输出电阻。前一级为共集电极放大电路即属于此种情况。

3. 直接耦合放大电路的改进

通过图6.31及其静态分析可知,第一级的 U_{CE1} 等于第二级的 U_{BE2},若晶体管为硅管时 U_{BE2} 约为0.7 V。在晶体管的输出特性曲线中,U_{CE} 为0.7 V时晶体管的静态工作点靠近饱和区,叠加交流信号后,容易引起饱和失真。为克服这个问题,对直接耦合放大电路进行改进,电路如图6.33所示。

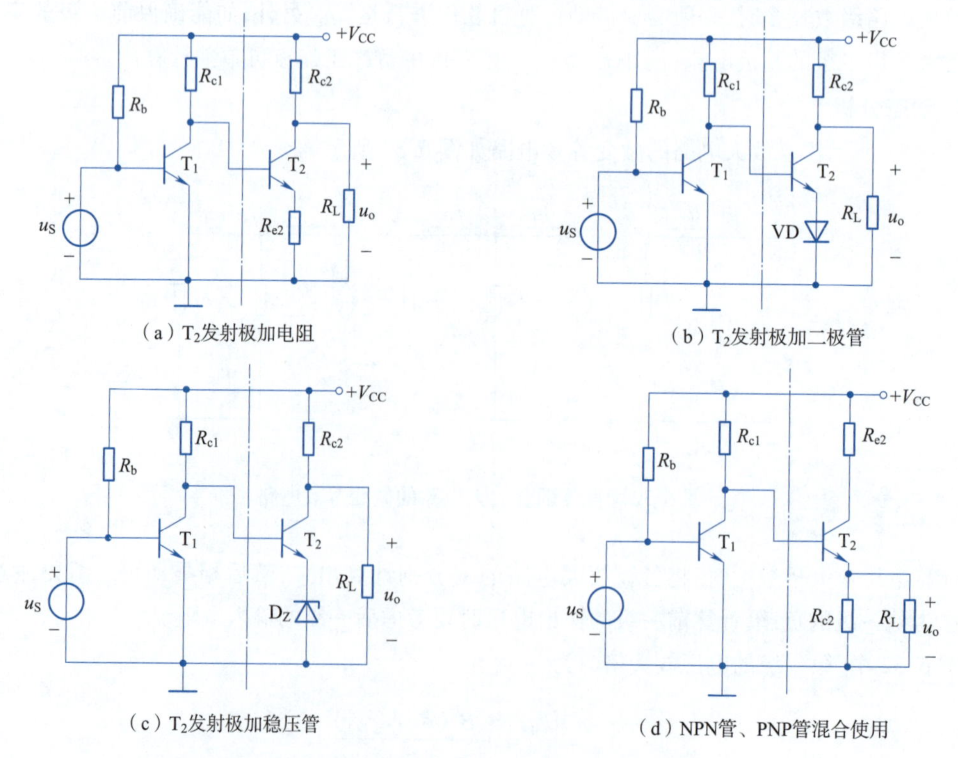

(a) T_2发射极加电阻
(b) T_2发射极加二极管
(c) T_2发射极加稳压管
(d) NPN管、PNP管混合使用

图6.33 直接耦合放大电路的改进电路

图 6.33(a)所示电路在第二个晶体管的发射极加电阻 R_{e2}，这时 $U_{CE1}=I_{E2}R_{e2}+U_{BE2}$，$U_{CE1}$ 增大。但是 R_{e2} 的加入将降低电压放大倍数，于是又有用二极管或稳压管代替 R_{e2} 的方法，分别如图 6.33(b)、(c)所示。当二极管正向导通或稳压管反向击穿时，$U_{CE1}=U_D+U_{BE2}$ 或 $U_{CE1}=U_Z+U_{BE2}$，U_{CE1} 增大，而二极管和稳压管的等效电阻都很小，不会显著降低电压放大倍数。当放大电路级数较多时，U_{CE} 逐级抬高将会影响较后级晶体管的静态工作点，因此直接耦合放大电路经常选用 NPN 管和 PNP 管混合使用的电路接法，如图 6.33(d)所示。

直接耦合放大电路可以放大直流信号也可以放大交流信号。对变化缓慢的信号放大效果较好，即低频特性好，且没有大电容，适合将所有电路集成到一片硅片上，做成集成电路。集成电路是当前电子元器件发展的主流方向，因此直接耦合放大电路的分析和研究越来越受重视。

直接耦合放大电路在放大直流信号的同时，也带来了各级放大电路的静态工作点相互影响的问题。如果前一级存在温漂或零漂，误差将会被逐级放大。为了克服此问题，第一级一般采用差分放大电路。差分放大电路将在本书后续章节详细分析。

6.6.2　阻容耦合

阻容耦合放大电路如图 6.34 所示。前一级放大电路的输出信号通过电容连接后一级的输入端。该电容与后一级电路的输入电阻构成阻容耦合放大电路。

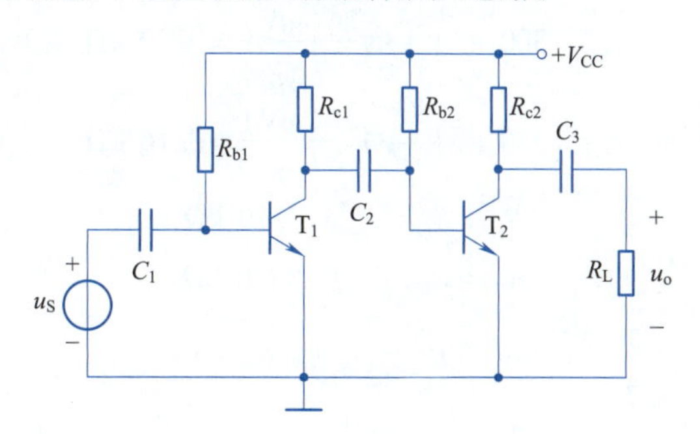

图 6.34　阻容耦合放大电路

1. 静态分析

由于电容的“通交隔直”作用，阻容耦合放大电路每一级的静态工作点可独立计算。

2. 动态分析

图 6.34 所示阻容耦合放大电路的微变等效电路如图 6.35 所示。电压放大倍数 $\dot{A}_u$、输入电阻和输出电阻的分析方法与直接耦合放大电路是一致的。

例 6.4　如图 6.34 所示阻容耦合放大电路，$V_{CC}=12\ \text{V}$，$R_{b1}=300\ \text{k}\Omega$，$R_{b2}=200\ \text{k}\Omega$，$R_{c1}=5\ \text{k}\Omega$，$R_{c2}=2\ \text{k}\Omega$，$R_L=5\ \text{k}\Omega$，$\beta_1=\beta_2=50$，试求：(1)各级静态工作点；(2)$\dot{A}_u$、$R_i$、$R_o$。

解　(1)静态工作点：

第一级：

$$I_{B1Q}=\frac{V_{CC}-U_{BE}}{R_{b1}}=\frac{12-0.7}{300}\ \text{mA}=0.038\ \text{mA}$$

$$I_{C1Q}=\beta_1 I_{B1Q}=1.88\ \text{mA}$$

$$U_{CE1}=V_{CC}-I_{C1Q}R_{c1}=2.6\ \text{V}$$

第二级：

$$I_{B2Q}=\frac{V_{CC}-U_{BE}}{R_{b2}}=\frac{12-0.7}{200}\ \text{mA}=0.057\ \text{mA}$$

$$I_{C2Q}=\beta_2 I_{B2Q}=2.83\ \text{mA}$$

$$U_{CE2}=V_{CC}-I_{C2Q}R_{c2}=6.34\ \text{V}$$

(2)微变等效电路如图6.35所示。

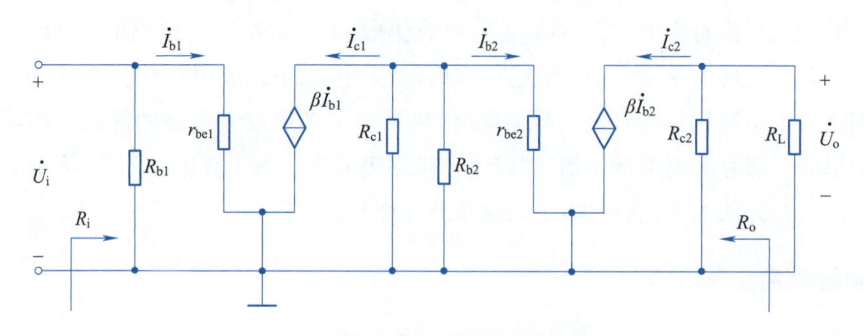

图6.35 例6.4微变等效电路

$$r_{be1}=300+(1+\beta)\frac{26(\text{mV})}{I_{E1Q}}=0.99\ \text{k}\Omega$$

$$r_{be2}=300+(1+\beta)\frac{26(\text{mV})}{I_{E2Q}}=0.76\ \text{k}\Omega$$

$$R_{i1}=R_{b1}//r_{be1}=0.99\ \text{k}\Omega$$

$$R_{i2}=R_{b2}//r_{be2}=0.76\ \text{k}\Omega$$

$$\dot{A}_{u1}=-\frac{\dot{I}_{c1}(R_{c1}//R_{i2})}{\dot{I}_{b1}r_{be1}}=-\frac{\beta(R_{c1}//R_{i2})}{r_{be1}}=-33.3$$

$$\dot{A}_{u2}=-\frac{\dot{I}_{c2}(R_{c2}//R_{L})}{\dot{I}_{b2}r_{be2}}=-\frac{\beta(R_{c2}//R_{L})}{r_{be2}}=-95.3$$

$$\dot{A}_{u}=\dot{A}_{u1}\dot{A}_{u2}=3\,173.5$$

$$R_i=R_{i1}=0.99\ \text{k}\Omega$$

$$R_o=R_{c2}=2\ \text{k}\Omega$$

阻容耦合放大电路仅能放大交流信号,低频特性差,不能放大直流和变化缓慢的信号,且大电容很难集成,因此在集成电路中的使用受限制。其优点是前后级的静态工作点相互独立,不能传递直流信号,可以克服温漂被逐级放大的问题。阻容耦合放大电路一般被用在信号频率高、放大功率高的分立元件放大电路中。

6.6.3 变压器耦合

变压器耦合是指前一级放大电路的输出信号通过变压器再连接后一级的输入端,如图6.36所示。微变等效电路如图6.37所示。

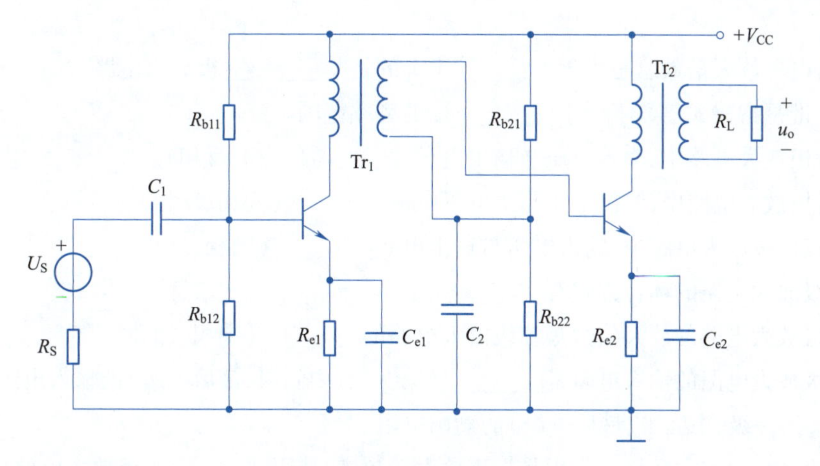

图 6.36　变压器耦合放大电路

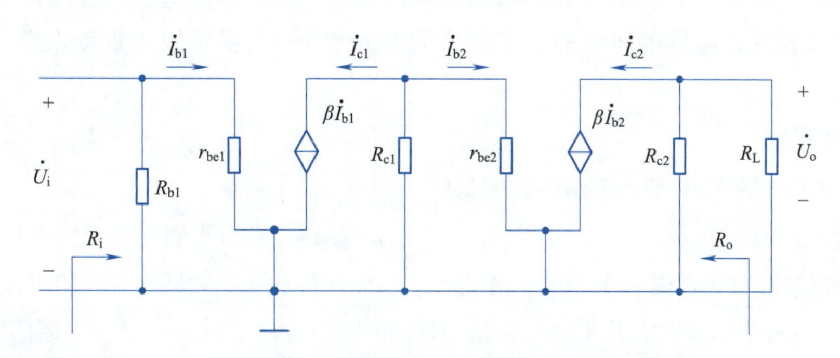

图 6.37　变压器耦合放大电路的微变等效电路

变压器只要选择合适的匝数比，就可使负载获得足够大的电压或功率。变压器耦合放大电路的突出优点是可以实现阻抗匹配，可应用于功率输出级。在集成功率放大电路广泛应用之前，功率放大电路都采用变压器耦合放大电路。

变压器耦合放大电路的前后级之间具有电感效应，因此也仅能放大频率较高的信号，不能放大缓慢变化的信号，低频特性差，且变压器十分笨重。目前只有在集成功率放大电路不能满足需求的情况下，才会选择变压器耦合放大电路。

习　题

一、填空题

1. 放大电路的电压放大倍数 $\dot{A}_u$ 等于________与________之比。

2. 放大电路的源电压放大倍数 $\dot{A}_{us}$ 等于________与________之比。

3. 放大电路的静态通路分析是指求取 I_B、________、________、________四个量。

4. 静态工作点是指直流分量在输入特性曲线和输出特性曲线上对应的点，其中输出特性曲线上的点对应着________、________、________三个量。

5. 可用微变等效电路分析交流通路，此时晶体管的输入端可等效为________，输出端可等效为________。

6. 输出电压放大倍数总是小于1且约等于1的是共________极放大电路。

7. 通频带是指放大倍数不低于________%的频率范围。

8. 共射极放大电路中，输入电压与输出电压________（同相、反相）。

9. 共射极放大电路中，输出电压与集电极电流________（同相、反相）。

10. 共集电极放大电路中，输入电压与输出电压________（同相、反相）。

11. 多级放大电路的耦合方式有________、________、________三种。

12. 多级放大电路的放大倍数是各级放大电路的________（乘积、加和）。

13. 多级放大电路的输入电阻是________（第一级、中间级、最后一级）的输入电阻，输出电阻是________（第一级、中间级、最后一级）的输出电阻。

14. 多级放大电路中间级的作用是提高放大倍数，应选用共________极放大电路。

15. 共射极和共集电极放大电路级联，总的输出电压与输入电压________（同相、反相）。

16. 阻容耦合放大电路的各级静态工作点可单独计算，主要是因为直流电路中电容可看作________。

二、选择题

1. 信号源的内阻 R_S 对放大电路的影响是（　　）。

A. 没有影响　　B. 使得加在放大器输入端的电压值变小

C. 使得加在放大器输入端的电压值变大　　D. 使得加在放大器输入端的电流值变大

2. 放大电路将小信号放大几十至几百倍，其能量来自（　　）。

A. 信号源　　B. 晶体管的PN结　　C. 负载　　D. 直流偏置电源

3. 在放大电路的三种接法中，可以作为输入回路和输出回路的公共端的是（　　）。

A. 发射极　　B. 集电极　　C. 基极　　D. 以上都可以

4. 在放大电路中接直流偏置电源的作用是（　　）。

A. 把交流变成直流　　B. 把直流变成交流

C. 让晶体管导通并提供能量　　D. 作用不大，可不接

5. 放大电路进入截止状态，说明（　　）。

A. 静态工作点取得过低　　B. 静态工作点取得过高

C. 电流波形被削顶　　D. 电压波形被削底

6. 放大电路进入饱和状态，说明（　　）。

A. 静态工作点取得过低　　B. 静态工作点取得过高

C. 电流波形被削底　　D. 电压波形被削顶

7. 温度升高，会给放大电路造成一定的影响，以下说法错误的是（　　）。

A. 输出电流 i_C 增大　　B. 基极电流 i_B 增大

C. 发射结电压 U_{BE} 减小　　D. 射极电流 i_E 减小

8. 关于放大电路中各物理量的符号表示，以下说法错误的是（　　）。

A. i_C 表示直流分量和交流分量的总和　　B. I_C 表示直流分量

C. U_{BE} 表示直流分量　　D. u_{be} 表示直流分量和交流分量的总和

9. 有关通频带说法正确的是(　　)。

A. 通频带是指较低的频率范围

B. 通频带是指较高的频率范围

C. 输入信号的频率在通频带内,放大倍数性能较好

D. 以上都不对

10. 关于三种接法的放大电路,以下说法错误的是(　　)。

A. 共射极接法电压和电流都能放大

B. 共集电极接法输入电阻较大,输出电阻较小

C. 共基极接法输出电压与输入电压同相

D. 共射极接法输出电压与输入电压同相

11. 有关直接耦合放大电路,以下说法正确的是(　　)。

A. 可放大直流,不能放大交流　　B. 可放大交流,不能放大直流

C. 直流和交流都可放大　　D. 不容易做成集成电路

12. 有关阻容耦合放大电路,以下说法正确的是(　　)。

A. 可放大直流,不能放大交流　　B. 可放大交流,不能放大直流

C. 直流和交流都可放大　　D. 前后级的误差会相互影响

13. 有关变压器耦合放大电路,以下说法正确的是(　　)。

A. 可放大直流,不能放大交流　　B. 可放大交流,不能放大直流

C. 直流和交流都可放大　　D. 低频电路经常使用

14. 适合做成集成电路的多级放大电路是(　　)。

A. 直接耦合　　B. 阻容耦合

C. 变压器耦合　　D. 直接耦合和阻容耦合

15. 为了适合阻抗变换,应当选用(　　)方式。

A. 直接耦合　　B. 阻容耦合

C. 变压器耦合　　D. 以上都可以

16. 为了放大变化缓慢的微弱信号,应当选用(　　)方式。

A. 直接耦合　　B. 阻容耦合

C. 变压器耦合　　D. 以上都可以

17. 射极输出器可以作为多级放大电路的输出级,是因为它具有(　　)特点。

A. 输入电阻高　　B. 输入电阻低

C. 输出电阻高　　D. 输出电阻低

18. 一个三级放大电路,各级的放大倍数分别为 1、100、10,那么总的电压放大倍数为(　　)。

A. 111　　B. 1 000　　C. 110　　D. 11

三、分析计算题

1. 有一共射极放大电路如图 6.38 所示,输出电压波形如图 6.39 所示,试分析这是饱和失真还是截止失真?应如何调节?

2. 共射极放大电路如图 6.38 所示，$V_{CC}=12\ \text{V}$，$R_b=200\ \text{k}\Omega$，$R_c=3\ \text{k}\Omega$，$R_L=3\ \text{k}\Omega$，$\beta=80$，试求：(1)静态工作点；(2)$\dot{A}_u$、R_i、R_o。

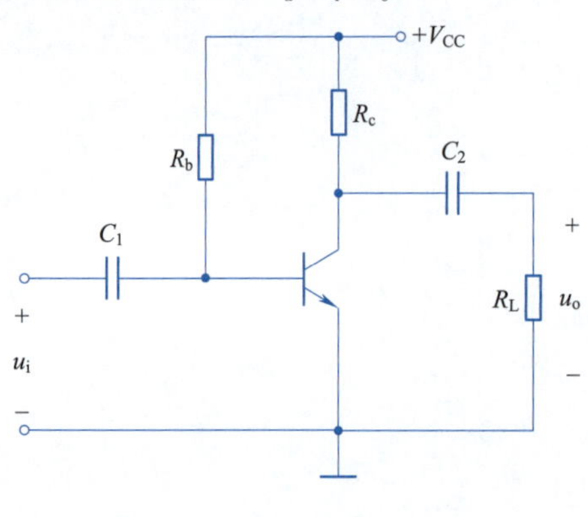

图 6.38　题 3.1 和题 3.2 图

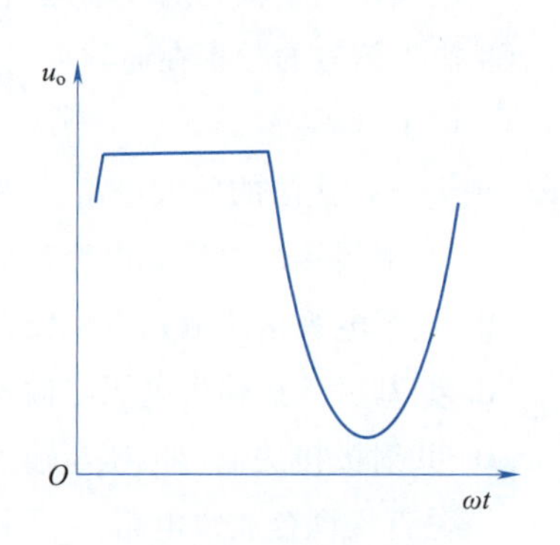

图 6.39　题 3.1 图

3. 射极输出器如图 6.40 所示，$V_{CC}=10\ \text{V}$，$R_b=300\ \text{k}\Omega$，$R_e=4\ \text{k}\Omega$，$R_L=3\ \text{k}\Omega$，$\beta=60$，试求：(1)静态工作点；(2)$\dot{A}_u$、R_i、R_o。

4. 如图 6.41 所示的直接耦合放大电路，$V_{CC}=10\ \text{V}$，$R_{b1}=300\ \text{k}\Omega$，$R_{b2}=250\ \text{k}\Omega$，$R_{c1}=4\ \text{k}\Omega$，$R_{c2}=200\ \Omega$，$R_L=5\ \text{k}\Omega$，$\beta_1=\beta_2=60$，试求：(1)各级静态工作点；(2)$\dot{A}_u$、$R_i$、$R_o$。

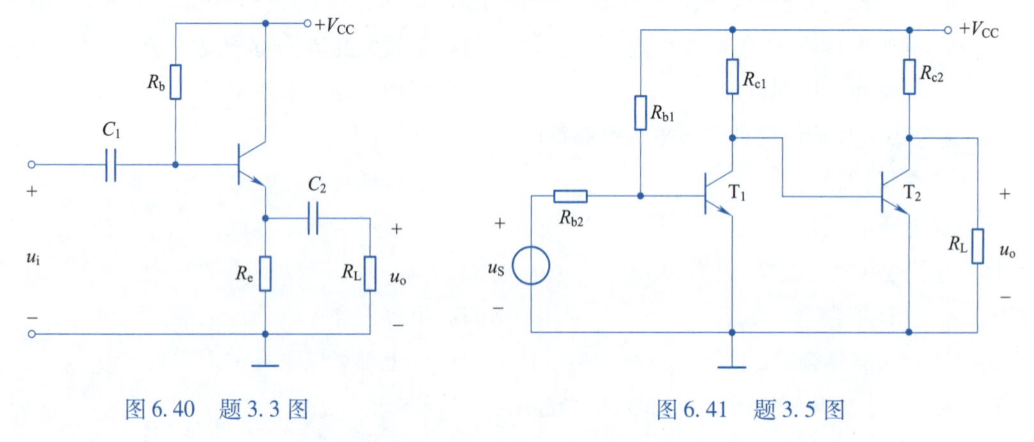

图 6.40　题 3.3 图　　图 6.41　题 3.5 图

5. 如图 6.42 所示的阻容耦合放大电路，画出其微变等效电路，并求$\dot{A}_u$、R_i、R_o 的表达式。

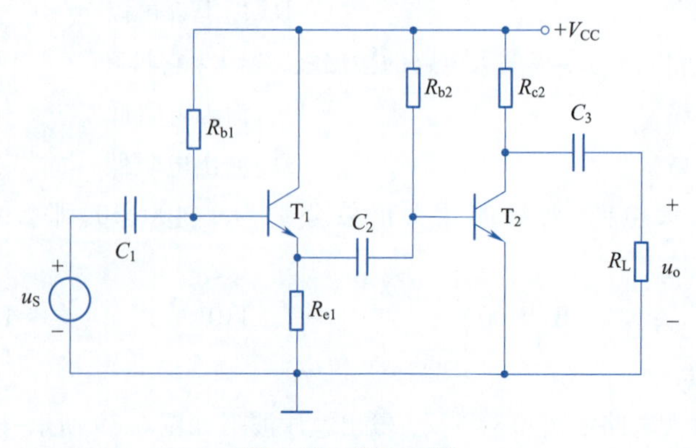

图 6.42　题 3.6 图

第7章 特殊放大电路

引言

前面介绍了放大电路的基础知识，讨论了在一些电路中需要将放大后的信号通过适当的方式引入到输入端来改善电路的性能。本章将介绍一些特殊功能的放大电路，包括差分放大电路、负反馈放大电路以及功率放大电路，重点讨论几类放大电路的基本原理以及对电路性能的影响。

学习目标

读者通过对本章内容的学习，应该能够做到：

了解：反馈基本概念及基础知识，负反馈放大电路的分类及判断方法；差分放大电路的基本概念和原理；功率放大电路的基本概念和特点。

理解：负反馈可以改变放大电路的输入、输出电阻，稳定输出电压、电流以及对电路性能的影响；几类功率放大电路的电路结构及特点；差分放大电路对电路性能的影响和改善。

应用：掌握本章所介绍的负反馈放大电路分析的思路和方法，并能够在实践中灵活运用；正确地判断负反馈放大电路类型。

7.1 负反馈放大电路

7.1.1 反馈的基本概念

反馈是控制论的基本概念，是指将系统的输出返回到输入端并以某种方式改变输入，它们之间存在因果关系的回路，进而影响系统功能。在电子电路中到处都能看到反馈的应用实例。在集成运放中需要引入负反馈才能工作在线性区，因此本节先介绍反馈的基本概念及其作用。

在电子电路中，将放大电路输出量（电压或电流）的部分或全部通过一定的方式送回到放大电路的输入端从而影响输入输出的过程称为反馈。图7.1是反馈电路原理示意图。引入了反馈的放大电路称为反馈放大电路，又称为闭环放大电路。而未引入反馈的放大电路称为开环放大电路。在图7.1中，反馈放大电路是由放大电路和反馈网络构成的一个闭合环路。其中，x_I 是输入信号，x_O 是输出信号，输出信号的部分或全部通过反馈网络得到反馈信号 x_F，该反馈信号与输入信号进行叠加得到净输入信号 x_D。

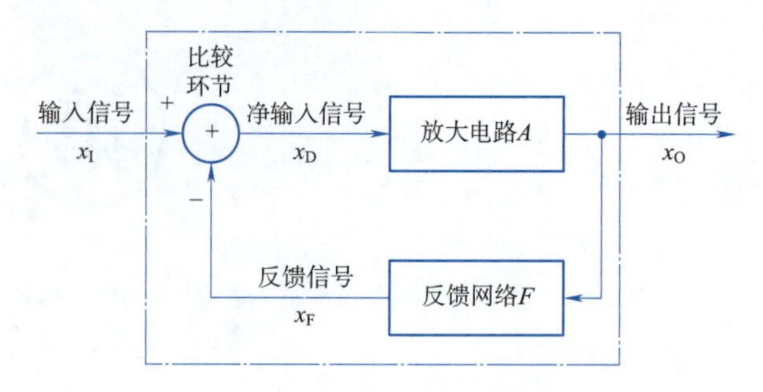

图 7.1　反馈电路原理示意图

7.1.2　反馈的一般表达式

为了深入研究反馈对电路性能的影响，下面给出反馈的一般表达式。

1. 开环电压放大倍数

如图 7.1 所示，在没有反馈的时候($x_F = 0$)，放大电路的电压放大倍数称为开环电压放大倍数，即

$$A_o = \frac{x_O}{x_I} \tag{7.1}$$

2. 闭环电压放大倍数

引入反馈之后，放大电路的电压放大倍数称为闭环电压放大倍数，即

$$x_O = A(x_I - x_F) = A(x_I - Fx_O) = Ax_I - AFx_O \tag{7.2}$$

整理可得

$$x_O = \frac{A}{1 + AF} x_I \tag{7.3}$$

引入反馈后电路的电压放大倍数(即闭环电压放大倍数)为

$$A_f = \frac{A}{1 + AF} \tag{7.4}$$

3. 反馈系数

引入反馈之后，称反馈信号与输出信号之比为反馈系数，用大写 F 表示，即

$$F = \frac{x_F}{x_O} \tag{7.5}$$

以上为反馈的一般表达式，表明引入反馈后，放大电路的输出与输入的基本关系，这是分析反馈问题的基本出发点。AF 称为回路增益，表示在反馈放大电路中，信号在放大电路和反馈网络组成的闭合回路中所得到的放大倍数。$1 + AF$ 称为反馈深度，是描述反馈强弱的物理量，也是反馈电路定量分析的基础。具体地，当 $|1 + AF| > 1$，则 $|A_f| < |A|$，说明引入反馈后，放大电路的放大倍数比没有引入反馈时减小，称这种反馈为负反馈；当 $|1 + AF| < 1$，则 $|A_f| > |A|$，说明引入反馈后，放大电路的放大倍数比没有引入反馈时增大，称这种反馈为正反馈。

7.1.3 反馈的分类

1. 正反馈和负反馈

按照反馈的极性来划分，反馈可分为正反馈和负反馈。如果反馈信号与输入信号作用相同，使净输入信号（有效输入信号）增加，这种反馈称为正反馈；如果反馈信号与输入信号作用相反，使净输入信号（有效输入信号）减少，这种反馈称为负反馈。正反馈往往用于振荡电路中，负反馈往往用于改善放大电路的性能。

2. 直流反馈和交流反馈

按照反馈信号的交、直流性质来划分，反馈可分为直流反馈和交流反馈。如果反馈信号中只含有直流成分，则称为直流反馈；直流反馈主要用于稳定放大电路的静态工作点。如果反馈信号中只含有交流成分，则称为交流反馈；交流反馈主要用于改善放大电路的性能。

3. 串联反馈和并联反馈

按照反馈信号与输入信号在放大电路输入回路中求和的形式来划分，反馈可分为串联反馈和并联反馈。如果反馈信号与输入信号以串联的形式作用于净输入端，这种反馈称为串联反馈；如果反馈信号与输入信号以并联的形式作用于净输入端，这种反馈称为并联反馈。

4. 电流反馈和电压反馈

按照反馈信号在放大电路输出端采样的方式来划分，反馈可分为电压反馈和电流反馈。如果反馈信号取自输出电压，与输出电压成比例，这种反馈称为电压反馈；如果反馈信号取自输出电流，与输出电流成比例，这种反馈称为电流反馈。

7.1.4 反馈的判断

判断某一电路中是否有反馈存在的方法是分析该电路中是否有将输出回路与输入回路联系起来的反馈元件。

1. 正反馈和负反馈的判断

判断所引入的反馈是正反馈还是负反馈，可以采用瞬时极性法，这种方法就是设想输入信号瞬时增加而使净输入信号增加时，分析出输出信号的变化，再根据输出信号的变化分析出反馈信号的变化，比较反馈信号与输入信号的关系，从而找出对净输入信号的影响。如果使净输入信号增加，则为正反馈；如果使净输入信号减少，则为负反馈。其具体步骤如下：

（1）假定输入信号在某一时刻的瞬时对地极性，用符号“+”和“-”来分别表示瞬时对地极性为正和负。

（2）沿着信号传输的路径，逐级判断各级放大电路中各相关节点信号的极性，从而得到输出信号的瞬时极性。

（3）根据输出信号的极性来判断反馈信号的瞬时极性。

（4）根据反馈信号的瞬时极性来判断净输入信号的变化情况：若反馈信号使电路的净输入信号增大，则引入的反馈是正反馈；若反馈信号使电路的净输入信号减小，则引入的反馈是负反馈。

例 7.1 判断图7.2所示电路的反馈是正反馈还是负反馈。

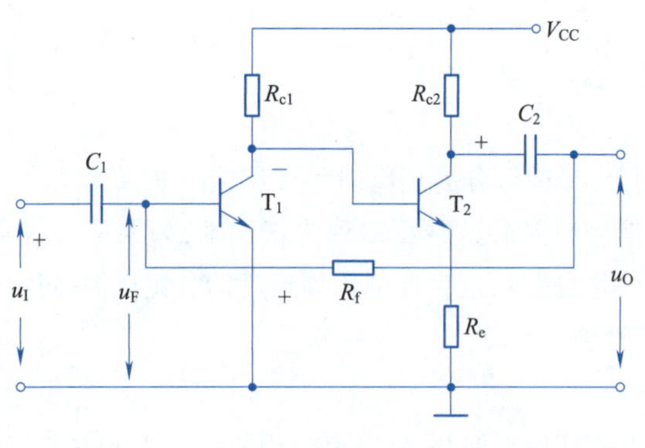

图 7.2　例 7.1 图

解　如图 7.2 所示电路为两级共射极放大电路,反馈网络由电阻 R_f 构成。假设输入电压 u_I 的瞬时对地极性为正,则 T_1 集电极的瞬时对地极性为负,T_1 集电极的输出信号经过 T_2 放大后,输出电压 u_O 瞬时对地极性为正。因此,反馈信号 u_F 瞬时对地极性也为正。此时,输入信号和反馈信号的瞬时对地极性均为正,净输入信号 $u_N = u_I + u_F$,即净输入信号增加,故图 7.2 所示电路为正反馈放大电路。

例 7.2　判断图 7.3 所示电路的反馈是正反馈还是负反馈。

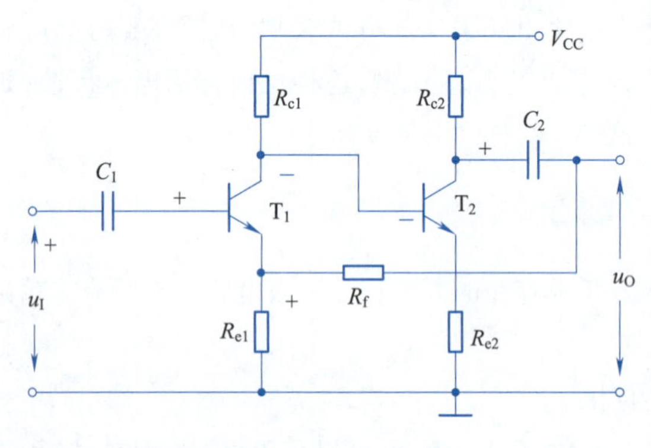

图 7.3　例 7.2 图

解　如图 7.3 所示电路为两级共射极放大电路,反馈网络由电阻 R_f 构成。假设输入电压 u_I 的瞬时对地极性为正,则 T_1 集电极的瞬时对地极性为负,T_1 集电极的输出信号经过 T_2 放大后,输出电压 u_O 的瞬时对地极性为正。因此,反馈信号 u_F 瞬时对地极性也为正。此时,输入信号和反馈信号的瞬时对地极性均为正,净输入信号 $u_N = u_I - u_F$,即净输入信号减少,故图 7.3 所示电路为负反馈放大电路。

2. 直流反馈和交流反馈的判断

判断所引入的反馈是直流反馈还是交流反馈,主要是判断反馈信号中是否含有直流信号和交流信号。如图 7.2、图 7.3 中反馈信号 u_F 中的直流成分被耦合电容 C_2 阻断,因此,图 7.2、图 7.3 所示电路的反馈属于交流反馈。

例 7.3　判断图 7.4 所示电路的反馈是直流反馈还是交流反馈。

解　如图 7.4 所示,发射极电阻 R_{e2} 两端并联一个大容量的电解电容 C_3,利用电解电容 C_3 的

“旁路”作用，T_2 发射极信号中的交流成分通过 C_3 入地，使得通过反馈电阻 R_f 的反馈信号只含有直流成分，从而图 7.4 所示电路为直流反馈电路。

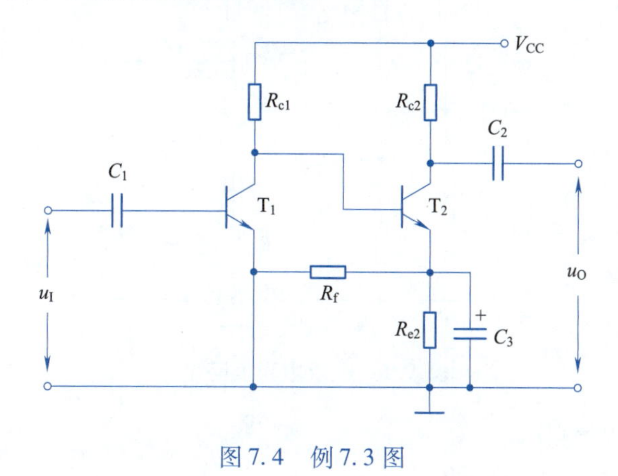

图 7.4　例 7.3 图

3. 串联反馈和并联反馈的判断

从电路结构上来看，若反馈输出端与输入信号端为晶体管的不同极，则是串联反馈；如果反馈输出端与输入信号端接在晶体管的同一极，则是并联反馈。

4. 电压反馈和电流反馈的判断

判断电路所引入的反馈是电压反馈还是电流反馈，可以采用输出短路法，即将输出端对地短路，如果此时反馈消失，则所引入的反馈是电压反馈；如果反馈仍然存在，则是电流反馈。从电路结构上来看，可根据反馈采样端与放大电路输出端的连接状态来判断反馈类型。若反馈网络的采样端是并联接在放大电路的输出端，即反馈采样端与放大电路输出端连接在晶体管同一极上的反馈是电压反馈；反之为电流反馈。

例 7.4　判断图 7.3、图 7.4 所示电路的反馈是电压反馈还是电流反馈。

解　根据判断方法，图 7.3 所示电路反馈信号采样端与放大电路的输出端同时接在 T_2 的集电极上，所以为电压反馈；同理，图 7.4 所示电路为电流反馈。

7.1.5　负反馈的基本组态

根据以上内容可知，在实际的放大电路中，反馈的形式是多种多样的，包括：负反馈、直流反馈、并联反馈和电流反馈。对于大多数电路，为了改善电路的性能，主要使用负反馈，负反馈的基本组态有：电压串联负反馈、电压并联负反馈、电流串联负反馈和电流并联负反馈。通过选择不同的反馈组态可以提高放大倍数的稳定性，改变输入和输出电阻的大小，减小非线性失真，抑制干扰和噪声。

1. 电压串联负反馈

如图 7.5 所示放大电路中，反馈电阻 R_f 从放大电路的输出端引入反馈信号，而该反馈信号加载到 T_1 的发射极（与电路输入信号 u_I 不在同一电极），因此该电路是电压串联负反馈。

结合式(7.2)，电压串联负反馈放大电路的输出为

$$u_O = A(u_I - u_F) = A(u_I - Fu_O) = Au_I - AFu_O \tag{7.6}$$

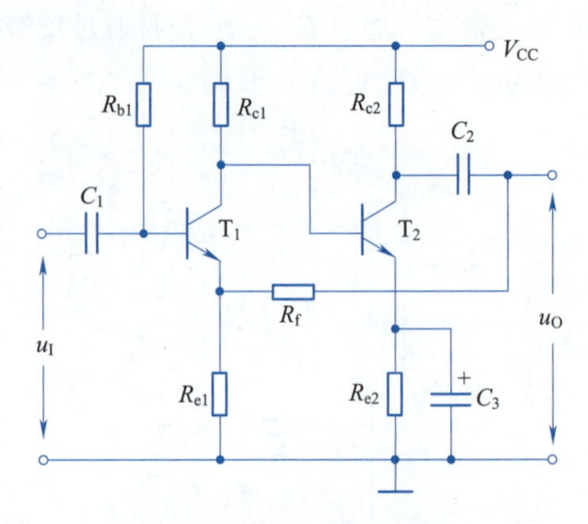

图 7.5　电压串联负反馈

整理式(7.6),可以得到

$$u_O = \frac{A}{1+AF}u_I \tag{7.7}$$

则电压串联负反馈放大电路的放大倍数为

$$A_f = \frac{A}{1+AF} \tag{7.8}$$

式中,A 为没有引入反馈之前的电路放大倍数。

由式(7.8)可以得出,引入负反馈后,电路的放大倍数降为原来的 $1/(1+AF)$,后面几种放大电路组态不再一一讨论。

实际上,电压负反馈对输出电压具有稳定功能。假设输入电压不变,输出电压降低,从而反馈电压也降低。根据公式 $x_D = x_I - x_F$,净输入电压会增加,经过放大电路放大后,输出电压会提升。因此,整体上电压负反馈的作用是使得输出电压基本保持不变。但是需要注意的是,稳定输出电压是以牺牲放大电路的放大性能,也就是降低放大倍数为代价实现的。

接下来分析反馈对电路输入电阻的影响。输入电阻是从放大电路的输入端看进去的等效内阻,因此反馈对输入电阻的影响是由放大电路与反馈网络在输入端的连接方式决定的,而与输出端的连接方式无关,即由所引入的反馈是串联反馈还是并联反馈决定。为了便于分析,把图 7.5 所示的电路图用原理框图的形式画出,如图 7.6 所示。

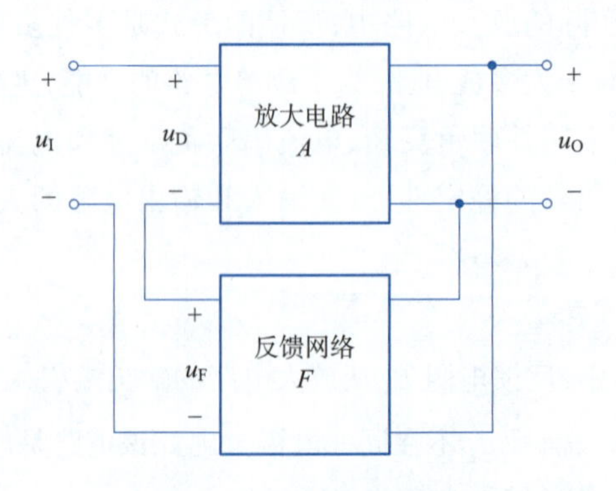

图 7.6　电路原理框图

假设引入串联反馈后的闭环输入电阻为 r_{if}，输入回路电流为 i，根据图7.6可知

$$r_{if}=\frac{u_I}{i}=\frac{u_D+u_F}{i}=\frac{u_D+Fu_O}{i}=\frac{u_D+AFu_D}{i} \tag{7.9}$$

假设 u_D/i 表示没有引入反馈时的输入电阻（即开环输入电阻），用 r_i 来表示。则式(7.9)可以化简为

$$r_{if}=\frac{u_D+AFu_D}{i}=\frac{u_D}{i}(1+AF)=(1+AF)r_i \tag{7.10}$$

由此得出串联负反馈使输入电阻提高，变为原来的 $(1+AF)$ 倍。

接下来，定量分析引入电压负反馈后，输出电阻的变化情况。输出电阻是从放大电路的输出端看进去的等效内阻，因此反馈对输出电阻的影响是由放大电路与反馈网络在输出端的连接方式决定的，也即是由所引入的反馈是电压反馈还是电流反馈决定的。

同样假设引入电压反馈后的闭环输出电阻为 r_{of}，r_o 为无反馈时放大电路的开环输出电阻。采用“外加电源法”来求输出电阻，即令输入电压 $u_I=0$，在电路的输出端外加一个电压源 u_O，此时电路输出电流为 i_O。根据戴维南定理，对图7.6所示电路原理框图进行等效变换，如图7.7所示。

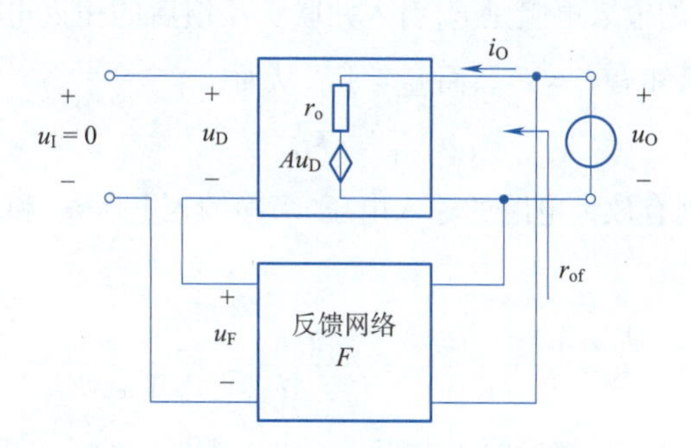

图7.7 原理框图等效变换

由图7.7可以得到

$$u_D=u_F=Fu_O \tag{7.11}$$

对于不考虑反馈网络的输出回路，利用基尔霍夫电压定律有

$$u_O=r_oi_O+Au_D=r_oi_O-AFu_O \tag{7.12}$$

整理式(7.12)，得到

$$i_O=\frac{(1+AF)u_O}{r_o} \tag{7.13}$$

从而可以得到闭环输出电阻 r_{of} 的计算公式为

$$r_{of}=\frac{u_O}{i_O}=\frac{r_o}{1+AF} \tag{7.14}$$

式(7.14)表明，引入电压负反馈后输出电阻减小到原来的 $1/(1+AF)$。

2. 电压并联负反馈

如图7.8所示放大电路中，反馈电阻 R_f 从放大电路的输出端引入反馈信号，而该反馈信号加载到 T_1 的基极，因此该电路是电压并联负反馈，负反馈及电压反馈对于电路的影响已经讨论过了，即放大倍数降为原来的 $1/(1+AF)$，输出电阻减小到原来的 $1/(1+AF)$，这里不再赘述。

接下来直接讨论并联反馈对输入电阻的影响,结合图7.9所示,分析并联反馈对输入电阻的影响。

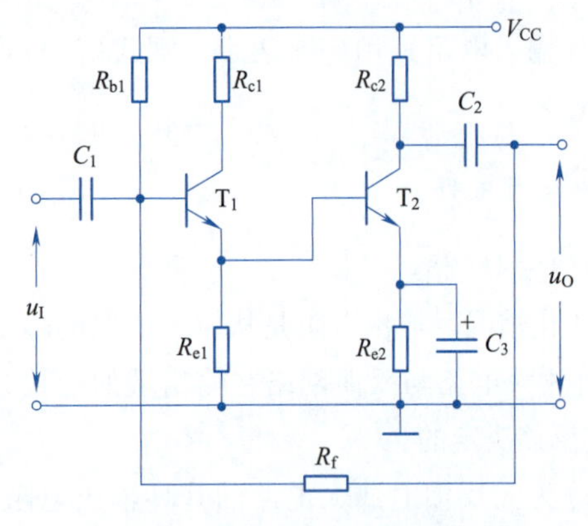

图7.8　电压并联负反馈

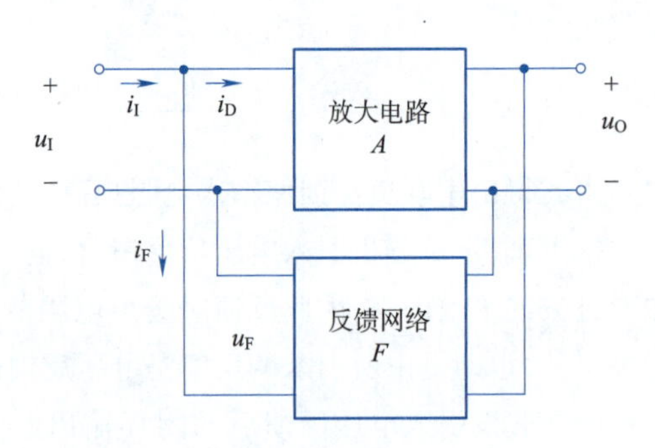

图7.9　电路原理框图

假设没有引入反馈时的输入电阻是 r_i,引入并联负反馈后的输入电阻为 r_{if},输入回路的净输入电流为 i_D,电流为 i_F。已知有 $i_F = Fi_O$,而 $i_O = Ai_D$,从而

$$i_F = AFi_D \tag{7.15}$$

由于是并联负反馈,则有放大电路的输入电压 u_I、净输入电压 u_D 和反馈电压 u_F 均相等,则闭环输入电阻 r_{if}为

$$r_{if} = \frac{u_I}{i_I} = \frac{u_D}{i_D + i_F} = \frac{u_D}{i_D + AFi_D} = \frac{u_D}{i_D}\frac{1}{1 + AF} \tag{7.16}$$

因此可以得到引入并联负反馈后输入电阻 r_{if}与没引入反馈的输入电阻 r_i 的关系为

$$r_{if} = \frac{1}{1 + AF}r_i \tag{7.17}$$

可以看出,并联负反馈使输入电阻变为原来的 $1/(1 + AF)$。

3. 电流串联负反馈

在图7.10所示放大电路中,反馈电阻 R_f 从放大电路中 T_3 的发射极引入反馈信号,而该反馈信号又加载到 T_1 的发射极,因此该电路是电流串联负反馈。

如图7.10所示,假设输入信号不变,当负载电阻阻值变大或者 T_3 的放大倍数降低时,T_3 的发射极电流减小,导致输出电流减小,这时反馈电流也随之降低。又由于 $x_D = x_I - x_F$,可知净输入电流会增加,再经过放大电路后,输出电流又会提升,从而抵消由于负载电阻阻值变大或者 T_3 的放大倍数降低所造成的输出电流降低的问题。由此可知电流负反馈的作用使得输出电流基本保持不变,也就是电流负反馈对输出电流具有稳定作用。同电压负反馈一样,稳定输出电流是以牺牲放大电路的放大性能为代价的。

电流负反馈稳定输出电流的作用其效果相当于增加了输出电阻。下面分析引入电流负反馈后,输出电阻的变化情况,同样为了便于分析,把图7.10所示电路图用原理框图的形式画出,如图7.11所示。

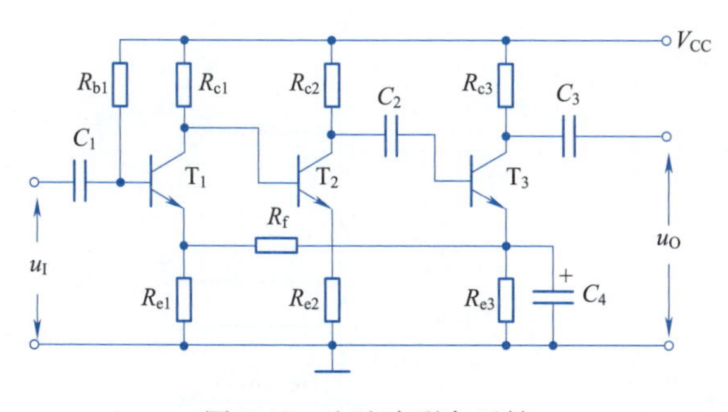

图 7.10　电流串联负反馈

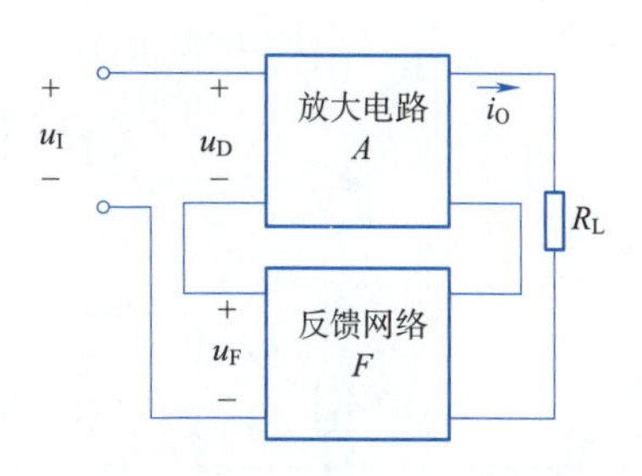

图 7.11　电路原理框图

同样假设引入电流反馈后的闭环输出电阻为 r_{of}，r_o 为无反馈时放大电路的开环输出电阻。采用“外加电源法”来求输出电阻，即令输入电压 $u_I=0$，在电路的输出端外加一个电压源 u_O，此时电路输出电流为 i_O。根据诺顿定理，将图 7.11 所示框图进行等效变换，将反馈放大电路的输出端用电流源和电阻（即输出电阻）并联的形式进行等效变换，如图 7.12 所示。

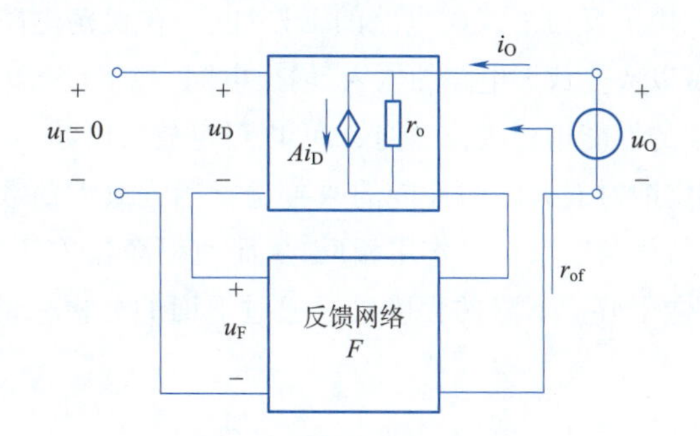

图 7.12　原理框图等效变换

由图 7.12 可以得到

$$i_D=i_F=-Fi_O \tag{7.18}$$

根据基尔霍夫电流定律可以得到

$$i_O=\frac{u_O}{r_o}+Ai_D=\frac{u_O}{r_o}-AFi_O \tag{7.19}$$

经整理可得

$$i_O=\frac{u_O}{r_o}\frac{1}{1+AF} \tag{7.20}$$

从而可以得到闭环输出电阻 r_{of} 的计算公式为

$$r_{of}=\frac{u_o}{i_o}=1+AFr_o \tag{7.21}$$

式(7.21)表明，引入电流负反馈后的闭环输出电阻是开环输出电阻的 $(1+AF)$ 倍。

4. 电流并联负反馈

在图 7.13 所示放大电路中，反馈电阻 R_f 从放大电路中 T_2 的发射极引入反馈信号，而该反馈信号又加载到 T_1 的基极，因此该电路是电流并联负反馈。前面已经就电流反馈、并联反馈、负反馈对电路性能的影响一一进行了分析，这里不再重复。其电路原理框图如图 7.14 所示。

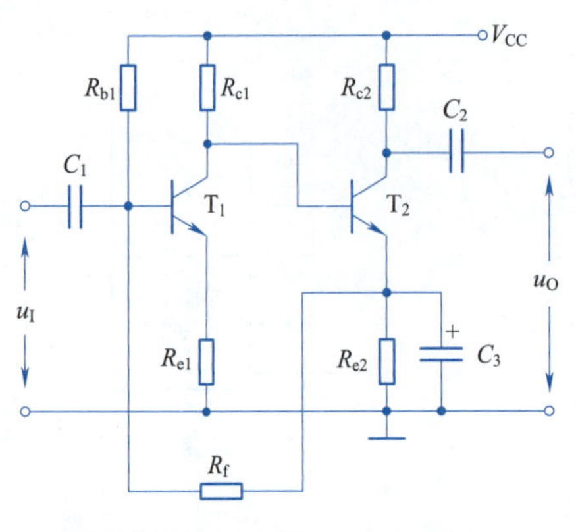

图 7.13　电流并联负反馈

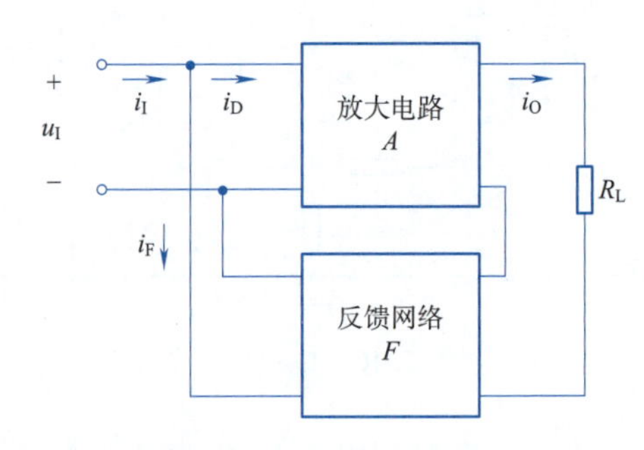

图 7.14　电路原理框图

7.1.6　负反馈对放大电路的影响

在放大电路中经常利用负反馈来改善电路的工作性能，在振荡电路中则采用正反馈。前面介绍的几种类型负反馈可以改变放大电路的输入、输出电阻，稳定输出电压、电流。此外，负反馈可以对放大电路其他方面的性能进行改善。例如，可以稳定放大倍数，减小非线性失真。

如上一节所分析，负反馈对放大电路性能的改善是以牺牲放大倍数为代价的。因为在有负反馈的放大电路中，反馈信号与输入信号作用相反，从而使得净输入信号减小，相当于削弱了输入信号，因此使得放大倍数下降。下降的程度可以通过下面的分析来说明，由于 $x_D = x_I - x_F$，即 $x_I = x_D + x_F$，从而可得

$$\frac{x_O}{x_I} = \frac{x_O}{x_D + x_F} = \frac{x_O/x_D}{1 + \frac{x_F}{x_O}\frac{x_O}{x_D}} \tag{7.22}$$

于是有

$$A_f = \frac{A}{1 + AF} \tag{7.23}$$

由式(7.23)可见，$A_f < A$，F 越大，A_f 越小，当 $AF >> 1$ 时，称为深度负反馈。这时

$$A_f \approx \frac{1}{F} \tag{7.24}$$

负反馈使得电路放大倍数下降，但是这一损失是很容易弥补的，下面从几方面叙述。

1. 提高放大倍数的稳定性

在放大电路中，由于温度的变化，器件的老化或更换、负载的变化等原因都会引起放大倍数的变化。放大倍数的不稳定将影响放大电路的准确性和可靠性。由式(7.24)可知，当放大电路引入深度负反馈后，其放大倍数基本由反馈网络决定，而与放大电路本身几乎没有关系。这样一来，放大电路将不受上述因素的影响，稳定了放大倍数。

对于一般的负反馈，用放大倍数的相对变化量来衡量放大倍数的稳定性。将式(7.23)对 A 求导，则有

$$\frac{dA_f}{dA} = \frac{1}{(1 + AF)^2} \tag{7.25}$$

将式(7.24)进行适当变形处理,等式两边分别除以 $A_f=\dfrac{A}{1+AF}$,经过变换可得

$$\frac{\mathrm{d}A_f}{A_f}=\frac{1}{1+AF}\frac{\mathrm{d}A}{A} \tag{7.26}$$

放大倍数的稳定性通常用它的相对变化率表示。无反馈时放大倍数的变化率为$\dfrac{\mathrm{d}A}{A}$,有反馈时放大倍数的变化率为$\dfrac{\mathrm{d}A_f}{A_f}$。由式(7.26)可知,负反馈放大电路放大倍数(闭环放大倍数)的相对变化率仅为开环放大倍数相对变化率的$\dfrac{1}{1+AF}$,即 A_f 的稳定性是 A 的$(1+AF)$倍。电压负反馈和电流负反馈能够分别稳定输出电压和电流,因此在输入信号一定的情况下,放大电路的输出受电路参数变化的影响较小,也就是提高放大倍数的稳定性。负反馈越深,闭环放大倍数的稳定性越好。

2. 加宽了通频带

放大电路的频率特性如图 7.15 所示。在无负反馈时,放大电路的幅频特性及通频带如图 7.15 中上半部分曲线所示;加入负反馈之后,放大倍数由 A 降至 A_f,幅频特性变为下半部分曲线。由于放大倍数稳定性的提高,在低频段和高频段的电压放大倍数下降程度减弱,使得下限频率和上限频率由原来的 f_1 和 f_2 变成了 f_3 和 f_4,从而使通频带由 B 加宽到了 B_f。

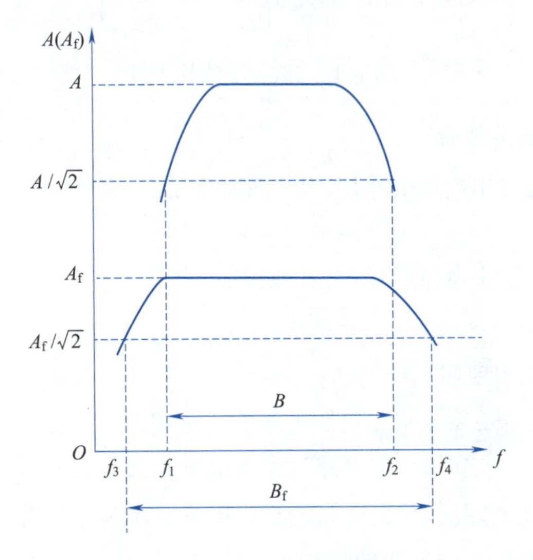

图 7.15　放大电路的频率特性

3. 改善非线性失真

对于理想放大电路,其输出与输入之间是线性关系。然而,实际的晶体管放大电路在信号放大时会受到各种因素的影响而出现非线性失真。特别是在输入信号幅度较大时,这种非线性失真会更为明显,如图 7.16 所示。

为了消除这种非线性失真,一个直观的思路是减小输入的正弦波信号的正半周幅度,同时增大负半周的幅度,这样一来,这种"修正"后的正弦波再通过放大电路就可以得到较为标准的正弦波输出。这一"修正"过程可以通过负反馈来加以解决,加入负反馈之后,输入信号 i_1 是一个标准

的正弦波信号,净输入信号 i_D 的正半周信号幅度小于负半周幅度,称为“预失真”,将这一“预失真”的净输入信号进行放大就会得到较为标准的正弦波信号输出,具体实现原理如图 7.17 所示。

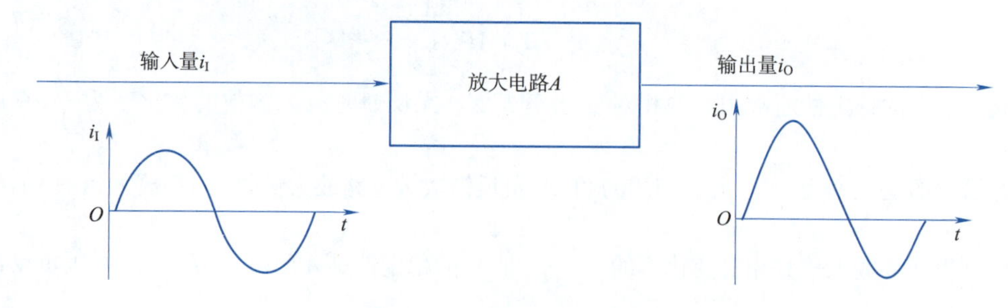

图 7.16　无反馈时的非线性失真

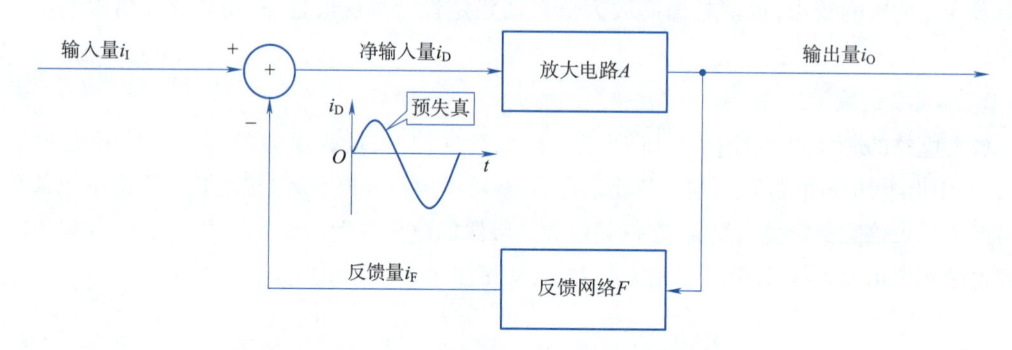

图 7.17　改善非线性失真

4. 稳定输出电压或输出电流

电压负反馈具有稳定输出电压的作用,其原理如下:

$$u_O\uparrow \rightarrow u_F\uparrow \rightarrow u_D\downarrow \rightarrow u_O\downarrow$$

电流负反馈具有稳定输出电流的作用,其原理如下:

$$i_O\uparrow \rightarrow i_F\uparrow \rightarrow i_D\downarrow \rightarrow i_O\downarrow$$

5. 改变输入电阻和输出电阻

负反馈对放大电路输入电阻和输出电阻的影响与反馈的方式有关。

串联负反馈在保持 u_I 一定时,会使电路的输入电流 i_I 减少,致使输入电阻增加。

并联负反馈在保持 u_I 一定时,会使电路的输入电流 i_I 增加,致使输入电阻减小。

电压负反馈使输出电压趋于稳定,致使输出电阻减小。

电压负反馈使输出电流趋于稳定,致使输出电阻增加。

通过以上内容的分析,得出负反馈对放大电路性能的影响均与反馈深度$(1+AF)$有关,且均是以牺牲放大电路的放大倍数为代价换取的。负反馈的程度越深,对放大电路的性能改善越好,但也要注意防止负反馈在一定的条件下转变为正反馈从而形成自激振荡,使放大电路失去放大能力。

在具体的电路设计中,引入负反馈应遵循如下基本原则:

如果想稳定电路的静态工作点,可以选择直流负反馈;如果想改善放大电路的动态性能,可以选择交流负反馈。

如果想增加放大电路的输入电阻来适应内阻较小的信号源,可以选择串联负反馈;如果想减小放大电路的输入电阻,可以选择并联负反馈。

如果想降低放大电路的输出电阻来提升电路带负载的能力,可以选择电压负反馈,同时,电压负反馈对输出电压具有稳定作用;如果想使负载获得稳定的电流输出,可以选择电流负反馈。

如果想将电流信号转换为电压信号,可以选择电压并联负反馈;如果想将电压信号转换为电流信号,可以选择电流串联负反馈。

7.2 差分放大电路

7.2.1 零点漂移

上一章讨论的多级放大电路中,由于耦合电容的隔直作用,阻容耦合只能用于放大交流信号,而且在集成电路中要制造大电容值的电容很困难,因此,在集成电路中一般都采用直接耦合方式。但是,直接耦合又带来了零点漂移问题。

对于一个理想放大电路,其输入信号为零时,输出信号应该也为零。但在实际电路中,输入信号为零时,输出信号往往是缓慢变化的无规则信号,称这种现象为“零点漂移”现象,简称“零漂”。产生零漂现象的主要原因是放大电路的静态工作点发生了变化以及半导体内部的电子噪声,从而使得电路输出端电压偏离原固定值而上下漂动。

造成零点漂移现象的外界原因有很多,如环境温度的变化、电源电压的波动、元器件参数的变化等都可能造成零点漂移现象。其中,温度变化引起的零点漂移现象最为普遍。在放大电路中常分析的是“温漂”现象。例如,当温度增加时,I_{C1} 增加,U_{CE1} 下降,前级电压的这一变化直接传递到后一级而被放大,使得输出电压远远偏离了初始值而出现严重的零点漂移现象,放大电路将因无法区分漂移电压和信号电压而失去工作的能力。因此,必须采取适当的措施加以限制,使得漂移电压远小于信号电压。抑制零漂现象的措施有很多,如采用差分电路或负反馈连接电路、温度补偿电路或选用稳定性高的电源等。本节所要介绍的差分放大电路是解决这一问题普遍采用的有效措施。

7.2.2 基本差分放大电路

1. 工作原理

差分放大电路是模拟集成电路中应用最广泛的基本电路,几乎所有模拟集成电路中的多级放大电路都采用它作为输入级。它不仅可以与后级放大电路直接耦合,而且能够很好地抑制零点漂移。

差分放大电路既可以用双极型晶体管组成,也可以用场效应晶体管组成。图 7.18 所示电路就是用双极型晶体管组成的差分放大电路的基本电路:它由两个对称的单管放大电路组成。T_1 和 T_2 是特性相同的两个晶体管,左右两边的集电极电阻阻值相等,R_e 是两边公用的发射极公共电阻:该电路采用双电源供电,信号分别从两个基极与地之间输入,从两个集电极之间输出。

静态时,$u_{i1}=u_{i2}=0$,两输入端与地之间可视为短路,电源 V_{EE} 通过 R_e 向晶体管提供偏流以建立合适的静态工作点，因而不必像前面介绍的共射极放大电路那样设置基极偏置电阻。由于电路对称，输出电压 $u_o = u_{c1} - u_{c2} = 0$。

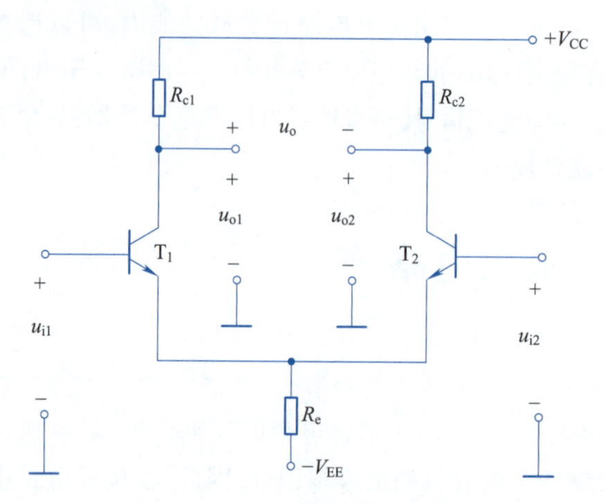

图 7.18　基本差分放大电路

动态时，分以下几种信号：

(1)共模输入信号 $u_{i1} = u_{i2}$。若两个输入信号大小相等、方向相同，则称这两个输入为共模信号，用 u_{ic} 表示，即

$$u_{ic1} = u_{ic2} = u_{ic} \tag{7.27}$$

这对共模信号通过 V_{EE} 和 R_e 加到左、右两晶体管的发射结上。由于电路对称，因而两管的集电极对地电压 $u_{o1} = u_{o2}$，差分放大电路的输出电压

$$u_{oc} = u_{o1} - u_{o2} = 0 \tag{7.28}$$

这说明该电路对共模信号无放大作用，即共模电压放大倍数

$$A_{uc} = \frac{u_{oc}}{u_{ic}} = \frac{u_{o1} - u_{o2}}{u_{ic}} = 0 \tag{7.29}$$

差分放大电路正是利用这一点来抑制零点漂移的。因为由温度变化等原因在两边电路中引起的漂移量是大小相等、极性相同的，与输入端加上一对共模信号的效果一样。因此，左、右两单管放大电路因零点漂移引起的输出端电压的变化量虽然存在，但大小相等，整个电路的输出漂移电压等于零。由于电路要做到完全对称不易实现，因而完全依靠电路的对称性来抑制零点漂移，其抑制作用有限。为进一步提高电路对零点漂移的抑制作用，可以在尽可能提高电路对称性的基础上，通过减少两单管放大电路本身的零点漂移来抑制整个电路的零点漂移。发射极公共电阻 R_e 正好能起这一作用。它抑制零点漂移的原理如下：

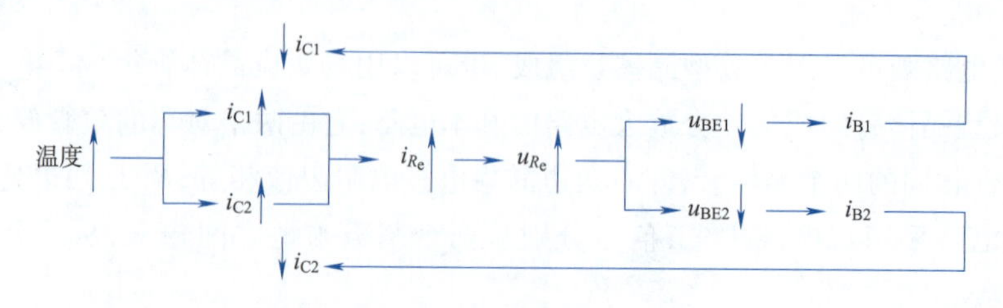

（2）差模输入信号 $u_{i1}=-u_{i2}$。若两个输入信号大小相等、方向相反，则称这两个输入为差模信号，用 u_{id} 表示，定义此时

$$u_{id1}=-u_{id2}=\frac{1}{2}u_{id} \tag{7.30}$$

在这对差模信号的作用下，由于电路对称，$u_{o1}=-u_{o2}$，因此差分放大电路的输出电压为

$$u_{od}=u_{o1}-u_{o2}=2u_{o1} \tag{7.31}$$

这说明该电路对差模信号有放大作用，即差模电压放大倍数

$$A_{ud}=\frac{u_{od}}{u_{id}}=\frac{u_{o1}-u_{o2}}{u_{id1}-u_{id2}}=\frac{2u_{o1}}{2u_{id1}}=-\beta\frac{R_{c1}}{r_{be}} \tag{7.32}$$

差分放大电路正是利用这一点来放大有用信号的。也就是说，在实际电路中，只要将待放大的有用信号 u_i 分成一对差模信号，也就是令 $u_i=u_{i1}-u_{i2}=2u_{i1}$，分别从左右两边输入便可得到放大。由于其输出信号是对两输入信号之差的放大效果，所以这种电路称为差分放大电路。

（3）差分输入信号。若差分放大电路的两个输入信号的大小和相位任意，分别加在两个输入端和地之间，称这样的信号为差分输入信号。实际上，任意差分输入信号都可以分解为差模分量和共模分量的叠加，即

$$u_{i1}=u_{ic}+u_{id}=\frac{1}{2}(u_{i1}+u_{i2})+\frac{1}{2}(u_{i1}-u_{i2})$$

$$u_{i2}=u_{ic}-u_{id}=\frac{1}{2}(u_{i1}+u_{i2})-\frac{1}{2}(u_{i1}-u_{i2})$$

2. 共模抑制比

对于差分放大电路而言，差模信号是有用信号，要求对它有较大的电压放大倍数；而共模信号则是零点漂移或干扰等原因产生的无用的附加信号，对它的电压放大倍数越小越好。为了衡量差分放大电路放大差模信号和抑制共模信号的能力，通常将差模电压放大倍数 A_d 与共模电压放大倍数 A_c 的比值定义为共模抑制比 K_{CMRR}，即

$$K_{CMRR}=\left|\frac{A_d}{A_c}\right| \tag{7.33}$$

显然 K_{CMRR} 越大越好，在电路完全对称的情况下，$A_c=0$，$K_{CMRR}\to\infty$。但是实际上，电路完全对称是不可能实现的，所以 K_{CMRR} 不可能为无穷大。

7.2.3　差分放大电路的工作形式

前面所说的差分放大电路的信号输入和输出方式为双端输入和双端输出，根据使用情况的不同，也可以采用单端输入（一端对地输入）或单端输出（一端对地输出）。这样组合起来可以把差分放大电路分为双端输入双端输出、双端输入单端输出、单端输入双端输出、单端输入单端输出这四种工作形式，如图 7.19 所示。单端输入时，信号可以从左侧输入也可以从右侧输入，另一输入端接地。单端输出时，信号可以从左侧集电极输出也可以从右侧集电极输出。

下面只要了解单端输入单端输出电路，那么其余两种电路也就不难理解了。单端输入单端输出的差分放大电路又有以下两种情况。

1. 反相输入

电路如图 7.20（a）所示，输入信号 u_i 可以看成一半作用在左边电路中，另一半作用在右边电

路中，从而形成一对差模输入信号。设 u_i 增加，则

$$\Delta u_i>0\rightarrow\Delta u_{BE1}>0\rightarrow\Delta i_{C1}>0\rightarrow\Delta u_C<0$$

可见，输入和输出电压的相位相反，故称为反相输入。

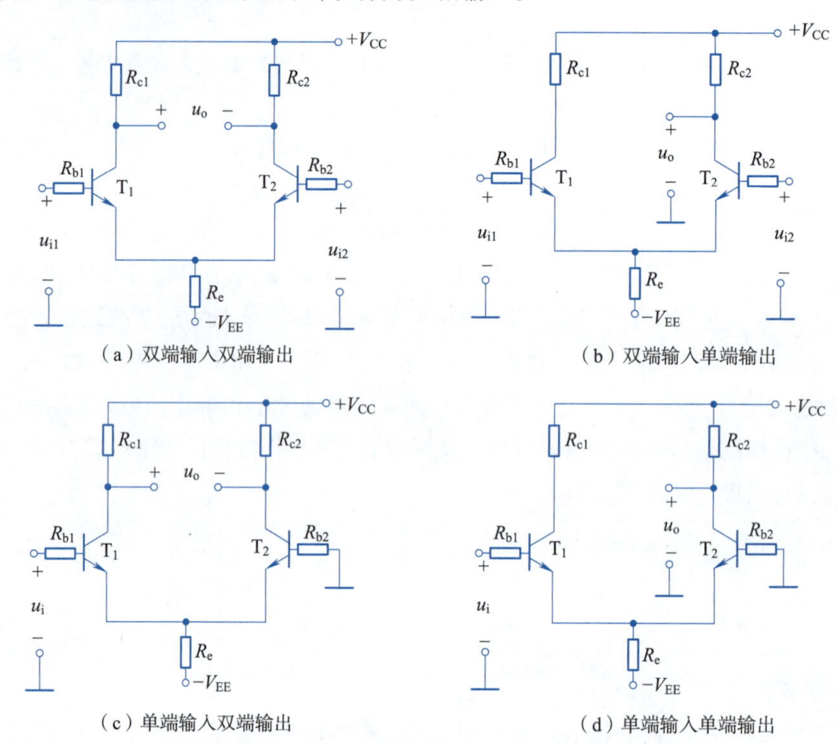

（a）双端输入双端输出　（b）双端输入单端输出

（c）单端输入双端输出　（d）单端输入单端输出

图 7.19　差分放大电路工作形式

2. 同相输入

电路如图 7.20(b)所示。设 u_i 增加，则

$$\Delta u_i>0\rightarrow\Delta u_{BE1}<0\rightarrow\Delta i_{C1}<0\rightarrow\Delta u_C>0$$

可见，输入和输出电压相位相同，故称为同相输入。

双端输出时，$u_C=2u_{C1}$，而单端输出时，$u_o=u_{E1}$，另一半未用上，故在 u_i 相同时，u_o 较双端输出时减少了一半。

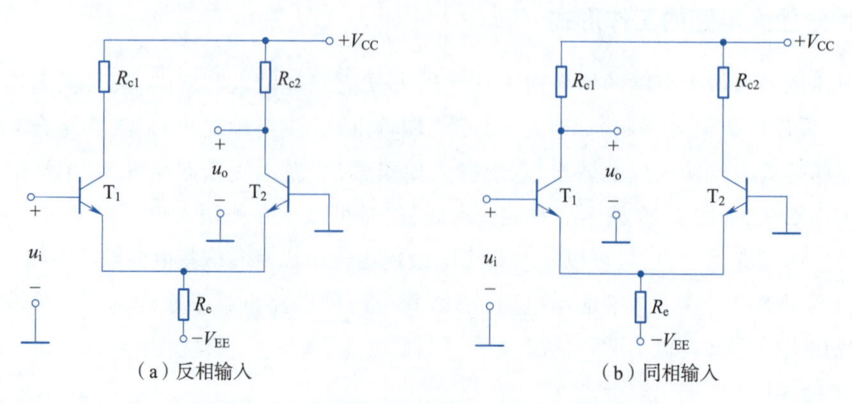

（a）反相输入　（b）同相输入

图 7.20　单端输入单端输出差分放大电路

7.2.4　差分放大电路的电路分析

对于差分放大电路的分析与一般放大电路分析类似，有静态分析和动态分析，下面以双端输入双端输出差分放大电路为例进行分析。

1. 电路结构

双端输入双端输出差分放大电路，又称长尾式差分放大电路，提高了差分放大电路的共模信号抑制能力，电路结构如图7.21所示。与基本的差分放大电路相比，除了一对完全对称的单管共射放大电路以外，长尾式差分放大电路还采用了正负双电源工作方式，一般取 $V_{CC}=V_{EE}$，在两个三极管的发射极共同连接了电阻 R_e，去掉了基极偏置电阻。

2. 静态分析

电路两输入端为零时，各静态电流参考方向如图7.22所示，根据基尔霍夫电压定律 *KVL* 可得到

$$0-(-V_{EE})=I_{B1}R_{S1}+U_{BE1}+2I_{E1}R_{E1} \tag{7.34}$$

$$V_{EE}=\frac{I_{E1}}{1+\beta}R_{S1}+U_{BE1}+2I_{E1}R_{E1} \tag{7.35}$$

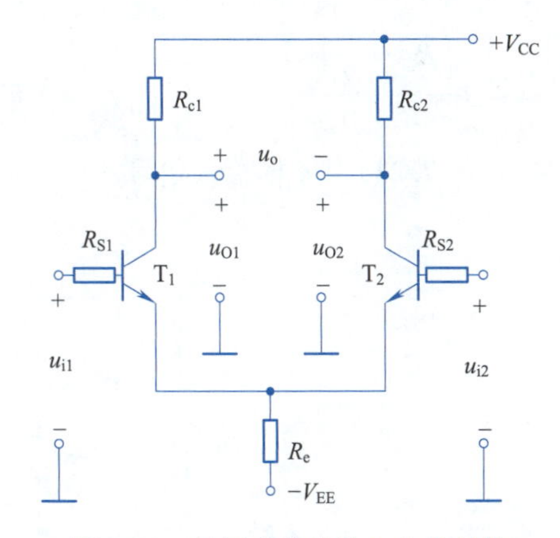

图7.21　长尾式差分放大电路结构

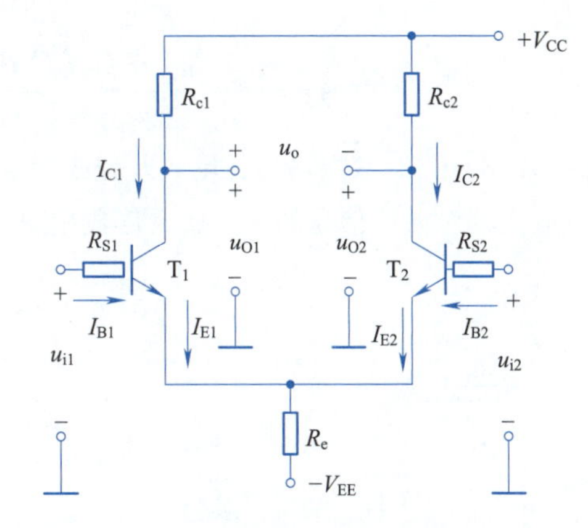

图7.22　长尾式差分放大电路静态分析

$$I_{E1}=\frac{V_{EE}-U_{BE1}}{2R_{e1}+\dfrac{R_{S1}}{1+\beta}}\approx\frac{V_{EE}}{2R_{e1}} \tag{7.36}$$

由式(7.36)可以看出，静态时射极电流只与负电源 V_{EE} 和电阻 R_e 有关，而与晶体管的参数无关，因此该电路抑制温漂能力更强。

3. 动态分析

由于差分放大电路输入信号不同，动态分析结论不同，所以对于差分电路的动态分析从以下两方面进行讨论：

(1)输入共模信号。当输入共模信号时，晶体管 T_1 和 T_2 的集电极电流 i_{C1}、i_{C2} 变化趋势相同，集电极电阻 R_{c1} 和 R_{c2} 两端电压变化相同，因而两个集电极电位变化量相等，即

$$\Delta i_{C1}=\Delta i_{C2},\Delta V_{C1}=\Delta V_{C2}$$

若电路采用双端输出形式，此时输出电压 u_{oc} 为零，电路对于共模信号的电压放大倍数为0。

若电路采用单端输出形式，射极电阻 R_e 接收两个同样变化量的射极电流，从一侧的放大电路看，晶体管的射极等效为接入了一个$2R_e$ 的电阻，电路等效模型如图 7.23 所示。此时共模信号的电压放大倍数为

$$A_{uc1}=\frac{u_{oc1}}{u_{ic1}}=-\beta\frac{R_{c1}}{R_{S1}+r_{be}+(1+\beta)2R_e}$$

(2)输入差模信号。当输入差模信号$\frac{1}{2}u_{id}$和$-\frac{1}{2}u_{id}$时，晶体管 T_1 和 T_2 的射极动态电流 i_{e1}、i_{e2}大小相等，方向相反，这两个电流对电阻 R_e 的影响互相抵消，也就是说 R_e 对差模信号来说，电压降为0，相当于短路。此时晶体管集电极电流引起的动态电压同样也是大小相等，方向相反的两个量，分析时可以认为负载的中间点为动态信号的零点。

此时单侧放大电路对差模输入信号的电压放大倍数为

$$A_{ud1}=\frac{u_{od1}}{\frac{1}{2}u_{id}}=-\beta\frac{\left(R_{c1}//\frac{1}{2}R_L\right)}{R_{S1}+r_{be}} \tag{7.37}$$

由对称性可知，$A_{ud1}=A_{ud2}$，$u_{od1}=-u_{od2}$，则双端输出的差模电压放大倍数为

$$A_{ud}=\frac{u_{od}}{u_{id}}=\frac{u_{od1}-u_{od2}}{u_{id}}=\frac{2u_{od1}}{u_{id}}=-\beta\frac{\left(R_{c1}//\frac{1}{2}R_L\right)}{R_{S1}+r_{be}} \tag{7.38}$$

由式(7.38)可知，双端输出长尾式差分放大电路(见图 7.24)对差模输入信号的电压放大倍数与单侧放大器对差模信号的电压放大倍数相同。

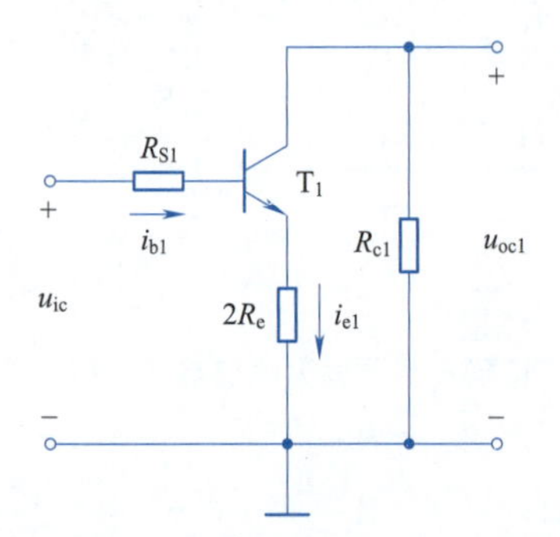

图 7.23　长尾式差分放大电路共模输入动态分析

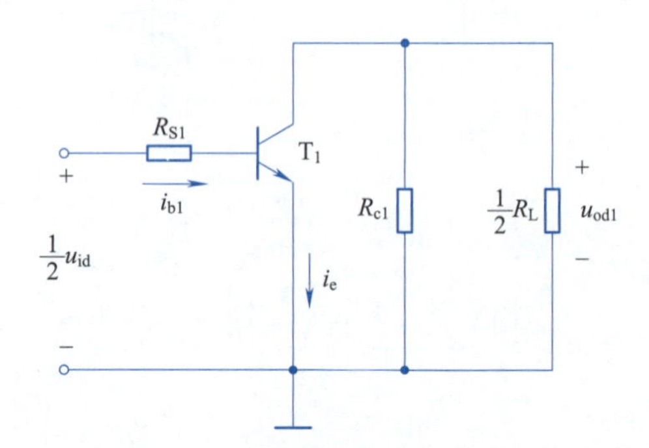

图 7.24　长尾式差分放大电路差模输入动态分析

7.3　功率放大电路

7.3.1　功率放大电路概述

在典型的多级放大电路中，往往要求末级放大电路要有较大的输出功率，以便于驱动如扬声器之类的功率装置。这种以输出最大功率为目的的放大电路称为功率放大电路。功率放大电路不是单纯追求输出高电压或者输出大电流，而是追求在额定的电源电压下，如何输出更大的功率。因此，在设计功率放大电路时要注意如下两个要求。

1. 最大不失真输出功率

功率放大电路常作为多级放大电路的末级,也就是输出级,是一种以输出较大不失真功率为目的的放大电路。如果放大的输出信号发生失真问题,那么功率输出也就没有意义。一般地,常用最大不失真输出功率来量化功率放大电路的输出。具体而言,在输入正弦波信号且输出波形不超过规定的非线性失真指标时,最大输出电压有效值与最大输出电流有效值的乘积即为最大输出功率。

2. 放大电路的转换效率

功率放大电路的设计还需要考虑电源的利用效率,即负载所获取的最大功率与电源为功率放大电路所提供的功率之比。放大电路的转换效率用 η 表示,于是有

$$\eta=\frac{P_{\mathrm{o}}}{P_{\mathrm{E}}}\times 100\% \tag{7.39}$$

式中,P_{o} 是放大电路的输出功率;P_{E} 是直流电源供给的平均功率。

P_o 等于输出电压 U_{o} 和输出电流 I_{o} 的乘积,即

$$P_{\mathrm{o}}=U_{\mathrm{o}}I_{\mathrm{o}} \tag{7.40}$$

以三种基本组态的放大电路为例,P_{E} 等于电源电压 V_{CC} 与电源输出的平均电流 I_{av} 的乘积,即

$$P_{\mathrm{E}}=V_{\mathrm{CC}}I_{\mathrm{av}} \tag{7.41}$$

功率放大电路的设计还要考虑输出电阻与负载的匹配问题,只有这样负载才能获得最大的功率。在功率放大电路中,为了使输出的功率足够大,相应的晶体管均处于高电压、大电流工作状态,因此散热也是一个需要考虑的问题。如果功率放大电路的输出端短路,会损坏功放管,这就涉及短路保护问题。因此,功放管的损坏与保护问题也不容忽视。

通常,η 的值越大,功率放大电路的效率越高。放大电路的效率与放大方式有关,按照晶体管处于放大状态的时间不同,可以分为以下三种放大方式:

1. 甲类功率放大电路

晶体管在输入信号的整个周期内都处于放大状态的放大方式称为甲类功率放大电路。对于一个功率放大电路,当输入的正弦波信号在整个周期内均能被正常放大,即在一个信号周期内均有电流流过晶体管,如图 7.25 所示,晶体管的导通角 $\theta=2\pi$。甲类功率放大电路中,静态工作点高,I_{C} 比较大,波形不会失真,但是由于 $I_{\mathrm{av}}=I_{\mathrm{C}}$,该值比较大,导致 P_{E} 比较大,使得 η 值比较小,转换效率低,其转换效率在 20% ~30% 之间,有的电路的转换效率甚至会更低。那么,该如何解决甲类功率放大电路转换效率低的问题呢?可以采用减小静态电流的方式来降低管耗,也就是将 Q 点下移,使输入信号为零时的静态功耗为零,也就是使功率放大电路工作在乙类状态。

2. 乙类功率放大电路

晶体管只在输入信号的半个周期内处于放大状态,另一半周期处于截止状态的放大方式称为乙类功率放大电路,如图 7.26 所示,对于输入的正弦波信号,晶体管只有半个周期内导通,晶体管的导通角 $\theta=\pi$。在实际的乙类功率放大电路中,采用两只晶体管分别放大正弦波信号的正半周和负半周,也就是推挽功率放大。乙类功率放大电路的静态工作点为零,静态电流为零,转换效率高。但是由于晶体管开启电压的存在,乙类功率放大电路存在交越失真现象。

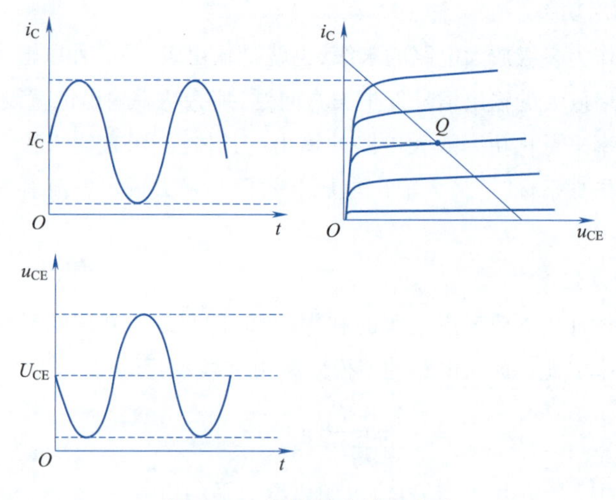

图 7.25 甲类功率放大电路

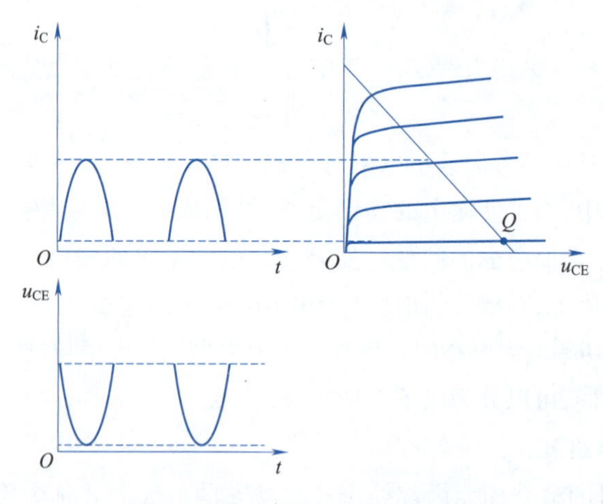

图 7.26 乙类功率放大电路

3. 甲乙类功率放大电路

为了克服乙类功率放大电路的交越失真,需要适当调整晶体管的静态工作点,使晶体管处于微导通状态,静态电流约等于零,如图 7.27 所示。晶体管的导通时间大于半个周期但是小于一个周期,即晶体管的导通角取值范围是 $\pi<\theta<2\pi$。一般功率放大电路常采用此种工作状态。

实际上,在电源为电路所提供的功率为定值的前提下,减小管耗是提高转换效率的主要途径。可以采用减小静态电流的方式来减小管耗,也就是将 Q 点下移,使输入信号为零时的静态功耗为零,也就是使功率放大电路工作在乙类状态。这样一来,信号增大时电源所提供的功率也增加,可以改变甲类功率放大电路转换效率低的问题。但是,降低 Q 点会带来放大信号的截止失真问题。为了实现在降低 Q 点的同时又不会引起截止失真,可以使用互补对称结构的功率放大电路。

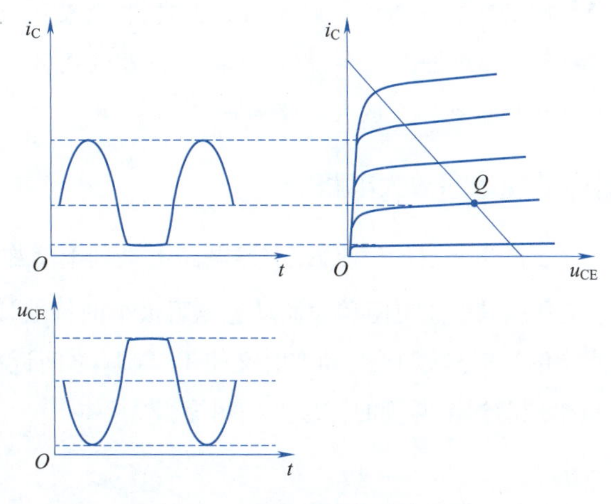

图 7.27　甲乙类功率放大电路

7.3.2　乙类互补对称推挽功率放大电路

乙类互补对称推挽功率放大电路的结构如图 7.28 所示，图中两组参数一致的放大电路用于信号的放大，其中一组放大电路的输出信号增加时，另一组放大电路的输出信号减小，两组放大电路的状态轮流放大（转换），其工作状态类似于“此消彼长”，体现出轮流工作的推挽结构。

图 7.28（a）所示电路是由它们组成的两个独立的共集放大电路，由于取消了偏置电阻 R_b，所以它们工作于乙类放大状态。只要将它们合并，即共用负载 R_L 和输入端便构成了图 7.28（b）所示的乙类放大互补对称电路。

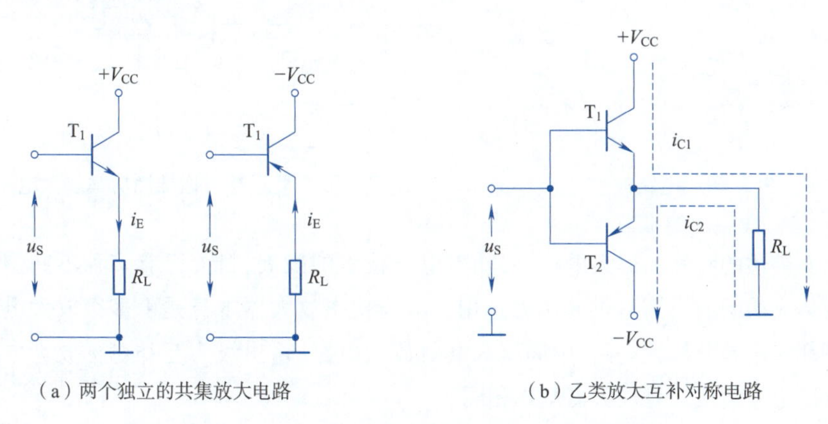

（a）两个独立的共集放大电路　　（b）乙类放大互补对称电路

图 7.28　乙类互补对称推挽功率放大电路的结构

静态时，由于 $I_B=0$，$I_C=0$，R_L 中无电流。

动态时，在 u_S 的正半周，NPN 管放大，PNP 管截止，R_L 中通过电流 i_{C1}；在 u_S 的负半周，NPN 管截止，PNP 管放大，R_e中通过电流 i_{C1}。其波形如图 7.29 所示。在这一电路中，两个单管电路上、下对称，交替工作，互相补充，故称为互补对称电路。由于它工作在乙类放大状态，效率较高，在理想状态下效率可达 78.5%。所以这种电路得到了广泛的应用，是功率放大电路的基本电路。

从波形图中可以看到，在两管交替工作经过输入特性死区的一段时间内，i_{C1} 和 i_{C2} 都接近于零，使得输出电流在正、负半周的交接处衔接不好而引起失真，称为交越失真。因而偏流 I_B 和静态电流 I_C 不宜为零，应将静态工作点提高一点，以避开输入特性的死区。也就是说，为避免出现交越失真以采用甲乙类互补对称推挽功率放大电路为宜。

7.3.3 甲乙类互补对称推挽功率放大电路

电路如图 7.30 所示，为了产生一定的偏流，在上述电路的基础上增加了偏置电阻 R_{b1} 和 R_{b2}。二极管 VD_1 和 VD_2 的作用是利用其静态电阻稍大而动态电阻极小的特性，以保证静态时，T_1 与 T_2 之间不致因短路而造成两管偏流仍然等于零，动态时又使 T_1 与 T_2 之间近乎短路，既保证了 u_S 能输送到 PNP 管，又使正、负半周时送至两管的信号大小相等。

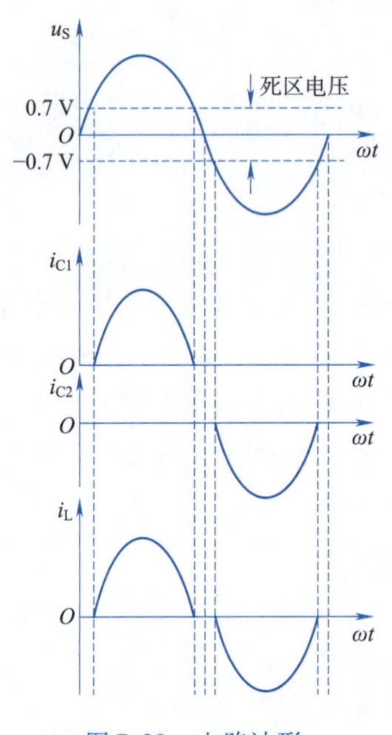

图 7.29　电路波形

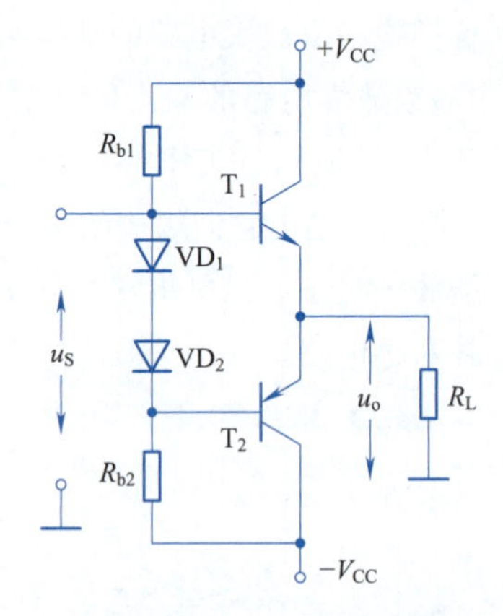

图 7.30　甲乙类互补对称推挽功率放大电路

除了前面讲述的特殊的放大电路外，随着电子技术的发展，目前已有多种不同型号，可输出不同功率的集成功率放大器可供使用者选用。集成功率放大器本身是由多级放大电路组成的，输入级一般都采用差分放大电路，中间级为共射放大电路，输出级为互补对称放大电路，其电路结构与下章讨论的集成运算放大器基本相同。

习　题

一、填空题

1. 某反馈放大电路中，基本放大电路的增益为 A，反馈网络的反馈系数为 F，则该电路的反馈深度计算公式为________。

2. 在互补对称推挽功率放大电路中，两只三极管均工作在________模式。

3. 某功率放大电路中，电源所提供的功率为 10 W，负载所获取的功率为 6.5 W，则该功率放大电路的转换效率为________。

4. 互补对称推挽功率放大电路中,要求两只三极管的特性________。

5. 为了稳定放大电路的输出电压,应引入________负反馈。

6. 为了稳定静态工作点,应引入________负反馈。

7. 为了稳定放大倍数,应引入________负反馈。

8. 为了稳定放大电路的输出电流,应引入________负反馈。

9. 为了增大放大电路的输入电阻,应引入________负反馈。

10. 为了减小放大电路的输入电阻,应引入________负反馈。

11. 为了增大放大电路的输出电阻,应引入________负反馈。

12. 为了减小放大电路的输出电阻,应引入________负反馈。

13. 已知差分输入分别为 50 mV 和 60 mV,将其分解为共模和差模信号的叠加,则共模信号分量为________。

14. 共模信号是指________,差模信号是指________。

二、选择题

1. 放大电路引入负反馈是为了(　　)。

A. 提高放大倍数　　B. 降低放大倍数
C. 改善放大电路的性能　　D. 稳定电压

2. 负反馈能抑制(　　)。

A. 输入信号中的干扰和噪声　　B. 输出信号中的干扰和噪声
C. 环内的干扰和噪声　　D. 环外的干扰和噪声

3. 在输入电压不变的条件下,若引入反馈后(　　),则说明引入的是负反馈。

A. 净输入电压增大　　B. 净输入电压减小
C. 放大倍数增大　　D. 净输入电流增大

4. 负反馈放大电路对电路性能的改善不包括(　　)。

A. 增大放大电路的输入电阻　　B. 减小放大电路的输出电阻
C. 减小非线性失真　　D. 减小环外噪声

5. 引入负反馈的一般原则是(　　)。

A. 要想增大放大电路的输入电阻应引入电流负反馈
B. 要想减小放大电路的输出电阻应引入串联负反馈
C. 要想改善放大电路的动态性能,可以选择交流负反馈
D. 要想将电流信号转换为电压信号,可以选择电流串联负反馈

6. 在放大电路中引入负反馈后,下面描述错误的是(　　)。

A. 稳定了放大倍数　　B. 减小了非线性失真
C. 反馈信号增强了输入信号　　D. 改变了输入输出电阻

7. 电压串联负反馈对放大电路的输入、输出的电阻的影响是(　　)。

A. 减小输入电阻及输出电阻　　B. 减小输入电阻、增大输出电阻
C. 增大输入电阻、减小输出电阻　　D. 增大输入电阻及输出电阻

三、分析题

分析图 7. 31 所示电路中引入了哪种组态的负反馈。

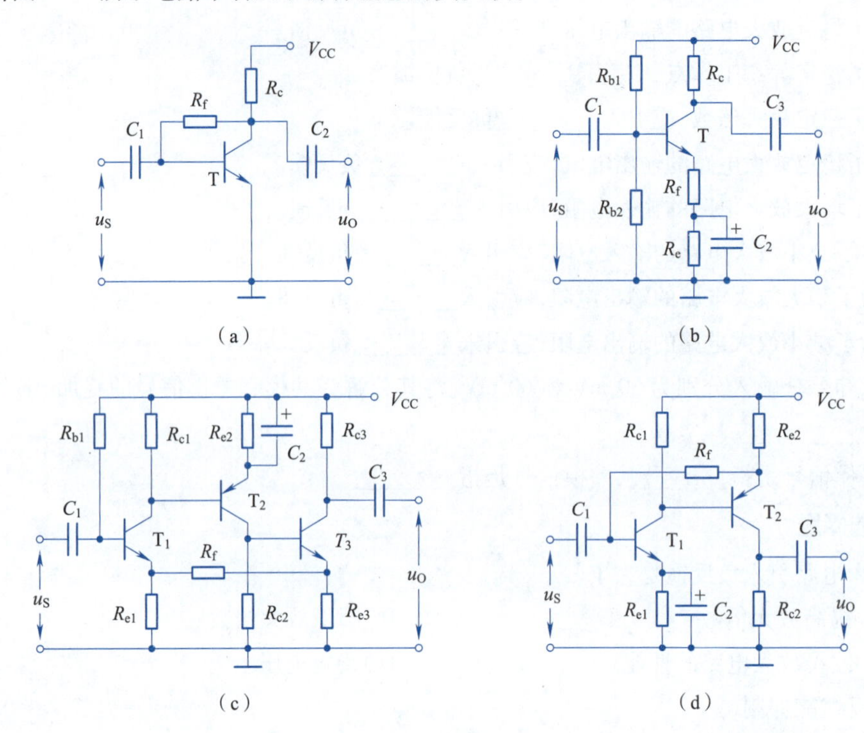

图 7. 31　题 3. 1

第8章 集成运算放大器

引言

前面介绍的放大电路都是由各个独立元件连接而成的,称为分立元件电路。如果利用半导体工艺将整个电路中的元器件和连接导线等全部整合在一块半导体硅基片上,那么称这个具有特定功能的集合整体为集成电路芯片。本章所介绍的集成运算放大器就是一种内部采用多级直接耦合放大电路、具备高增益特点的集成电路芯片。本章先介绍集成电路及集成运算放大器,然后集中讨论放大电路中的反馈问题,最后介绍集成运算放大器的应用。

学习目标

读者通过对本章内容的学习,应该能够做到:

了解:集成运放的结构及特点,集成运放电路的分析依据和方法,集成运放的主要参数。

理解:集成运放实现比例、加法、减法、微分、积分等信号运算电路的工作原理和特点;集成运算放大器分析方法。

应用:掌握本章所介绍的集成运放构成的滤波电路和波形变换电路的基本工作原理,并能够在实践中灵活运用。

8.1 集成电路

集成电路是20世纪60年代初期发展起来的一种新型电子器件,它采用微电子技术将二极管、晶体管、场效应晶体管、电阻、电容等元器件和连接导线等整个电路都集合在一小块半导体晶片上,封装上外壳,向外引出若干个引脚,构成一个完整的、具有一定功能的电路。这个电路是一个不可分割的固体块,所以又称固体组件。

按照集成度(每块半导体晶片上所包含的元器件数)的大小,集成电路可分为小规模、中规模、大规模和超大规模集成电路。其中,大规模和超大规模集成电路已实现了器件、电路和系统三者在半导体晶片上的结合,使得器件、电路和系统的界线难以截然分开。它发展之迅速通过下述的大致进程可以反映出来:

1960年,小规模集成电路(SSI),每块晶片上不超过100个元器件。

1966年,中规模集成电路(MSI),每块晶片上的元器件数为100~1 000个。

1969年,大规模集成电路(LSI),每块晶片上的元器件数为1 000～10 000个。

1975年,超大规模集成电路(VLSI),每块晶片上的元器件数为10 000个以上。

集成电路的迅速发展,促使电子电路日益微型化,它具有的体积小、质量小、功耗小、特性好、可靠性强等一系列优点是分立电路所无法比拟的。可以说随着集成电路的发展,人类的生产和生活方式也发生了根本的变革。

按照处理信号的不同,电子电路可分为模拟电路和数字电路两大类,因此,集成电路也可分为模拟集成电路和数字集成电路两类。

模拟电路是处理模拟信号的电路。模拟信号是随时间连续变化的信号,例如模拟语音的音频信号,模拟图像的视频信号以及模拟温度、压力、流量等物理量的电压或电流信号等。模拟电路主要研究输出与输入信号之间的大小和相位等方面的关系。集成运算放大器就是模拟集成电路最主要的代表器件。

数字电路是处理数字信号的电路。数字信号是在时间上不连续的、离散的脉冲信号,是可以用二进制数0和1表示的信号。数字电路主要是研究输出与输入信号之间的逻辑关系,因此又称逻辑电路。

学习集成电路时,对其内部细节不必过多详细了解,应着重掌握其功能、外接线和使用方法。

8.2 集成运算放大器概述

1. 集成运算放大器的组成

集成运算放大器(integrated operational amplifer)简称集成运放(integrated OPA),是一种电压放大倍数很大的直接耦合的多级放大电路。集成运放的组成如图8.1所示,由输入级、中间级、输出级和偏置电路四个基本部分组成。

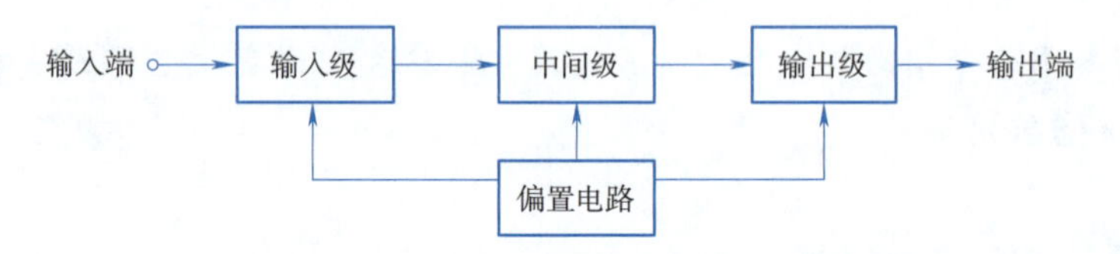

图8.1 集成运放的组成

输入级一般都采用双端输入的差分放大电路,这样可以有效地减小零点漂移、抑制干扰信号。其差模输入电阻 r_i 很大,可达10^5～10^6 Ω,最低的也有几十千欧。

中间级用来完成电压放大,一般采用共射放大电路。由于采用多级放大,使得集成运放的电压放大倍数可高达10^4～10^6。

输出级一般采用互补对称放大电路或共集放大电路。差模输出电阻很小,一般只有几十欧至几百欧,因而带负载的能力强,能输出足够大的电压和电流。

偏置电路的作用是为各级电路提供稳定、合适的偏置电流,决定各级的静态工作点,一般由恒流源电路构成。

集成运放是一种电压放大倍数高、输入电阻大、输出电阻小、零点漂移小、抗干扰能力强、可靠性高、体积小、耗电少的通用电子器件。自问世以来,发展十分迅速,除通用型外,还出现了许多专用型集成运放。通用型集成运放适用范围很广，其特性指标可以满足一般要求。专用型集成运放是在通用型的基础上，通过特殊的设计和制作，使得某些特性指标更为突出。

集成运放的图形符号如图 8.2 所示。图中▷表示放大器，A 表示电压放大倍数，“∞”表示电压放大倍数为无限大。

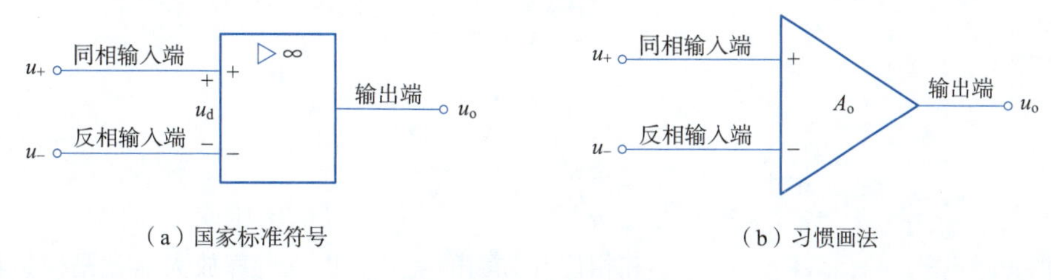

（a）国家标准符号　（b）习惯画法

图 8.2　集成运放的图形符号

左侧“+”端为同相输入端，当信号由此端与地之间输入时，输出信号与输入信号相位相同。信号的这种输入方式称为同相输入。

左侧“−”端为反相输入端，当信号由此端与地之间输入时，输出信号与输入信号相位相反。信号的这种输入方式称为反相输入。

如果将两个输入信号分别从上述两端与地之间输入，则信号的这种输入方式称为差分输入。

集成运放成品除上述三个输入和输出接线端（引脚）以外，还有电源和其他用途的接线端。产品型号不同，引脚编号也不相同，使用时可查阅有关手册。集成运算放大器的外形有圆壳式和双列直插式两种，如图 8.3 所示。

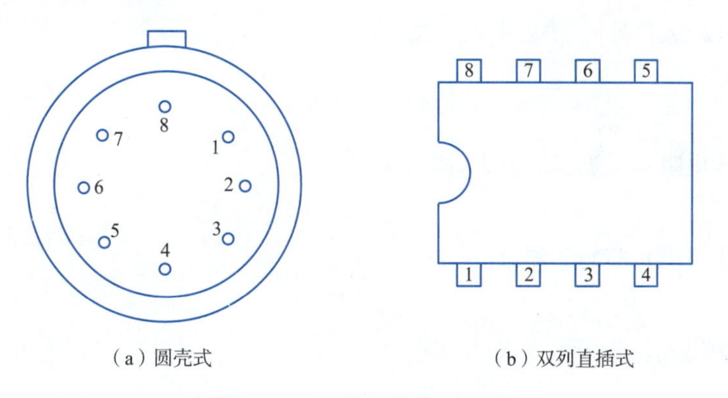

（a）圆壳式　（b）双列直插式

图 8.3　运算放大器的引脚图

2. 电压传输特性

集成运放的输出电压 u_o 与差模输入电压 u_d（$u_d = u_+ - u_-$）之间的关系，称为集成运放的电压传输特性，如图 8.4 所示，包括线性区和饱和区两部分，在线性区内 u_o 与 u_d 成正比关系，即

$$u_o = A_o u_d = A_o(u_+ - u_-) \tag{8.1}$$

线性区的斜率取决于 A_o 的大小。由于受电源电压的限制，u_o 不可能随 u_d 的增大而无限增加。因此，当 u_o 增加到一定值后，便进入了正、负饱和区。正饱和区 $u_o = +U_{om} \approx +V_{CC}$，负饱和区 $u_o = -U_{om} - V_{EE}$。

集成运放在应用时，工作于线性区的称为线性应用，工作于饱和区的称为非线性应用。由于

集成运放的 A_o 非常大,线性区很陡,即使输入电压很小,由于外部干扰等原因,不引入深度负反馈很难在线性区工作。所以,为了保证集成运放能够稳定工作在线性区,通常要在电路中引入深度负反馈。

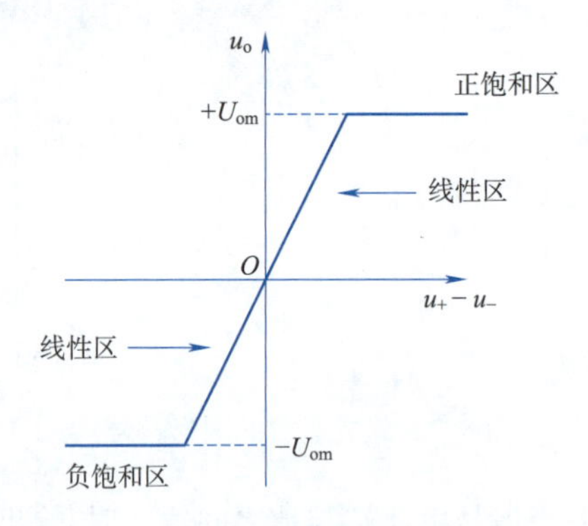

图 8.4　电压传输特性

8.3 理想运算放大器

在了解集成运放电路的内部结构后,本节将进一步介绍集成运放电路的特点以及集成运放电路分析的依据。

1. 理想运算放大器的主要性能参数

(1)开环电压放大倍数 A_o 接近于无穷大,即

$$A_o = \frac{u_o}{u_d} \to \infty \tag{8.2}$$

(2)开环输入电阻 r_i 接近于无穷大,即

$$r_i \to \infty \tag{8.3}$$

(3)开环输出电阻 r_o 接近于零,即

$$r_o \to 0 \tag{8.4}$$

(4)共模抑制比 K_{CMRR} 接近于无穷大,即

$$K_{CMRR} \to \infty \tag{8.5}$$

理想运放的图形符号与图 8.2 相同,只需将图中的 A_o 改为∞。

2. 理想运算放大器的特性

理想运放的电压传输特性如图 8.5 所示,由于 $A_o \to \infty$,线性区几乎与纵轴重合。由电压传输特性可以看到理想运放工作在饱和区和工作在线性区时的特点。

1)工作在饱和区时的特点

(1)正负饱和电压。理想运放不加反馈时,集成运放的线性工作区的输入电压范围很窄,如果集成运放处于开环状态或者电路引入了正反馈,那么集成运放就很容易进入饱和状态,即

$$u_+ > u_- \text{时}, u_d = +U_{om}$$
$$u_+ < u_- \text{时}, u_d = -U_{om}$$

(2)虚断。因为理想运放的输入电阻仍然保持 $r_{id}=\infty$,所以两个输入端中的电流仍然为 0,即

$$i_{+}=i_{-}=0$$

集成运放同相输入端和反相输入端不从外部电路分流,两个输入端和外部电路之间好像是断开一样,但电路实际上并没有真正的断开,这个特点称为“虚断”。

2)工作在线性区时的特点

理想运放在引入深度负反馈之后,如图 8.6 所示,由于 u_o 是有限值,可以得到以下特性。

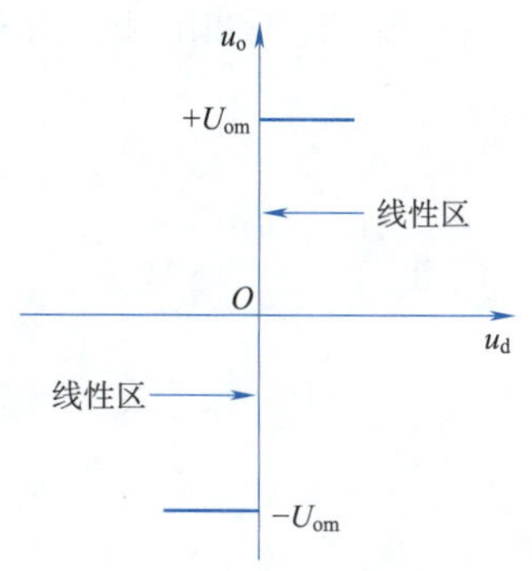

图 8.5　理想运放的电压传输特性

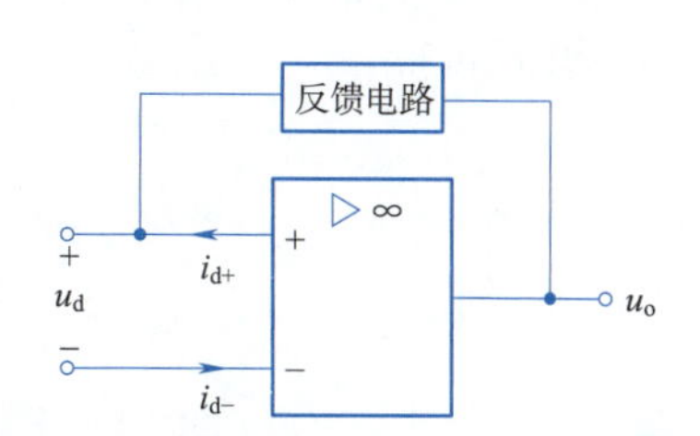

图 8.6　引入负反馈后的理想运放电路

(1)虚短。理想运放工作在线性区时,输出电压与输入电压的关系是

$$u_o=A_{ud}u_d=A_{ud}(u_{+}-u_{-})$$

由于 $A_{ud}=\infty$,而 u_o 是一个有限值,所以 $u_{+}-u_{-}=0$,也即

$$u_{+}=u_{-}$$

这个结果表明:集成运放同相输入端和反相输入端的电位相等,效果上好像两个输入端之间用短路线短接一样,但电路实际上并没有真正的短路,这个特点称为“虚短”。

(2)虚断。因为理想运放的输入电阻 $r_{id}=\infty$,所以两个输入端中的电流为 0,即

$$i_{+}=i_{-}=0$$

可见“虚断”特点在线性区仍然成立。

以上为分析理想运放的基本依据。运用这些特性会使分析和计算工作大为简化。接下来将要介绍的基本运算电路和滤波电路中的集成运放均工作在线性区,而电压比较器电路中的集成运放则工作在饱和区。

8.4　基本运算电路

集成运算放大器外接深度负反馈后,便可以进行信号的比例、加减、微分和积分等运算,这是它线性应用的一部分。通过这一部分的分析可以看到,理想运放外接反馈电路后,其输出电压与输入电压之间的关系只与外接电路的参数有关,而与集成运放本身的参数无关。

8.4.1　比例运算电路

1. 反相比例运算电路

电路如图 8.7 所示。输入信号 u_i 经电阻 R_1 引到反相输入端,同相输入端经电阻 R_2 接地,反

馈电阻 R_f 引入电压并联负反馈。由于 R_2 中电流 $i_2=0$，故 $u_+=u_-=0$。“-”端虽然未直接接地，但其电位却为零，这种情况称为“虚地”。

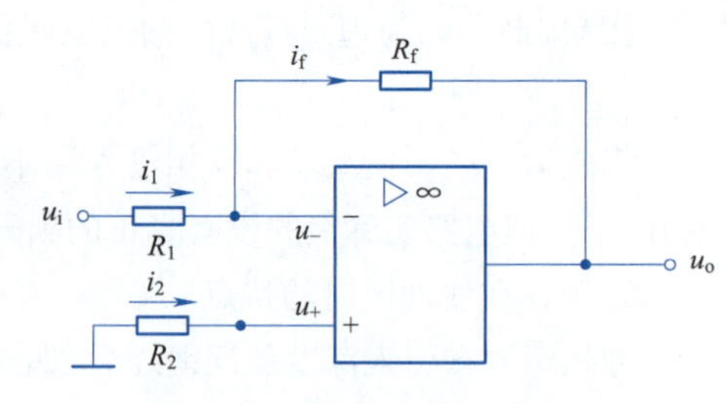

图 8.7　反相比例运算电路

根据“虚断”可得

$$i_+=0$$

故

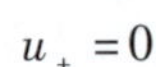

$$u_+=0$$

根据“虚短”可得

$$u_+=u_-=0$$

再根据“虚断”可得

$$i_-=0, i_1+i_-=i_f，即$$

$$\frac{u_i-u_-}{R_1}=\frac{u_--u_o}{R_f}$$

整理可得

$$u_o=-\frac{R_f}{R_1}u_i \tag{8.6}$$

可见，输出电压与输入电压成正比，比值与集成运放本身的参数无关，只取决于外接电阻 R_1 和 R_f 的大小。

反相比例运算电路也就是反相放大电路，电路的闭环电压放大倍数为

$$A_f=\frac{u_o}{u_i}=-\frac{R_f}{R_1} \tag{8.7}$$

当 $R_1=R_f$ 时，$u_o=-u_i$，该电路称为反相器。

图中的电阻 R_2 称为平衡电阻，其作用是保持集成运放输入级电路的对称性。因为集成运放的输入级为差分放大电路，它要求两边电路的参数对称以保持电路的静态平衡。为此，静态时集成运放“+”端和“-”端的对地等效电阻应该相等。由于静态时，$u_i=0$，$u_o=0$，R_1 和 R_f 相当于一端接地，故集成运放的“-”端对地电阻为 R_1 和 R_f 的并联等效电阻，“+”端的对地电阻为 R_2，故

$$R_2=R_1//R_f \tag{8.8}$$

2. 同相比例运算电路

电路如图 8.8 所示。输入信号 u_i 经电阻 R_2 接至同相输入端，反相输入端经电阻 R_1 接地，反馈电阻 R_f 接在输出端与反相输入端之间，引入电压串联负反馈。仍采用“虚短”和“虚断”两个依据来分析。

根据“虚断”可得

$$i_+=0$$

故

$$u_+=u_i$$

根据“虚短”可得

$$u_+=u_-=u_i$$

再根据“虚断”可得

$$i_{-}=0, i_1+i_{-}=i_f$$

即

$$\frac{0-u_{-}}{R_1}=\frac{u_{-}-u_o}{R_f}, \frac{0-u_i}{R_1}=\frac{u_i-u_o}{R_f}$$

整理可得

$$u_o=\left(1+\frac{R_f}{R_1}\right)u_i \tag{8.9}$$

可见，u_o 与 u_i 之间也是成正比的。

同相比例运算放大电路也就是同相放大电路，电路的闭环电压放大倍数为

$$A_f=1+\frac{R_f}{R_1}$$

当 $R_f \to 0, R_1 \to 0, R_2 \to 0$ 时，电路如图 8.9 所示，这时 $u_o=u_i$，电路称为电压跟随器。图中电阻 R_2 为平衡电阻，其值为 $R_2=R_1//R_f$。

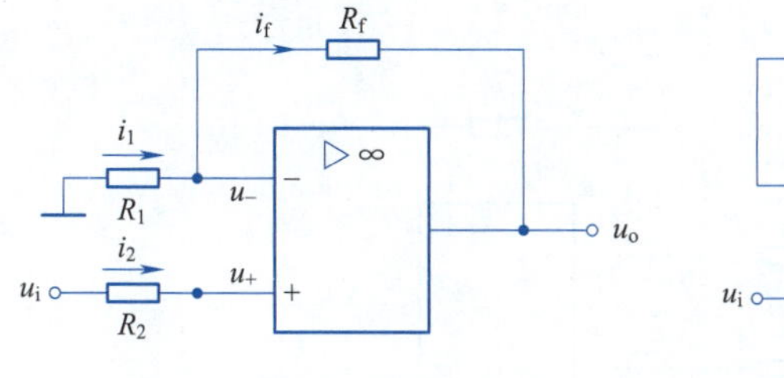

图 8.8　同相比例运算电路

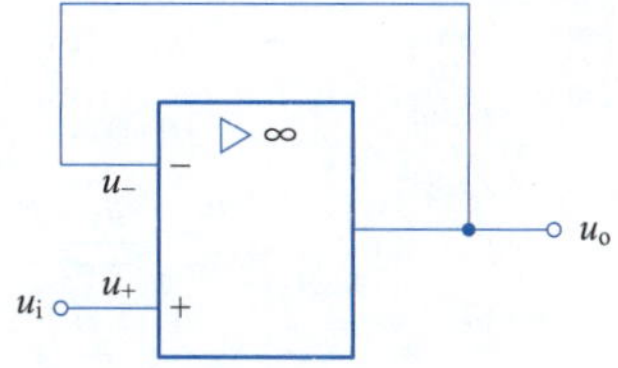

图 8.9　电压跟随器

8.4.2　加法运算电路

如图 8.10 所示的加法运算电路，能够实现两个模拟信号的求和运算。由于 $u_{+}=u_{-}=0$，“ - ”端为虚地端。

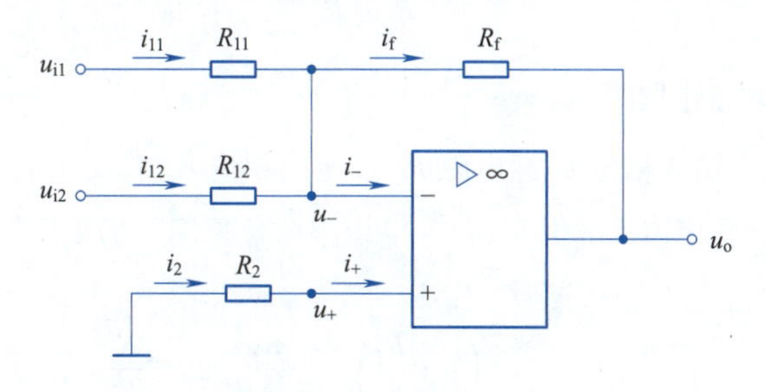

图 8.10　加法运算电路

根据叠加定理，u_{i1} 单独作用时，$u_{o1}=-\frac{R_f}{R_{i1}}u_{i1}$；$u_{i2}$ 单独作用时，$u_{o2}=-\frac{R_f}{R_{i2}}u_{i2}$；$u_{i1}$ 和 u_{i2} 同时作用时

$$u_o=u_{o1}+u_{o2}=-\frac{R_f}{R_{i1}}u_{i1}-\frac{R_f}{R_{i2}}u_{i2} \tag{8.10}$$

取 $R_{i1}=R_{i2}=R$，可得

$$u_o=-\frac{R_f}{R}(u_{i1}+u_{i2}) \tag{8.11}$$

可见，电路的输出与输入反相，且实现了各输入电压按不同比例相加的关系，故此电路又称反相加法运算电路。上述结果可以推广到更多输入信号相加的电路。

同样，若 $R_{i1}=R_{i2}=R_f=R$，则

$$u_o=-(u_{i1}+u_{i2}) \tag{8.12}$$

图中电阻 R_2 为平衡电阻，其值 $R_2=R_{i1}//R_{i2}//R_f$。

除了反相加法运算电路以外，还有一种同相加法运算电路，该电路是将多个输入信号从同相输入端加入，但由于同相输入端引入共模信号，且其运算关系和平衡电阻的选取都比较复杂，所以一般很少采用。

8.4.3 减法运算电路

电路如图 8.11 所示，输入信号分别从两个输入端加入，该电路能够实现两个模拟信号的减法运算。

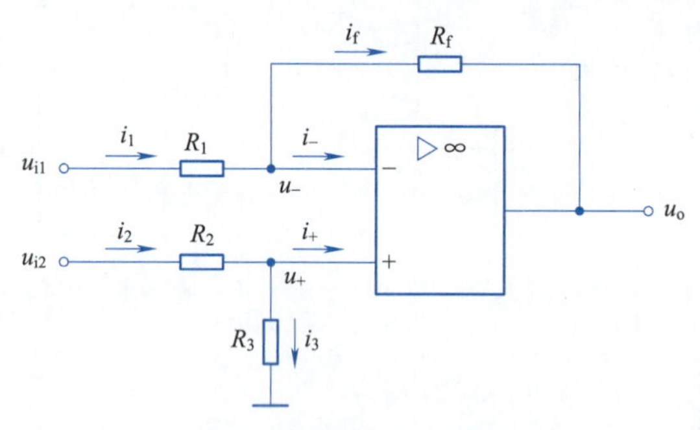

图 8.11　减法运算电路

根据“虚断”可得：$i_+=0$，故 $i_2=i_3$，R_2 与 R_3 可以看成是串联电路，则

$$u_+=\frac{R_3}{R_2+R_3}u_{i2} \tag{8.13}$$

根据叠加定理，u_{i1} 单独作用时，$u_{o1}=-\frac{R_f}{R_1}u_{i1}$。

u_{i2} 单独作用时，$u_{o2}=(1+\frac{R_f}{R_1})\cdot\frac{R_3}{R_2+R_3}u_{i2}$。

u_{i1} 和 u_{i2} 共同作用时

$$\begin{aligned}u_o=u_{o1}+u_{o2}&=\left(1+\frac{R_f}{R_1}\right)\cdot\frac{R_3}{R_2+R_3}u_{i2}-\frac{R_f}{R_1}u_{i1}\\&=\left(1+\frac{R_f}{R_1}\right)\cdot\frac{R_3/R_2}{1+R_3/R_2}u_{i2}-\frac{R_f}{R_1}u_{i1}\end{aligned}$$

此时取 $\frac{R_3}{R_2}=\frac{R_f}{R_1}$，则

$$u_o=\frac{R_f}{R_1}(u_{i2}-u_{i1}) \tag{8.14}$$

即输出电压正比于两输入电压之差。

当 $R_1=R_f$ 时

$$u_o=u_{i2}-u_{i1} \tag{8.15}$$

图中电阻 R_2 为平衡电阻，有 $R_2//R_3=R_1//R_f$。

8.4.4　积分运算电路

如图 8.12(a)所示，改用电容 C 作为反馈元件，该电路能够实现对输入信号的积分运算。

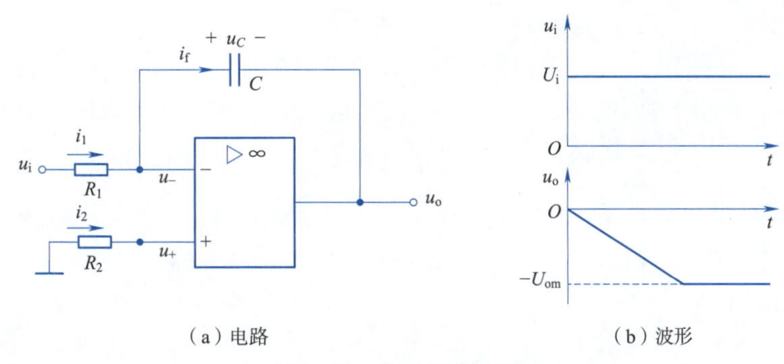

图 8.12　积分运算电路

根据“虚断”可得

$$i_+=0$$

故

$$u_+=0$$

根据“虚短”可得

$$u_+=u_-=0$$

再根据“虚断”可得

$$i_-=0, i_1+i_-=i_f$$

设电容初始电压为零，则

$$\frac{u_i-u}{R_1}=C\frac{du_C}{dt}=-C\frac{du_o}{dt}$$

两边同时积分，并将常数项移出积分号，整理后可得

$$u_o=-\frac{1}{R_1C}\int u_i dt \tag{8.16}$$

可见，u_o 正比于 u_i 的积分。当 u_i 为阶跃电压时，如图 8.12(b)所示，u_o 随时间线性增加到负饱和电压为止。图中电阻 R_2 为平衡电阻，其值 $R_2=R_1$。

8.4.5　微分运算电路

图 8.13(a)所示为反相微分运算电路，电路结构和积分运算电路类似，只是将积分运算电路中的电容 C 和 R_1 互换了位置，该电路能够实现对输入信号的微分运算。

根据“虚断”可得

$$i_+=0$$

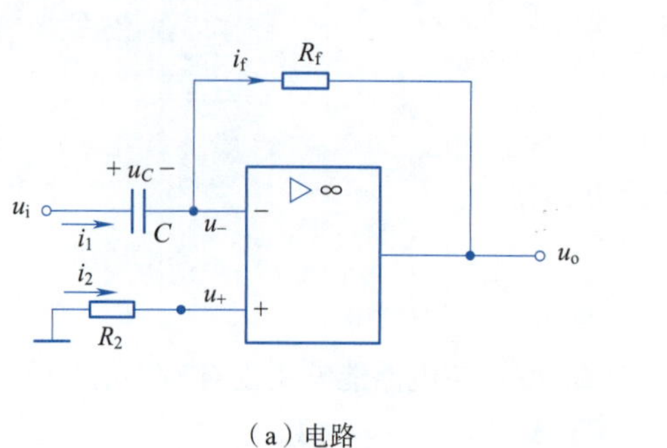

（a）电路

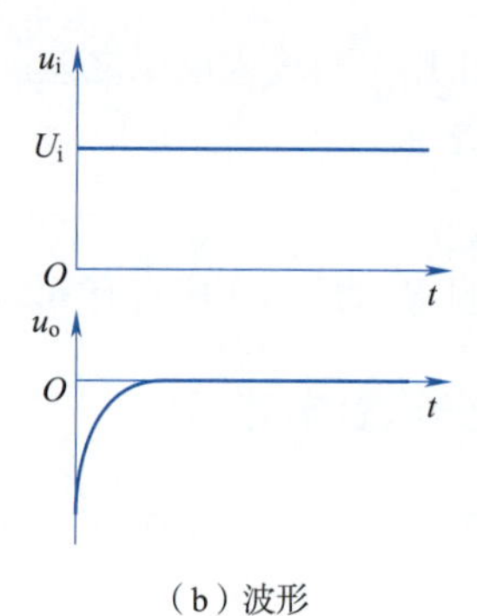

（b）波形

图 8.13　微分运算电路

故

$$u_+ = 0$$

根据“虚短”可得

$$u_+ = u_- = 0$$

再根据“虚断”可得

$$i_- = 0, i_1 + i_- = i_f$$

设电容初始电压为零，则

$$C\frac{du_C}{dt} = C\frac{du_i}{dt} = \frac{u_- - u_o}{R_f} = -\frac{u_o}{R_f}$$

整理后可得

$$u_o = -R_f C\frac{du_i}{dt} \tag{8.17}$$

可见 u_o 正比于 u_i 的微分。当 u_i 为阶跃电压时，如图 8.13（b）所示，u_o 为尖脉冲电压。图中电阻 R_2 为平衡电阻，其值 $R_2 = R_f$。

各种基本运算电路以及结论归纳于表 8.1 中。

表 8.1　基本运算电路

名称	电路	运算关系	平衡电阻
反相比例运算		$u_o = -\frac{R_f}{R_1}u_i$	$R_2 = R_1 // R_f$
同相比例运算		$u_o = \left(1 + \frac{R_f}{R_1}\right)u_i$	$R_2 = R_1 // R_f$

续表

名称	电路	运算关系	平衡电阻
电压跟随器	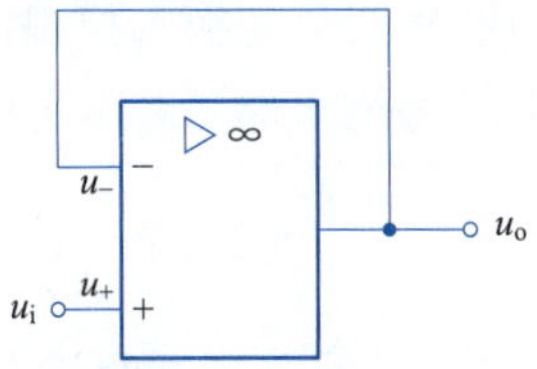 ▷∞ − + u_- u_+ u_i u_o	$u_o = u_i$	$R_2 = R_1 // R_f$
加法运算	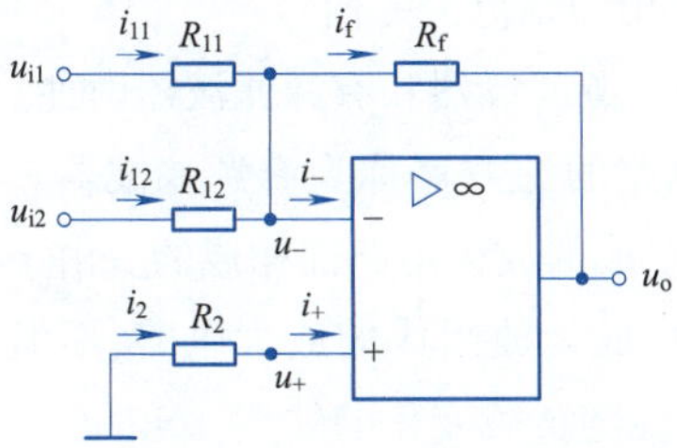 i_{11} R_{11} i_f R_f u_{i1} i_{12} R_{12} i_- ▷∞ u_{i2} − u_- u_o i_2 R_2 i_+ + u_+	$u_o = -\frac{R_f}{R}(u_{i1} + u_{i2})$	$R_2 = R_{i1} // R_{i2} // R_f$
减法运算	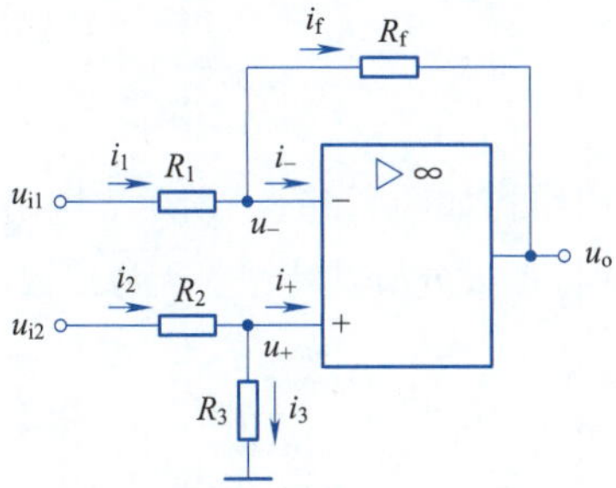 i_f R_f i_1 R_1 i_- ▷∞ u_{i1} − u_- u_o i_2 R_2 i_+ u_{i2} + u_+ R_3 i_3	$\frac{R_3}{R_2} = \frac{R_f}{R_1}$时 $u_o = \frac{R_f}{R_1}(u_{i2} - u_{i1})$	$R_2 // R_3 = R_1 // R_f$
积分运算	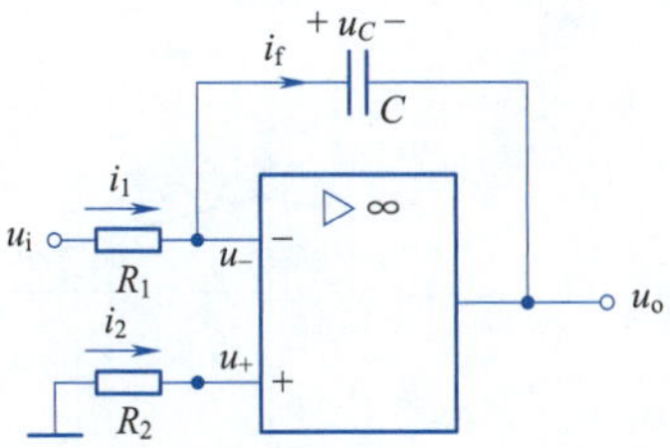 $+u_C-$ i_f C i_1 ▷∞ u_i − u_- R_1 u_o i_2 u_+ + R_2	$u_o = -\frac{1}{R_1 C}\int u_i \mathrm{d}t$	$R_2 = R_1$
微分运算	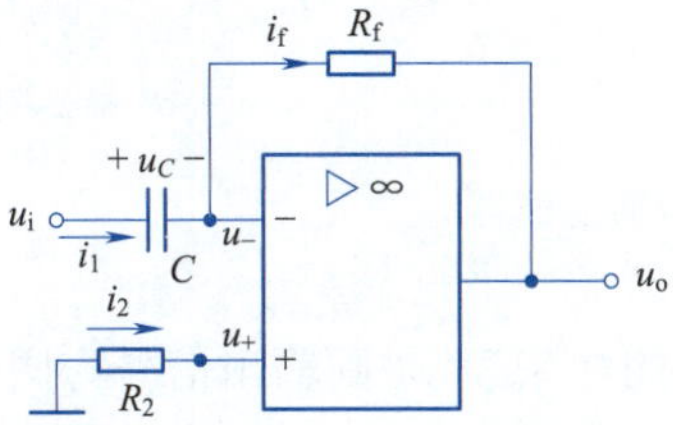 i_f R_f $+u_C-$ ▷∞ u_i − i_1 C u_- u_o i_2 u_+ + R_2	$u_o = -R_f C \frac{\mathrm{d}u_i}{\mathrm{d}t}$	$R_2 = R_f$

8.5 信号处理电路

除了对信号进行运算，集成运放还在信号通信和信号波形变换等模拟信号的处理电路中广泛应用。本节将介绍集成运放构成的滤波电路和电压比较器电路的基本工作原理。

8.5.1 有源滤波器

滤波器是一种能使有用频率信号通过，而使无用频率信号受到抑制或大为衰减的电路，主要用作信号处理和滤除干扰等。滤波器是信号通信中的一个基本环节，本质上是一种选频电路，能顺利通过选定频率范围内的信号，同时“滤除”超出频率范围的信号。

按滤波器所含元器件的不同，滤波器可分为无源滤波器和有源滤波器两种。由无源元件 R、C 和 L 组成的滤波器称为无源滤波器；含有放大电路的滤波器称为有源滤波器。有源滤波器实质上是由 R 和 C 组成的无源滤波器加上集成运放组成的放大电路而构成的。由于不用电感 L，有源滤波器具有质量小、体积小的优点；由于采用了集成运放组成的放大电路，不但可以有一定的信号放大作用，而且可以克服无源滤波器的滤波特性随负载变化的缺点。

按照允许通过的信号频率范围不同，滤波器可以分为低通、高通、带通和带阻等四种基本类型。

1. 低通滤波器

低通滤波器只允许通过低频率的信号，其电路结构如图 8.14(a)所示。电路引入了深度负反馈，此时集成运放工作在线性区，可以用线性区的特点去分析其特性。无源滤波电路的输出电压

$$\dot{U}_+ = \frac{-\mathrm{j}X_C}{R_2 - \mathrm{j}X_C}\dot{U}_\mathrm{i} = \frac{1}{1 - \dfrac{R_2}{\mathrm{j}X_C}}\dot{U}_\mathrm{i} = \frac{\dot{U}_\mathrm{i}}{1 + \mathrm{j}\omega R_2 C}$$

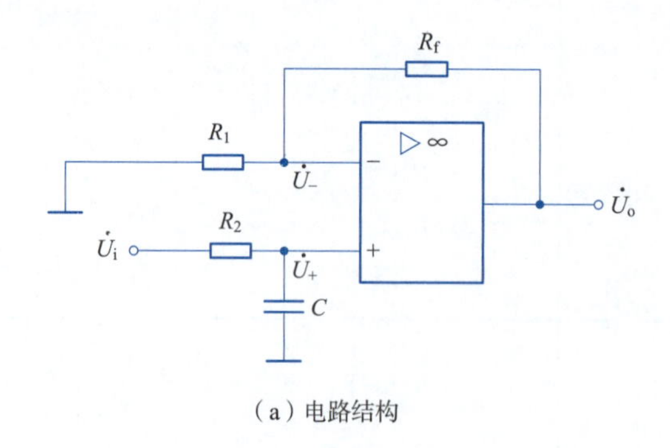

(a) 电路结构

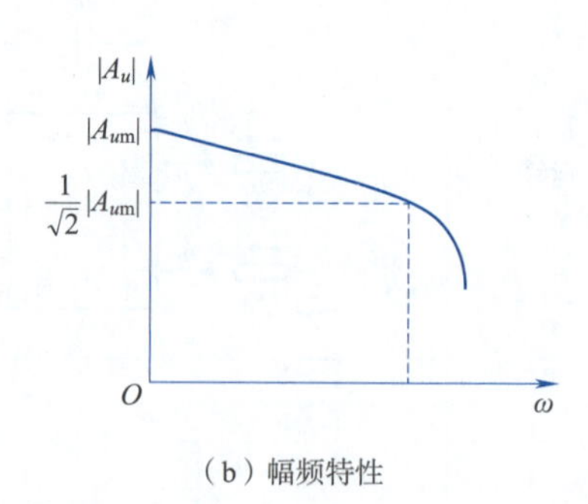

(b) 幅频特性

图 8.14 低通滤波器

设输入信号 u_i 是角频率为 ω 的正弦电压，可用 $\dot{U}_\mathrm{i}$ 来表示，则输出信号为同频率的正弦电压，用 $\dot{U}_\mathrm{o}$ 来表示。由同相比例运算电路公式可得

$$\dot{U}_\mathrm{o} = \left(1 + \frac{R_\mathrm{f}}{R_1}\right)\dot{U}_+ = \left(1 + \frac{R_\mathrm{f}}{R_1}\right)\frac{1}{1 + \mathrm{j}\omega R_2 C}\dot{U}_\mathrm{i}$$

则该电路的电压放大倍数为

$$A_u = \frac{\dot{U}_o}{\dot{U}_i} = \left(1 + \frac{R_f}{R_1}\right)\frac{1}{1 + j\omega R_2 C} \tag{8.18}$$

$$|A_u| = \left(1 + \frac{R_f}{R_1}\right)\frac{1}{\sqrt{1 + (\omega R_2 C)^2}} \tag{8.19}$$

由此得到该电路的幅频特性 $|A_u| = f(\omega)$，如图 8.14(b) 所示。当 $\omega = 0$ 时，$|A_u|$最大，用 $|A_{um}|$表示

$$|A_u| = |A_{um}| = 1 + \frac{R_f}{R_1}$$

当 $\omega = \omega_0 = \frac{1}{RC}$时（$\omega_0$ 为截止角频率），

$$|A_u| = \frac{1}{\sqrt{2}}|A_{um}| = \frac{1}{\sqrt{2}}\left(1 + \frac{R_f}{R_1}\right)$$

可见该电路有使低频信号通过而抑制高频信号通过的作用，所以称为低通滤波器。

2. 高通滤波器

高通滤波器电路结构如图 8.15(a)所示，只是对调了低通滤波器电路中的元件 R_2 和 C 的位置。此时集成运放同样工作在线性区，应用线性区的特点分析其特性。

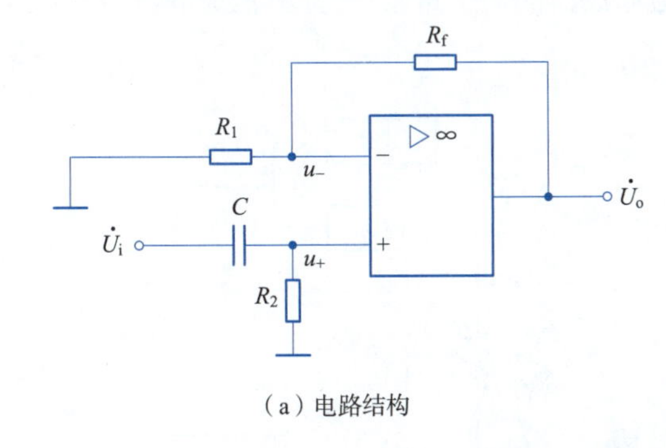

（a）电路结构

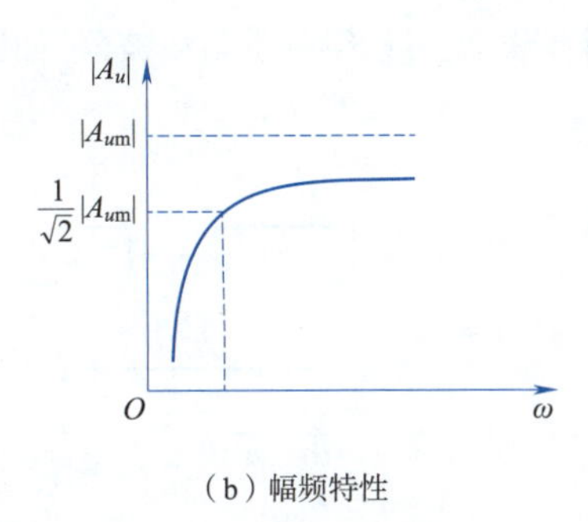

（b）幅频特性

图 8.15 高通滤波器

由于

$$\dot{U}_+ = \frac{R_2}{R_2 - jX_C}\dot{U}_i = \frac{1}{1 - j\frac{1}{\omega R_2 C}}\dot{U}_i$$

由同相比例运算公式可得

$$\dot{U}_o = \left(1 + \frac{R_f}{R_1}\right)\dot{U}_+ = \left(1 + \frac{R_f}{R_1}\right)\frac{1}{1 - j\frac{1}{\omega R_2 C}}\dot{U}_i$$

电压放大倍数为

$$A_u = \left(1 + \frac{R_f}{R_1}\right)\frac{1}{1 - j\frac{1}{\omega R_2 C}}$$

$$|A_u| = \left(1+\frac{R_f}{R_1}\right)\frac{1}{\sqrt{1+\left(\frac{1}{\omega R_2 C}\right)^2}}$$

由此得到该电路的幅频特性如图 8.15(b)所示。当 $\omega\to\infty$ 时，$|A_u|$最大，用$|A_{um}|$表示

$$|A_u| = |A_{um}| = 1+\frac{R_f}{R_1}$$

当 $\omega=\omega_0=\frac{1}{R_2C}$时（$\omega_0$ 为截止角频率），

$$|A_u| = \frac{1}{\sqrt{2}}|A_{um}| = \frac{1}{\sqrt{2}}\left(1+\frac{R_f}{R_1}\right)$$

可见该电路有使高频信号通过而抑制低频信号通过的作用，所以称为高通滤波器。

3. 带通滤波器

原则上只要将低通滤波器和高通滤波器进行串联或者并联起来，就可以组成带通或带阻滤波电路。若设定低通滤波器的截止角频率高于高通滤波器的截止角频率，并将低通滤波器和高通滤波器串联，就可以得到带通滤波器。低通滤波器和高通滤波器频率特性覆盖的通带即为带通滤波器的通带，如图 8.16 所示。

4. 带阻滤波器

若设定低通滤波器的截止角频率低于高通滤波器的截止角频率，并将低通滤波器和高通滤波器并联，就可以得到带阻滤波器，如图 8.17 所示。

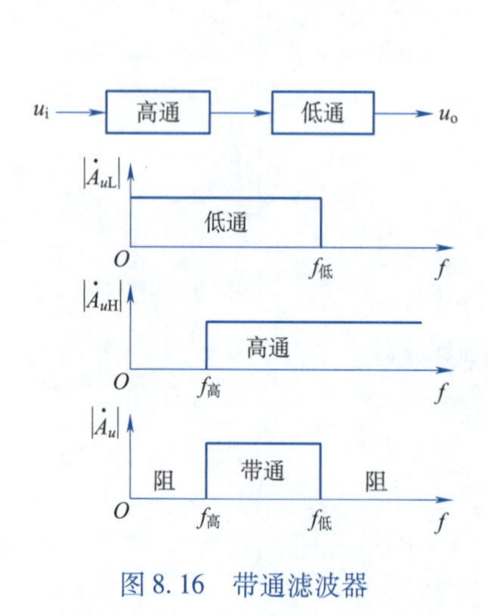

图 8.16　带通滤波器

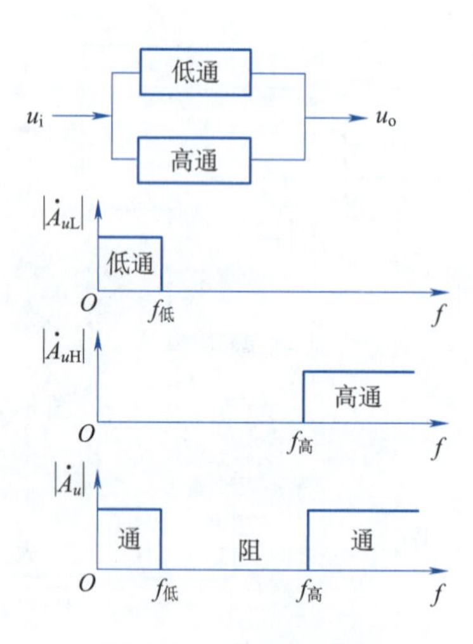

图 8.17　带阻滤波器

8.5.2　电压比较器

电压比较器的基本功能是对两个输入电压的大小进行比较，在输出端显示出比较的结果。它是用集成运放不加反馈或者加正反馈来实现的，也就是放大器工作在电压传输特性的饱和区，所以属于集成运放的非线性应用。电压比较器常用作数字电路的接口电路，在测量、通信和波形变换等方面应用广泛。

1. 基本电压比较器

将集成运放的反相输入端和同相输入端中的任何一端加上输入信号电压 u_i，另一端加上固定的参考电压 U_R，就成了电压比较器。这时 u_o 与 u_i 的关系曲线称为电压比较器的传输特性。

若取 $u_+ = u_i$，$u_- = U_R$，如图 8.18 所示，则

$$u_i > U_R \text{ 时}, u_o = +U_{om}$$

$$u_i < U_R \text{ 时}, u_o = -U_{om}$$

若取 $u_+ = U_R$，$u_- = u_i$，如图 8.19 所示，则

$$u_i > U_R \text{ 时}, u_o = -U_{om}$$

$$u_i < U_R \text{ 时}, u_o = +U_{om}$$

当电压 U_R 为零时，比较器称为过零比较器。由此可见，电压比较器的输入电压 u_i 经过 U_R 时，输出电压 u_o 将发生跳变，因此这一电压 U_R 称为比较器的门限电压。由于比较器的门限电压只有一个，故这种比较器又称单限电压比较器。

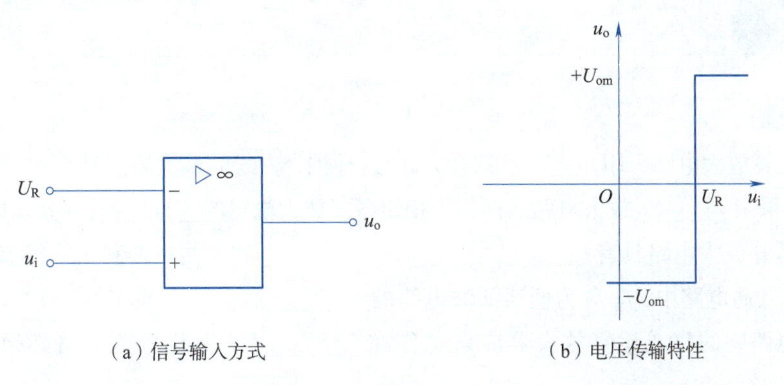

(a) 信号输入方式　　(b) 电压传输特性

图 8.18　基本电压比较器(一)

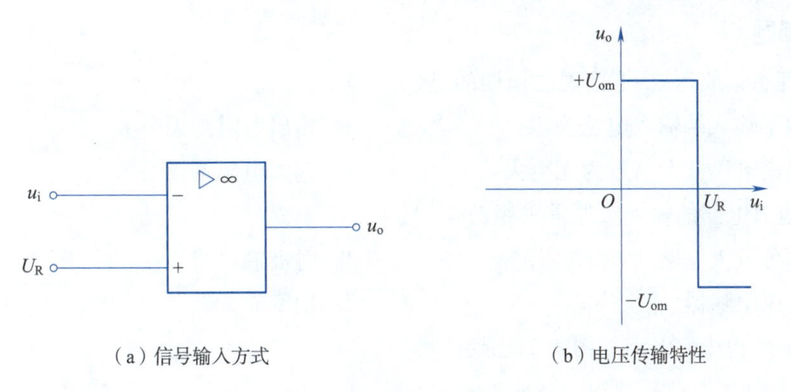

(a) 信号输入方式　　(b) 电压传输特性

图 8.19　基本电压比较器(二)

2. 限幅电压比较器

有些场合需要电压比较器的输出电压在某个特定值，这时候就需要将输出电压进行限幅处理，常采用的方法就是在比较器的输出端与“地”之间接稳压管，如图 8.20(a)所示。

设稳压管的稳压值为 U_D，忽略稳压管的正向导通压降，则

$$\text{当 } u_i > U_R \text{ 时}, u_o = -U_D$$

当 $u_i < U_R$ 时，$u_o = +U_D$

电压传输特性如图 8.20(b)所示，可见输出电压被限制在 $\pm U_D$ 之间。

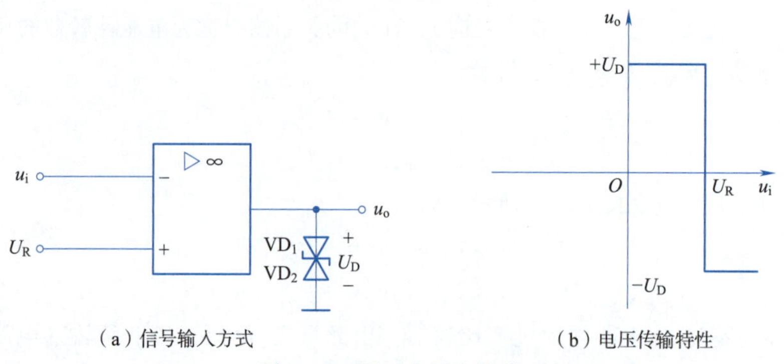

(a) 信号输入方式　　(b) 电压传输特性

图 8.20　限幅电压比较器

习　题

一、填空题

1. 集成运算放大电路采用________耦合方式，这种耦合方式的最大缺点是存在零点漂移，所以在输入级通常采用________放大电路。而为了稳定各级放大电路的________，还要有偏置电路。

2. 集成运算放大电路具有________、________、________和高共模抑制比等特点。

3. 在 RC 低通电路中，f_H 称为低通滤波电路的________。

4. 运算电路中的集成运算放大器应该工作在________区，为此运算电路必须引入深度负反馈。

5. 集成运放工作在线性区时，主要有________和________的特点。

二、选择题

1. 对于理想集成运放，下面说法错误的是(　　)。

A. 两个输入端输入电流为零　　B. 输出电阻为无穷大

C. 差模电压放大倍数为无穷大　　D. 输入电阻为无穷大

2. 集成运放电路的输入级通常采用(　　)。

A. 差分放大电路　　B. 射极输出器

C. 电压跟随器　　D. 功率放大器

3. 理想运放构成的电路如图 8.21 所示，则(　　)。

A. $u_i > u_o$　　B. $u_i = u_o$　　C. $u_i < u_o$　　D. $u_i = -u_o$

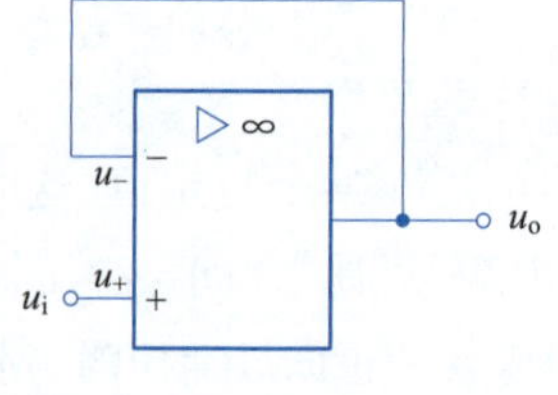

图 8.21　题 2.3

4. 有关通频带,说法正确的是( )。

A. 通频带是指较低的频率范围

B. 通频带是指较高的频率范围

C. 输入信号的频率在通频带内,电路放大性能较好

D. 以上都不对

5. 关于理想运放的特点,以下错误的是( )。

A. 放大倍数无穷大　　　　B. 输入电阻无穷大

C. 输出电阻无穷大　　　　D. 共模抑制比无穷大

三、分析计算题

1. 写出图 8. 22 中理想运放的输出电压表达式。

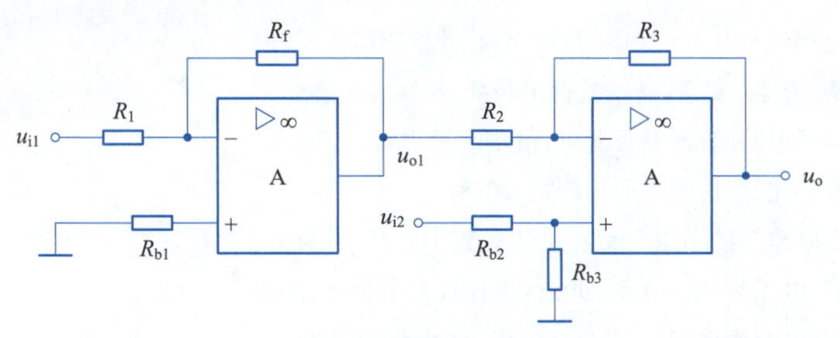

图 8. 22 题 3. 1

2. 计算图 8. 23 所示电路中 u_o 的值。设图 8. 23 中的运算放大器为理想运放。

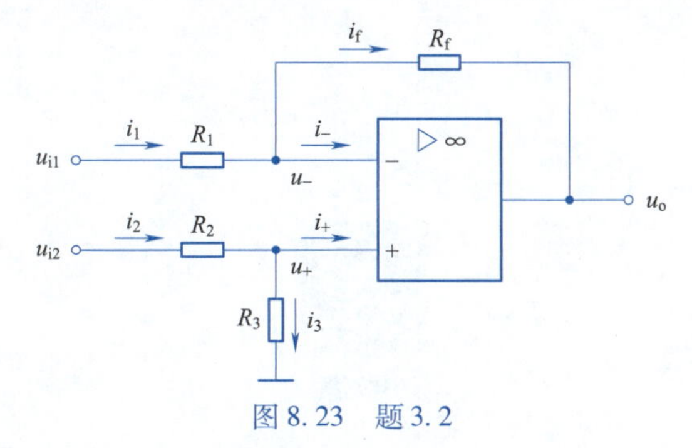

图 8. 23 题 3. 2

3. 电路如图 8. 24 所示,假设运放是理想的,其中各元件参数为 $u_{i1}=0.2\ \text{V}$,$u_{i2}=0.5\ \text{V}$,$R_1=10\ \text{k}\Omega$,$R_2=R_5=100\ \text{k}\Omega$,$R_3=R_4=20\ \text{k}\Omega$ 写出输出电压 u_o 的表达式,并求出的 u_o 值。

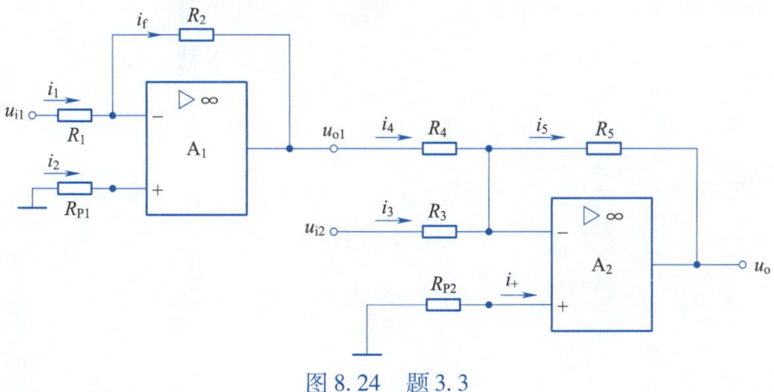

图 8. 24 题 3. 3

参 考 文 献

[1] 郭立强.电子技术基础简明教程[M].南京:南京大学出版社,2021.

[2] 邢丽冬,潘双来.电路理论基础:[M].4 版.北京:清华大学出版社,2023.

[3] 李心广,王金矿,张晶.电路与电子技术基础[M].2 版.北京:机械工业出版社,2017.

[4] 李晶皎,王文辉.电路与电子学[M].5 版.北京:电子工业出版社,2018.

[5] 江路明.电路分析与应用[M].6 版.北京:高等教育出版社,2022.

[6] 黄锦安.电路[M].2 版.北京:高等教育出版社,2024.

[7] 樊华,陈伟建.电子电路基础[M].北京:清华大学出版社,2023.

[8] 王向军.电路[M].北京:机械工业出版社,2018.

[9] 邱关源,罗先觉.电路[M].6 版.北京:高等教育出版社,2022.

[10] 秦曾煌,姜三勇.电工学[M].7 版.北京:高等教育出版社,2009.

[11] 康巨珍,康晓明.电路原理[M].北京:国防工业出版社,2006.

[12] 康华光,张林.电子技术基础:模拟部分[M].7 版.北京:高等教育出版社,2021.

文本

习题答案